21 世纪高职高专通信教材

接入网技术

蒋青泉　主编

张喜云　周训斌　雷新生　编

人民邮电出版社

北京

图书在版编目（CIP）数据

接入网技术/蒋青泉主编. —北京：人民邮电出版社，2005.6（2013.7重印）
21世纪高职高专通信教材
ISBN 978-7-115-13357-1

Ⅰ. 接… Ⅱ. 蒋… Ⅲ. 接入网—高等学校：技术学校—教材 Ⅳ. TN915.6

中国版本图书馆 CIP 数据核字（2005）第 029202 号

内 容 提 要

本书全面系统地介绍各种接入网技术，着重新技术、新业务的应用，注意接入网技术的最新研究成果，重点论述各种接入网技术的原理、网络结构和业务应用，并对当前主流的接入网技术从设备、维护、测试、设计和应用实例等方面进行全面的阐述。全书共分 10 章，内容包括：接入网概述，V5 接口及应用，IP 接入网，有线窄带接入技术，有线宽带接入技术，无线窄带接入技术，无线宽带接入技术和卫星接入技术。

本书内容新颖，层次清楚，实用性强，配有丰富的图表和习题，适合不同层次读者的需要。本书可作为通信、电子、信息类高等职业技术学院及其他大专院校的教材，也适合通信、计算机和有线电视企业从事相关专业的技术人员阅读参考。

21 世纪高职高专通信教材

接入网技术

◆ 主　编　蒋青泉
　　编　　张喜云　周训斌　雷新生
　　策划编辑　滑　玉
　　责任编辑　须春美

◆ 人民邮电出版社出版发行　　北京市崇文区夕照寺街 14 号
　　邮编　100061　电子邮件　315@ptpress.com.cn
　　网址　http://www.ptpress.com.cn
　　北京艺辉印刷有限公司印刷

◆ 开本：787×1092　1/16
　　印张：18.25　　　　　　2005年6月第1版
　　字数：438千字　　　　2013年7月北京第16次印刷

ISBN 978-7-115-13357-1/TN

定价：32.00 元
读者服务热线：(010)67170985　印装质量热线：(010)67129223
反盗版热线：(010)67171154

21 世纪高职高专通信教材
编 委 会

主　　任	肖传统				
副 主 任	张新瑛	向　伟			
委　　员	王新义	孙青华	朱　立	江　丽	李元忠
	李转年	李树岭	李　婵	刘翠霞	陈兴东
	苏开荣	吴瑞萍	张干生	张孝强	张献居
	周训斌	杨　荣	杨　源	胡　鹏	赵兰畔
	黄柏江	曹晓川	滑　玉	傅德月	惠亚爱
秘　　书	李立高				
执行编委	滑　玉				

丛书前言

随着通信技术的飞速发展，通信业务的不断拓展和通信市场的日益开放，如何提高从业人员的素质，增强产业竞争力，已成为通信运营商高层决策者们所考虑的重要问题之一。通信类的高等职业教育以适应通信技术发展，培养通信生产和服务一线的技能型人才为目的。

国务委员陈至立同志在全国职业教育工作会议上指出："职业教育的目的是培养数以千万计的技能型人才和数以亿计的高素质劳动者，必须坚持以服务为宗旨，以就业为导向，面向社会、面向市场办学。"为了适应高等职业教育的需要，结合通信行业的特点和通信类高等职业教育的培养目标，我们组织了全国通信类高职院部分老师和部分通信企业的资深专家组织编写了这套《21 世纪高职高专通信教材》。该丛书技术新，实用性强，案例典型，既可满足通信类高职高专的教学使用，又可作为从事通信行业一线的专业技术人员培训和自学的丛书。

由于作者编写高职高专教材经验不足，征求意见的范围还不够广泛，书中难免存在疏漏之处，望广大读者多提宝贵意见，以便进一步提高完善。

21 世纪高职高专通信教材编辑委员会

编者的话

接入网是现代通信网络的重要组成部分，随着基础电信网络容量和技术水平的显著提高，光纤传输技术广泛应用，特别是以 IP 为代表的数据业务的快速增长，接入网的应用范围不断扩大，接入网的技术手段不断更新，为了满足用户对电信业务多样化、个人化的需求，接入网技术正在向 IP 化、宽带化、综合化方向发展。

为了培养适应现代通信技术发展的应用型、技术型高级专业人才，促进宽带业务的发展，我们结合近年来各个电信运营商的宽带 IP 城域网建设，关注下一代因特网的发展，在总结多年教学实践的基础上，组织专业教师编写了《接入网技术》一书。

本书共分 10 章：第 1 章 接入网概述；第 2 章 V5 接口及应用；第 3 章 IP 接入网；第 4章。有线窄带接入技术；第 5 章 有线宽带接入技术——xDSL；第 6 章 有线宽带接入技术——FTTX+LAN；第 7 章 有线宽带接入技术——Cable Modem；第 8 章 无线窄带接入技术；第9 章 无线宽带接入技术；第 10 章 卫星接入技术。本书在编写过程中注意从培养技能出发，注重技术的实际应用，简明阐述了各种接入网技术的基本原理、系统结构和支持的业务。本书涉及的技术标准和技术规范主要参考最新的 ITU-T 建议和信息产业部《中华人民共和国通信行业标准》。

本书结合接入网技术在现代通信网络中的最新应用，内容全面、新颖，实用性强，深入浅出，各章后附有思考题与练习题，便于自学。本书作为通信、电子、计算机和信息类专业教材，课时为 40～80。本书也可作为其他大专院校的教材或教学参考书及通信企业的职工培训教材。

本书由蒋青泉担任主编和统稿，并负责第 1、2、3、4、9 章的编写。第 5、6 章由张喜云编写；第 7、10 章由雷新生编写；第 8 章由周训斌编写。在本书的审稿过程中，得到了通信工程系老师的热心帮助，提出了宝贵意见，特此致谢。

鉴于编者水平有限，书中难免有不妥或错误之处，诚请读者批评指正。

编者
2005 年 1 月

目　录

第 1 章　接入网概述 ·· 1

1.1　电信网与接入网 ·· 1
1.1.1　现代电信网 ·· 1
1.1.2　接入网 ··· 9
1.1.3　用户驻地网 ··· 12

1.2　接入网的接口 ··· 12
1.2.1　用户—网络接口 ·· 13
1.2.2　业务节点接口 ·· 14
1.2.3　Q3 管理接口 ·· 15

1.3　接入网的拓扑结构 ··· 15
1.3.1　有线接入网的拓扑结构 ··· 16
1.3.2　无线接入网的拓扑结构 ··· 17

1.4　接入网的技术类型 ··· 17
1.4.1　有线接入网 ··· 17
1.4.2　无线接入网 ··· 19

1.5　接入网支持的业务 ··· 22
1.5.1　电信业务分类 ·· 22
1.5.2　窄带接入业务 ·· 23
1.5.3　宽带接入业务 ·· 24

思考题与练习题 ··· 25

第 2 章　V5 接口及应用 ·· 26

2.1　V5 接口概述 ··· 26
2.1.1　V5 接口定义 ·· 26
2.1.2　V5 接口类型 ·· 27
2.1.3　V5 接入 ··· 30

2.2　V5 接口协议和规范 ·· 32
2.2.1　V5 接口协议 ·· 32
2.2.2　V5 接口工作过程 ·· 34
2.2.3　V5 接口技术规范 ·· 35

2.3　S1240 V5 接口功能的实现 ··· 35
2.3.1　S1240 交换机上 V5 接口原理 ·· 35
2.3.2　IPTMV52 模块 ·· 36
2.3.3　S1240 V5 接口功能实现 ·· 37

2.4 S1240 V5 接口数据的创建 ······· 38
　2.4.1 V5.2 接口主要参数 ······· 38
　2.4.2 V5.2 接口创建过程 ······· 38
2.5 V5 接口维护 ······· 42
　2.5.1 典型的 V5 接入网系统 ······· 42
　2.5.2 V5 接口维护 ······· 45
2.6 V5 接口测试 ······· 48
　2.6.1 V5 接口测试方法和测试连接 ······· 48
　2.6.2 V5 接口测试内容 ······· 48
思考题与练习题 ······· 50

第 3 章　IP 接入网 ······· 51
3.1 IP 接入技术基础 ······· 51
　3.1.1 计算机网络基础 ······· 51
　3.1.2 数据通信原理 ······· 54
　3.1.3 IP 网 ······· 56
3.2 IP 接入网概念 ······· 60
　3.2.1 引入 IP 接入网的原因 ······· 60
　3.2.2 IP 接入网的定义 ······· 61
　3.2.3 IP 接入方式 ······· 61
　3.2.4 IP 接入业务 ······· 63
3.3 宽带 IP 接入网 ······· 64
　3.3.1 宽带 IP 城域网 ······· 64
　3.3.2 宽带 IP 接入技术 ······· 68
3.4 移动 IP 接入网 ······· 69
　3.4.1 移动 IP 网 ······· 69
　3.4.2 移动 IP 接入技术 ······· 69
3.5 IP 接入网应用实例 ······· 72
思考题与练习题 ······· 74

第 4 章　有线窄带接入技术 ······· 75
4.1 PSTN 拨号接入技术 ······· 75
　4.1.1 PSTN 拨号接入方式 ······· 75
　4.1.2 普通电话 Modem ······· 78
　4.1.3 拨号接入服务器 ······· 80
4.2 ISDN 拨号接入技术 ······· 82
　4.2.1 ISDN 概述 ······· 82
　4.2.2 ISDN 拨号接入方式 ······· 85
　4.2.3 ISDN NT ······· 86

4.3　DDN 接入技术 ·· 87
  4.3.1　DDN 概述 ··· 87
  4.3.2　DDN 组成 ··· 88
  4.3.3　DDN 用户接入方式 ·· 89
  4.3.4　DDN 设备 ··· 91
  4.3.5　DDN 业务应用 ·· 92
  思考题与练习题 ·· 94

第 5 章　有线宽带接入技术——xDSL ·· 96
5.1　xDSL 技术概述 ··· 96
5.2　ADSL 技术 ··· 97
  5.2.1　ADSL 主要技术 ·· 97
  5.2.2　ADSL 接入模型 ·· 100
  5.2.3　ADSL 接入方式 ·· 103
5.3　ADSL 宽带接入网 ·· 105
  5.3.1　ADSL 网络结构 ·· 105
  5.3.2　宽带接入服务器 ·· 105
  5.3.3　ADSL Modem ··· 107
  5.3.4　ADSL 用户管理中心 ··· 108
  5.3.5　ADSL 地址分配 ·· 112
  5.3.6　ADSL 接入设备选用原则 ·· 112
  5.3.7　ADSL 接入设备安装 ··· 113
  5.3.8　ADSL 测试 ··· 117
5.4　VDSL 技术及应用 ·· 119
  5.4.1　VDSL 接入系统结构 ··· 119
  5.4.2　VDSL 主要技术 ·· 120
  5.4.3　VDSL 业务应用 ·· 122
  5.4.4　VDSL 接入设备选用原则 ·· 123
  5.4.5　VDSL 接入设备安装 ··· 123
5.5　xDSL 接入网系统设计 ·· 124
  思考题与练习题 ··· 127

第 6 章　有线宽带接入技术——FTTX+LAN ·· 129
6.1　OAN 接入技术 ·· 129
  6.1.1　OAN 概述 ·· 129
  6.1.2　ATM 无源光网络（APON） ·· 135
  6.1.3　以太无源光网络（EPON） ··· 141
6.2　FTTx+LAN 接入技术 ··· 145
  6.2.1　以太网技术 ·· 145

    6.2.2   FTTX+LAN 宽带接入网 ·· 153

  6.3   FTTX+LAN 接入网系统设计 ··· 158

  6.4   FTTX+LAN、ADSL、VDSL 接入技术比较 ······················ 159

    思考题与练习题 ·· 160

第 7 章   有线宽带接入技术——Cable Modem ························ 162

  7.1   CATV 网络与 HFC ·· 162

  7.2   HFC ··· 164

    7.2.1   HFC 网络结构 ··· 164

    7.2.2   HFC 频谱与业务划分 ··· 167

  7.3   Cable Modem ·· 169

    7.3.1   Cable Modem 的结构 ··· 170

    7.3.2   Cable Modem 的工作原理 ······································ 171

  7.4   Cable Modem 宽带接入网 ··· 172

    7.4.1   网络结构 ··· 172

    7.4.2   设备选用原则 ··· 173

    7.4.3   Cable Modem 接入设备安装 ··································· 177

    思考题与练习题 ·· 179

第 8 章   无线窄带接入技术 ··· 180

  8.1   无线通信基础 ··· 180

    8.1.1   蜂窝通信理论 ··· 180

    8.1.2   无线传播与天线 ··· 182

  8.2   移动通信关键技术 ··· 188

    8.2.1   信道分配技术 ··· 189

    8.2.2   编码技术 ··· 190

    8:2.3   多址接入技术 ··· 193

    8.2.4   移动通信交换技术 ·· 196

  8.3   无线市话接入系统 ··· 200

    8.3.1   ZXPCS 系统特点 ··· 200

    8.3.2   ZXPCS 系统结构 ··· 201

    8.3.3   ZXPCS 系统软件 ··· 212

    8.3.4   ZXPCS 系统组网方式 ·· 215

    思考题与练习题 ·· 217

第 9 章   无线宽带接入技术 ··· 219

  9.1   本地多点分配业务 ··· 219

    9.1.1   LMDS 系统结构 ·· 220

    9.1.2   LMDS 主要技术 ·· 221

9.1.3　LMDS 提供的业务 ⋯⋯⋯⋯⋯⋯⋯⋯⋯⋯⋯⋯⋯⋯⋯⋯⋯⋯⋯⋯ 223

9.1.4　典型的 LMDS 设备 ⋯⋯⋯⋯⋯⋯⋯⋯⋯⋯⋯⋯⋯⋯⋯⋯⋯⋯⋯⋯ 224

9.1.5　LMDS 接入应用实例 ⋯⋯⋯⋯⋯⋯⋯⋯⋯⋯⋯⋯⋯⋯⋯⋯⋯⋯⋯ 226

9.2　多路多点分配业务 ⋯⋯⋯⋯⋯⋯⋯⋯⋯⋯⋯⋯⋯⋯⋯⋯⋯⋯⋯⋯⋯⋯⋯ 227

9.2.1　MMDS 系统结构 ⋯⋯⋯⋯⋯⋯⋯⋯⋯⋯⋯⋯⋯⋯⋯⋯⋯⋯⋯⋯⋯ 228

9.2.2　MMDS 主要技术 ⋯⋯⋯⋯⋯⋯⋯⋯⋯⋯⋯⋯⋯⋯⋯⋯⋯⋯⋯⋯⋯ 229

9.2.3　MMDS 提供的业务 ⋯⋯⋯⋯⋯⋯⋯⋯⋯⋯⋯⋯⋯⋯⋯⋯⋯⋯⋯⋯ 230

9.2.4　MMDS 接入应用实例 ⋯⋯⋯⋯⋯⋯⋯⋯⋯⋯⋯⋯⋯⋯⋯⋯⋯⋯⋯ 231

9.3　无线局域网 ⋯⋯⋯⋯⋯⋯⋯⋯⋯⋯⋯⋯⋯⋯⋯⋯⋯⋯⋯⋯⋯⋯⋯⋯⋯⋯⋯ 231

9.3.1　WLAN 协议 ⋯⋯⋯⋯⋯⋯⋯⋯⋯⋯⋯⋯⋯⋯⋯⋯⋯⋯⋯⋯⋯⋯⋯ 232

9.3.2　WLAN 系统结构 ⋯⋯⋯⋯⋯⋯⋯⋯⋯⋯⋯⋯⋯⋯⋯⋯⋯⋯⋯⋯⋯ 233

9.3.3　WLAN 主要技术 ⋯⋯⋯⋯⋯⋯⋯⋯⋯⋯⋯⋯⋯⋯⋯⋯⋯⋯⋯⋯⋯ 236

9.3.4　WLAN 提供的业务 ⋯⋯⋯⋯⋯⋯⋯⋯⋯⋯⋯⋯⋯⋯⋯⋯⋯⋯⋯⋯ 238

9.3.5　WLAN 接入应用实例 ⋯⋯⋯⋯⋯⋯⋯⋯⋯⋯⋯⋯⋯⋯⋯⋯⋯⋯⋯ 240

9.3.6　蓝牙技术 ⋯⋯⋯⋯⋯⋯⋯⋯⋯⋯⋯⋯⋯⋯⋯⋯⋯⋯⋯⋯⋯⋯⋯⋯ 242

9.4　第 3 代移动通信 ⋯⋯⋯⋯⋯⋯⋯⋯⋯⋯⋯⋯⋯⋯⋯⋯⋯⋯⋯⋯⋯⋯⋯⋯⋯ 244

9.4.1　3G 概述 ⋯⋯⋯⋯⋯⋯⋯⋯⋯⋯⋯⋯⋯⋯⋯⋯⋯⋯⋯⋯⋯⋯⋯⋯⋯ 244

9.4.2　3G 的主流制式 ⋯⋯⋯⋯⋯⋯⋯⋯⋯⋯⋯⋯⋯⋯⋯⋯⋯⋯⋯⋯⋯⋯ 245

9.4.3　WCDMA 系统结构 ⋯⋯⋯⋯⋯⋯⋯⋯⋯⋯⋯⋯⋯⋯⋯⋯⋯⋯⋯⋯ 245

9.4.4　3G 业务 ⋯⋯⋯⋯⋯⋯⋯⋯⋯⋯⋯⋯⋯⋯⋯⋯⋯⋯⋯⋯⋯⋯⋯⋯⋯ 247

思考题与练习题 ⋯⋯⋯⋯⋯⋯⋯⋯⋯⋯⋯⋯⋯⋯⋯⋯⋯⋯⋯⋯⋯⋯⋯⋯⋯⋯⋯⋯ 247

第 10 章　卫星接入技术 ⋯⋯⋯⋯⋯⋯⋯⋯⋯⋯⋯⋯⋯⋯⋯⋯⋯⋯⋯⋯⋯⋯⋯⋯⋯⋯ 249

10.1　卫星通信原理 ⋯⋯⋯⋯⋯⋯⋯⋯⋯⋯⋯⋯⋯⋯⋯⋯⋯⋯⋯⋯⋯⋯⋯⋯⋯ 249

10.2　卫星通信系统 ⋯⋯⋯⋯⋯⋯⋯⋯⋯⋯⋯⋯⋯⋯⋯⋯⋯⋯⋯⋯⋯⋯⋯⋯⋯ 251

10.2.1　卫星通信系统组成 ⋯⋯⋯⋯⋯⋯⋯⋯⋯⋯⋯⋯⋯⋯⋯⋯⋯⋯⋯⋯ 251

10.2.2　通信卫星 ⋯⋯⋯⋯⋯⋯⋯⋯⋯⋯⋯⋯⋯⋯⋯⋯⋯⋯⋯⋯⋯⋯⋯⋯ 252

10.2.3　地球站 ⋯⋯⋯⋯⋯⋯⋯⋯⋯⋯⋯⋯⋯⋯⋯⋯⋯⋯⋯⋯⋯⋯⋯⋯⋯ 253

10.3　LEO 卫星接入系统 ⋯⋯⋯⋯⋯⋯⋯⋯⋯⋯⋯⋯⋯⋯⋯⋯⋯⋯⋯⋯⋯⋯⋯ 255

10.3.1　系统结构 ⋯⋯⋯⋯⋯⋯⋯⋯⋯⋯⋯⋯⋯⋯⋯⋯⋯⋯⋯⋯⋯⋯⋯⋯ 255

10.3.2　技术特点 ⋯⋯⋯⋯⋯⋯⋯⋯⋯⋯⋯⋯⋯⋯⋯⋯⋯⋯⋯⋯⋯⋯⋯⋯ 257

10.3.3　业务应用 ⋯⋯⋯⋯⋯⋯⋯⋯⋯⋯⋯⋯⋯⋯⋯⋯⋯⋯⋯⋯⋯⋯⋯⋯ 257

10.4　VSAT 接入技术 ⋯⋯⋯⋯⋯⋯⋯⋯⋯⋯⋯⋯⋯⋯⋯⋯⋯⋯⋯⋯⋯⋯⋯⋯ 258

10.4.1　VSAT 系统结构 ⋯⋯⋯⋯⋯⋯⋯⋯⋯⋯⋯⋯⋯⋯⋯⋯⋯⋯⋯⋯⋯ 258

10.4.2　VSAT 主要技术 ⋯⋯⋯⋯⋯⋯⋯⋯⋯⋯⋯⋯⋯⋯⋯⋯⋯⋯⋯⋯⋯ 261

10.4.3　VSAT 提供的业务 ⋯⋯⋯⋯⋯⋯⋯⋯⋯⋯⋯⋯⋯⋯⋯⋯⋯⋯⋯⋯ 264

10.4.4　VSAT 接入应用实例 ⋯⋯⋯⋯⋯⋯⋯⋯⋯⋯⋯⋯⋯⋯⋯⋯⋯⋯⋯ 266

10.5　直播卫星接入技术 ⋯⋯⋯⋯⋯⋯⋯⋯⋯⋯⋯⋯⋯⋯⋯⋯⋯⋯⋯⋯⋯⋯⋯ 270

10.5.1　DBS 系统结构 ⋯⋯⋯⋯⋯⋯⋯⋯⋯⋯⋯⋯⋯⋯⋯⋯⋯⋯⋯⋯⋯⋯ 270

10.5.2　DBS 业务应用 ……………………………………………………………… 271

思考题与练习题 …………………………………………………………………… 271

附录　英文缩略语 …………………………………………………………… 273

参考文献 …………………………………………………………………… 280

第1章

接入网概述

1.1 电信网与接入网

电信是利用有线电、无线电、光或其他电磁系统，对符号、信号、文字、图像、声音或任何性质的信息的传输发射或接收。电信网是由电信端点、节（结）点和传输链路相互有机地连接起来，以实现在两个或更多的规定电信端点之间提供连接或非连接传输的通信体系，是信息化社会的基础设施。随着电信技术的飞速发展，电信新业务不断涌现，加快了社会信息化进程，现代电信网络正在向综合化、宽带化、智能化和个人化方向发展。随着信息化社会的到来，人们对电信业务的需求已由单一的电话业务发展到数据、图像、多媒体等综合业务，接入网的综合化、宽带化已是必然趋势。

1.1.1 现代电信网

随着电信技术的发展、电信业务的增加，电信网的类型和构成也在发生变化。目前，我国电信网的数字化进程已基本完成，初步建立了一个现代通信网。

1. 电信网的类型

（1）公用通信网与专用通信网

按区域和运营方式分为公用通信网与专用通信网。公用通信网是向社会公众开放的通信网，主要包括公用电话网和公用数据网。专用通信网是指机关、企业自建或利用公用资源在逻辑上建立一个仅供本部门内部使用的通信网，如用户小交换机（PABX）、虚拟用户交换机（Centrex）和校园网等。

（2）电话通信网与数据通信网

按信息类型分为电话通信网与数据通信网。

电话通信网按网络功能分为公用电话交换网（PSTN）、公用陆地移动网（PLMN）、专用电话网和 IP 电话网。电话通信网按网络范围分为本地电话网（简称本地网）和长途电话网。本地电话网是指在同一个长途电话编号区范围内，由端局、汇接局、中继线、用户线和话机组成的通信网络；国内长途电话网是指在不同长途电话编号区，即不同的本地电话网之间，通过各级长途电路将全国各城市的电话网连接起来进行国内长途通话的通信网络；国际长途电话网是指通过国际长途电路将世界各国的电话网连接起来进行国际长途通话的通信网络。

数据通信网可分为公用数据网和专用数据网。公用数据网包括基础数据网、IP 网和增值业务平台，其中基础数据网有以下几种。

① 低速数据网（公众电报网、用户电报网）。数据信号采用 50bit/s～300bit/s 速率在电信网上传送的通信网。

② 分组交换（X.25）网。数据信号分割为若干个定长的数据块，称为分组包，每个分组长度通常为 128 字节，最高传送速率为 64kbit/s。

③ 数字数据网（DDN）。利用数字信道传输数据信号的数据传输网，传送速率为 2.4kbit/s～2Mbit/s。

④ 帧中继（FR）网。帧中继是一种快速分组交换技术，最高传送速率可达 50Mbit/s，目前提供的传输速率为 64kbit/s～2Mbit/s。

⑤ 异步传送模式（ATM）网。采用异步传送模式传送数据信号的宽带电信网。

公众电报网、用户电报网和分组交换（X.25）网即将退网。

（3）业务网、传送网与支撑网

按技术层次分为业务网、传送网和支撑网。业务网是指向用户公众提供通信业务的网络，包括固定电话网、移动电话网、IP 电话网、数据通信网、智能网、综合业务数字网（ISDN）。传送网是指数字信息传送网络，包括骨干传送网和接入网。其中骨干传送网主要有 PDH 传送网、SDH 传送网和 WDM 传送网。由传输线路和传输设备组成的传送网是通信基础网络。支撑网是指为业务网和传送网提供支撑的网络，保证通信网络的正常运行和通信业务的正常提供，包括 No.7 信令网、数字同步网和电信管理网。

（4）交换网、传输网与接入网

按网络功能分为交换网、传输网与接入网。

2. 电信网的构成

（1）电信网的构成要素

电信网的构成要素包括交换系统、传输系统、终端设备以及实现互连互通的信令协议，即一个完整的电信网包括硬件和软件两部分。电信网的硬件一般由交换设备、传输设备、通信线路和终端设备组成，是构成通信网的物理实体，如图 1-1 所示。

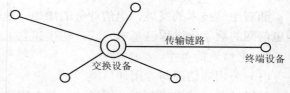

图 1-1　电信网的基本要素

交换设备是现代电信网的核心。交换设备的基本功能是在电信网络大量的终端用户之间，根据用户的呼叫请求建立连接，相互传送话音、数据、图像等信息。常用的交换设备有电话通信网中的程控数字交换机，数据通信网中的分组交换机、网络交换机，宽带通信网中的 ATM 交换机、帧中继交换机等。例如，程控数字交换机具有连接、终端接口、控制和信令等基本功能，如图 1-2 所示。

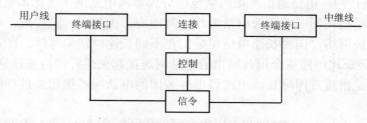

图 1-2　程控数字交换机的基本功能

　　传输系统是电信网内连接网络节点和终端设备的传输链路。以金属线或光纤为传输介质的传输系统称为有线传输系统；以电磁波、微波、红外线或激光作为传输介质的传输系统称为无线传输系统。最简单的传输系统就是简单的通信线路（如明线、电缆等），常用的传输系统还有载波传输系统、PCM 传输系统、光纤传输系统、微波传输系统和卫星传输系统等。

　　终端设备即用户终端设备，是电信网中信息的源点（信源）和信息的终点（信宿）。当两个用户通过电信网进行通信时，主叫用户、被叫用户是信源和信宿。终端设备的主要功能有：① 完成需要发送的信息和在信道上传送的信号之间相互转换；② 完成一定的信号处理功能；③ 能够产生和识别电信网内的信令信息或协议。

　　任何一个主叫用户的信息，可以通过电信网络中的交换设备和传输链路发送到任何一个或多个被叫用户。

　　电信网的软件是指通信网为能很好地完成信息的传送和交换所必需的一整套协议、标准，包括电信网的网络结构、网内信令、协议和接口，以及技术体制、技术标准等，是电信网实现电信服务和运行支撑的重要组成部分。

　　（2）电信网的组成

　　整个电信网的功能组成包括交换网、传输网与接入网，如图 1-3 所示。

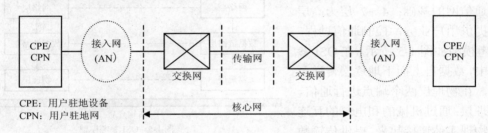

图 1-3　电信网的基本组成

　　接入网是指从本地网端局（市话交换机或远端模块局）到用户终端之间的所有机线设备。在传统电信网中，本地网市话端局到用户之间的传输线路称为用户线，本地网市话端局到用户终端之间的机线设备构成用户环路，称为本地环路或用户网，主要完成交叉连接、复用和传输功能，一般不含交换功能。在现代电信网中，本地环路已由接入网替代，如图 1-4 所示。

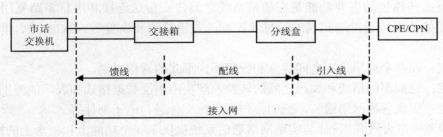

图 1-4　用户环路和接入网

　　图 1-4 中，馈线线路也称主干线路，是指从市话交换端局（或远端模块局）到交接箱（或交接连接点）之间的传输线路，长度一般为数公里，主干系统承担多个用户信息的复用传输；配线线路是指从交接箱（或交接连接点）到分线盒之间的连接线路，长度一般为数百米，配

线系统按用户地址将各个用户信息分别接到分线盒；引入线是指从分线盒到用户终端之间的连接线路，长度仅为数十米，引入线将信号分给每个用户终端。用户环路可以采用电缆、光缆和无线传输方式。

3. 电信协议

电信协议是通信双方必须遵守的规则的集合，也是电信系统设计和电信业务开发的基础。电信协议一般采用层次结构，层次和协议的集合称为电信网络的体系结构。

（1）OSI 参考模型

国际标准化组织（ISO）制定了开放系统互连（OSI）参考模型，并在该领域与 ITU-T 进行有效的合作。OSI协议是面向数据通信的标准，它规定了一个网络协议的框架结构，在逻辑上分为 7 层：物理层、数据链路层、网络层、传输层、会话层、表示层、应用层，其中 1～3 层为低层协议，提供网络服务，是建立通信网的基础；4～7 层为高层协议，提供用户业务，控制通信过程。OSI 参考模型如图 1-5 所示。在 OSI 参考模型中，数据自上而下地逐层传递至物理层，在物理层两个端点进行通信。

物理层：通过机械的和电气的互连方式把物理实体连接起来，提供传输数据流的物理通道。中继器或集线器（Hub）是物理层设备。

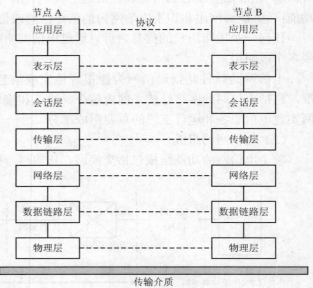

图 1-5　OSI 参考模型

数据链路层：进行二进制数据块传送，并完成差错检测和数据流控制。数据链路层通常把物理层来的数据打包成帧，即将比特流划分成码组或帧，并加入开始和结束标志。HDLC是典型的数据链路层协议，网桥和网络交换机是数据链路层设备。

网络层：网络层的主要功能是控制分组在网络中传输，即路由选择、交换、网络连接、拥塞控制等。IP 是典型的网络层协议，路由器是网络层设备。

传输层：传输层的主要功能是在通信系统之间建立传送连接和进行多路复用，提供可靠的、透明的数据传送，端到端的信息流控制，差错检测和恢复等。TCP 是典型的传输层协议。

会话层：在两个应用进程之间建立和管理不同形式的通信对话。

表示层：完成不同格式和编码之间的转换，解决应用层数据格式和表示的差别。

应用层：提供各种网络服务，例如，传真、图文传送、电子邮件等。

OSI 参考模型为研究、设计与实现网络通信系统提供了一个功能上和概念上的框架结构。OSI 参考模型最初是为计算机通信网建立的协议模型，随着通信技术与计算机技术的融合，其应用范围不断扩大，目前在电信网络中的应用已经十分广泛。

（2）TCP/IP

TCP/IP 称为传输控制协议/网际协议，它是 1969 年随美国 ARPA 网的出现而产生的标准，

ARPA 网已发展成为今天的因特网。TCP/IP 代表了以 TCP 和 IP 为基础的协议集,其目的是屏蔽各种网络互连的细节、解决异种网络的互连问题。使用 TCP/IP 的网络统称为 IP 网络,信息流在网络上以数据包的形式传输。TCP/IP 在许多局域网、广域网中使用,用来构造网络环境。

TCP/IP 与 OSI 参考模型一样,采用分层体系结构,它分为 4 层:应用层、传送层、网际层和网络接口层。每一层完成特定的功能,各层之间相互独立,采用标准接口传输数据。TCP/IP 体系结构如图 1-6 所示。

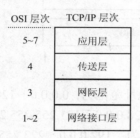

OSI 层次	TCP/IP 层次	TCP/IP 协议集				
5~7	应用层	SMPT	DNS	FTP	RPC	SNMP
4	传送层	TCP			UDP	
3	网际层	IP(ICMP,ARP,RARP)				
1~2	网络接口层	以太网、DDN 网、FR 网、ATM 网、X.25 网等				

图 1-6 TCP/IP 体系结构

应用层向用户提供一些常用的应用程序,如文件传输、电子邮件等。用户还可以根据需要建立自己专用的程序。该层包含 OSI 参考模型中的会话层、表示层、应用层功能。

传送层为应用程序提供通信,其功能包括格式化信息流;提供可靠传输。传送层主要有两个协议:传输控制协议(TCP)和用户数据报协议(UDP)。TCP 通过面向连接的机制提供端到端的可靠数据传送,具有数据报的顺序控制、差错检测及重发等功能;UDP 提供无连接服务,具有系统开销小、处理速度快等优点,数据传送的可靠性由用户程序保证。该层对应于 OSI 参考模型中的传输层。

网际层,负责相邻计算机之间的通信。其功能是:① 规定 IP 数据报格式;② 规定 IP 地址格式及分配规律;③ 规定根据节点路由表实现 IP 数据报路由选择的方法等。网际层主要有 4 个协议:IP、IMCP、ARP、RARP。IP 负责在网络上传送由 TCP 或 UDP 生成的数据段;对网络上的设备使用一组专门的网络地址,并且根据 IP 地址确定路由和目的主机。ICMP 负责根据网络上的设备状态发出和检查报文,是传递网络控制信息的主要手段,具有提供差错报告的功能。ARP 实现 IP 地址到物理地址的转换,而 RARP 实现物理地址到 IP 地址的转换,它们起着屏蔽物理地址的作用。网际层通过向传输层提供统一的数据报,屏蔽了各种物理网络的数据格式的差别,是最关键的一层。该层对应于 OSI 参考模型中的网络层。

网络接口层,定义了各种物理网络(广域网、局域网)与 TCP/IP 之间的网络接口,负责 IP 数据报的传送。IP 终端通过网络接口层接入到 IP 网络中去。该层不能与 OSI 参考模型中的数据链路层相对应,其活动包含物理层、数据链路层以及网络层的一部分。

IP 地址由网络号和主机号组成,是因特网主机地址的数字型标识,域名是因特网主机地址的字符型标识,IP 地址与主机的域名一一对应,例如新浪网主机的域名为 sina.com.cn,对应的 IP 地址为 202.106.185.196。因特网中的每台主机都有惟一的 IP 地址,IP 就是使用 IP 地址在主机之间传送信息,这是因特网能够运行的基础。目前广泛使用 IPv4 协议,IPv4 的地址长度为 32 位,分成 4 个字段,每个字段 8bit,分为 A、B、C、D、E 类地址,常用 IP 地址是 A、B、C 类地址。IP 地址的分类结构如图 1-7 所示。

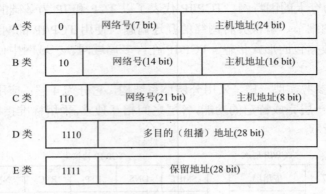

图 1-7　IP 地址的分类结构

① A 类地址：用于大型网络（160 余万台主机），地址范围为：0.0.0.0～126.255.255.255。
② B 类地址：用于中等规模网络，地址范围为：128.0.0.0～191.255.255.255。
③ C 类地址：用于小型局域网（LAN），地址范围为：192.0.0.0～223.255.255.255。
④ D 类地址：用于组播地址，地址范围为：224.0.0.0～239.255.255.255。
⑤ E 类地址：保留使用。

在 IP 地址体系中，有一些特殊用途的 IP 地址，例如网络标识地址、网络广播地址、回送地址等。在 IP 地址体系中，留出了 3 类网络号，给不连接到因特网上的专用（私用）网使用，分别用于 A、B、C 类 IP 网，具体如下：

10.0.0.0～10.255.255.255

172.16.0.0～172.31.255.255

192.168.0.0～192.168.255.255

这些网络号不会分配给连接到因特网上的任何网络，因此任何人都可以自由地选择这些 IP 地址作为网络地址，称为私有 IP 地址。例如，在中国电信宽带 IP 城域网和中国移动 IP 网的建设中都存在公有 IP 地址不足的问题，为了加快业务的发展，各个通信运营商同时使用了公有 IP 地址和私有 IP 地址，并实现了公有 IP 地址与私有 IP 地址的互通。

IPv4 的局限性表现在：① IPv4 的地址长度为 32 位，容量小，不能满足因特网用户增长的需要；② IPv4 不能区分数据报的优先级，不能支持不同 QoS 的业务，特别是实时业务；③ IPv4 存在安全漏洞，在应用层以下缺乏有效的加密和认证机制。

IPv4 只有有限的因特网地址空间和结构，已经不能满足日益增长的用户需求，因此 IPv6 应运而生。与 IPv4 相比，IPv6 具有以下特点：① IPv6 地址长度为 128 位，容量大，能够满足因特网用户增长的需要；② IPv6 设置优先级和流标记，增强了支持各种业务和 QoS 的能力；③ IPv6 采用两种扩展包头、安全网关等安全机制来增强网络安全性。

（3）No.7 信令方式

为了在通信网中向用户提供通信业务，在交换机之间要传送以呼叫建立和释放为主的各种控制信号，这种以呼叫控制为主的电信协议称为信令。

信令方式简单地讲就是指信令的种类、形式和传送方式。按信令工作区域分为用户线信令和局间信令。按信令技术分为：① 随路信令（CAS）方式，这是传统的信令技术；② 公共信道信令（CCS）方式，包括 ITU-T No.7 信令（欧洲）和 ANSI No.7 信令（北美）。

No.7 信令方式是一种在国际上通用的、标准的公共信道信令系统，采用了分层的功能结构和消息通信机制。在实际应用中，一条 CCS 可控制几千条中继线。No.7 信令方式有如下特点：① 最适合于数字交换设备和数字传输设备所构成的数字通信网；② 能满足现在和将来通信网的发展要求；③ 提供可靠的差错控制方法。

No.7 信令系统由消息传递部分（MTP）和多个不同的用户部分（UP）组成，采用 No.7 信令功能分级和 OSI 分层模式的混合结构，如图 1-8 所示。

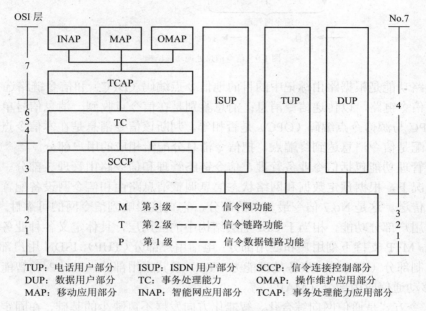

图 1-8 No.7 信令系统分层结构

消息传递部分的主要功能是作为一个消息传递系统，为用户部分提供信令消息的可靠传递，确保消息无差错地由源端传送到目的地，它只负责消息的传递，并不处理消息本身的内容。消息传递部分包括信令数据链路功能、信令链路功能和信令网功能。用户部分包括电话用户部分（TUP）、ISDN 用户部分（ISUP）等。

第 1 级信令数据链路功能定义了信令数据链路的物理、电气和功能特性，确定与数据链路的连接方法。信令数据链路的基本要求是透明性。No.7 信令的基本速率是 64kbit/s，可以使用 PCM 系统中除 TS_0（CH_0）以外的任何一个时隙（信道）作为信令数据链路。

我国目前定义的信令数据链路有 3 种：① 4.8kbit/s 信令数据链路，采用模拟信道，不是通过数字交换网络连接，而是经 Modem 与信令终端直接相连；② 64kbit/s 信令数据链路，采用数字信道，通过数字交换网络的半永久通路与信令终端连接；③ 2Mbit/s 信令数据链路，称为高速 No.7 信令数据链路，采用数字信道，将 CH_1～CH_{31} 合并，通过数字交换网络与信令终端连接，用于增强型 STP。

第 2 级信令链路功能规定信令消息在一条信令数据链路上传递的功能和程序，保证信令消息比特流在相邻两个信令点之间点到点的可靠传送，包括信号单元分界、定位、检错、纠错和流量控制等。

第 3 级信令网功能包括信令消息处理和信令网管理两部分。信令消息处理负责 No.7 信令消息的接收分配和选路发送，它由消息选路、消息鉴别和消息分配 3 部分组成，如图 1-9 所示。

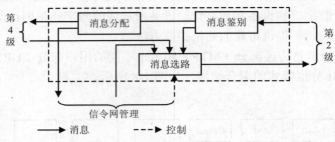

图 1-9　信令消息处理功能结构

消息选路功能是根据路由标记中的目的地信令点编码（DPC）和信令链路选择码（SLS）选择合适的信令链路，以传递信令消息；消息鉴别是在信令点收到一消息信号单元（SMU）后，根据 DPC 与源信令点编码（OPC）是否相等，判断该信令消息是在本信令点落地还是转接；消息分配是信令消息达到终端点，把信令消息分配给相应的用户部分。

信令网管理功能包括信令业务管理、信令链路管理和信令路由管理 3 部分。在信令网发生异常的情况下，根据预定数据和网络状态信息调整消息路由和信令网设备配置，可以保证消息的正常传送。这是 No.7 信令最复杂的部分，它直接影响到信令网的可靠性。

第 4 级用户部分功能，相当于 OSI 七层结构中的应用层，具体定义各种业务的信令消息和信令过程。MTP 支持下列用户和应用部分：电话用户部分（TUP），ISDN 用户部分（ISUP），信令连接控制部分（SCCP），事务处理能力（TC）及其应用部分（TCAP），智能网应用部分（INAP），移动通信应用部分（MAP）等。

No.7 信令方式是通信网向综合化、智能化方向发展不可缺少的基础，在固定通信网和移动通信网中得到了广泛的应用，目前已经是我国通信网主要采用的信令方式。

（4）PPP

PPP 即点对点协议，PPP 提供了在因特网上通过串行的点对点连接传输报文分组的方法，广泛应用于拨号接入方式，即电话拨号接入和虚拟拨号接入。电话拨号接入适用于 PSTN/ISDN 窄带拨号接入；虚拟拨号接入适用于宽带拨号接入（如 PPPoE）。PPP 也适用于路由器—路由器的线路连接。PPP 包括以下 4 个主要部分。

① 帧封装方法。最基本的封装是 HDLC 帧，也可在 ATM 或以太网上传送，即 PPP over ATM(PPPoA)和 PPP over Ethernet(PPPoE)。帧格式支持差错检测和数据压缩。

② 链路控制协议（LCP）。完成链路连接、测试、任选参数协商和最终断开链路。

③ 网络控制协议（NCP）。完成网络层任选参数协商。在 PPP 包的净荷中可以装载多种网络协议的数据包，PPP 为每个网络协议设计一个 NCP，协商确定该网络层协议的配置。IP 的控制协议称为 IPCP，它的一个重要功能就是动态分配用户的 IP 地址。

④ 用户认证。通过 LCP 可协商采用何种认证协议，包括鉴权、授权和计费，称为 AAA，ISP 经由服务器完成 AAA 功能。

PPP 工作过程可分为 3 个阶段：LCP 协商、认证和 NCP 协商。

PPPoE 可以支持上网用户通过一个公共的用户端设备和远端的网络接入服务器（NAS）相连。虽然这些用户和接入服务器之间并没有物理上的点到点连接线路，但是通过一定规程建立 PPP 会话，就好像建立了一条至服务器的逻辑上的点到点连接，这样，可以实现对每个用户分别进行接入、计费和服务类型控制，而不是以局域网为一个整体进行控制。对于每个用户而言，仍然使用同样的 PPP 和用户界面。

一个采用 PPPoE 技术的网络环境包括 PPPoE 客户端软件、PPPoE 终结器、两者之间的 PPP 连接和接入服务器及计费系统。由于在以太网范围内可能有多个接入服务器，为了支持用户自由选择服务器，一个 PPPoE 用户上网的流程包括 3 个阶段：搜索阶段、会话阶段和拆线阶段。PPPoE 也可以采用 PSTN/ISDN 窄带拨号接入的远程访问拨号用户服务（RADIUS）服务器来进行用户认证和计费。PPPoE 是一个成熟的 IP 接入协议，支持多协议封装，实现简单，易于与现有 ISP 配合，是一种简便的 IP 接入方法。目前，在 HTTX+LAN 接入网和 ADSL 接入网中主要采用 PPPoE 开展业务。

1.1.2 接入网

1. 接入网的基本概念

ITU-T 在 G.902 建议中对接入网的定义是：由业务节点接口（SNI）和用户—网络接口（UNI）之间的一系列传送实体（包括线路设施和传输设施）组成，为传送电信业务而提供所需传送承载能力的实施系统，可经由 Q3 接口配置和管理。

G.902 定义的接入网主要是 PSTN 接入网，电信网中的本地数字交换机与接入网设备之间通过 V5 接口连接，主要实现远端电话用户接入 PSTN。G.902 定义的接入网是传统意义上的接入网，区别于第 3 章中 Y.1231 定义的 IP 接入网。

G.902 定义的接入网是由 3 个接口定界的，即用户通过 UNI 连接到接入网；接入网通过 SNI 连接到业务节点；通过 Q3 接口连接到电信管理网（TMN）上，如图 1-10 所示。

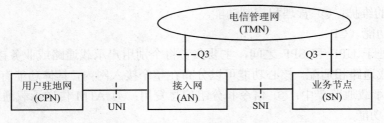

图 1-10 接入网的定界

业务节点（SN）是指能独立提供某种业务的实体，即一种可提供各种交换型或永久连接型的电信业务的网元，例如本地交换机、X.25 节点机、DDN 节点机、特定配置下的点播电视和广播电视业务节点等，支持窄带接入业务和宽带接入业务，并连接到电信网中。

电信管理网（TMN）是收集、处理、传送和存储有关电信网操作维护和管理信息的一种综合手段，可以提供一系列管理功能，对电信网实施管理控制。它是通信技术与计算机技术相互渗透和融合的产物。TMN 的目标是最大限度地利用电信网络资源，提高运行质量和效率，向用户提供优质的通信服务。TMN 能使各种操作系统之间通过标准接口和协议进行通信联络，在现代电信网中起支撑作用。TMN 有 5 种节点：操作系统（OS）、网络单元（NE）、中介装置（MD）、工作站（WS）、数据通信网（DCN）。TMN 中有 3 类标准接口：Q 接口、F 接口、X 接口。

2. 接入网的功能结构

接入网具有用户接口功能（UPF）、业务接口功能（SPF）、核心功能（CF）、传送功能（TF）和接入网系统管理功能（AN-SMF）等 5 大功能。各种功能之间的关系如图 1-11 所示。

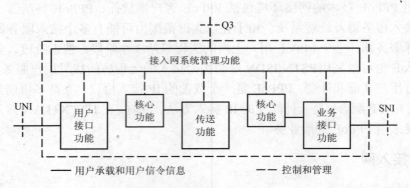

图 1-11　接入网的功能结构

（1）用户接口功能（UPF）

用户接口功能是将 UNI 要求与特定的核心功能和管理功能相适配。具体功能有：① 终结 UNI 功能；② A/D 变换和信令转换；③ UNI 的激活与去激活；④ 处理 UNI 承载通路/容量；⑤ UNI 的测试和 UPF 的维护；⑥ 管理和控制功能。

（2）业务接口功能（SPF）

业务接口功能是将特定的 SNI 的要求与公用承载通路相适配，以便核心功能处理，同时负责选择有关的信息以便在 AN-SMF 中进行处理。具体功能有：① 终结 SNI 功能；② 把承载通路要求、时限管理和运行要求及时映射进核心功能；③ 特定 SNI 所需的协议映射；④ SNI 的测试和 SPF 的维护；⑤ 管理和控制功能。

（3）核心功能（CF）

核心功能处于 UPF 和 SPF 之间，主要负责将个别用户承载通路或业务接口承载通路的要求与公用承载通路相适配。核心功能可以分布在整个接入网内，具体功能有：① 接入承载通路处理；② 承载通路集中；③ 信令和分组信息复用；④ ATM 传送承载通路的电路模拟；⑤ 管理和控制功能。

（4）传送功能（TF）

传送功能为接入网中不同地点之间公用承载通路的传送提供通道，同时为相关传输媒质提供适配功能。主要功能有：① 复用功能；② 交叉连接功能；③ 物理媒质功能；④ 管理功能。

（5）接入网系统管理功能（AN-SMF）

接入网系统管理功能主要是对接入网内 UPF、SPF、CF 和 TF 进行管理，如指配、操作和维护等。具体功能有：① 配置和控制；② 业务提供的协调；③ 用户信息和性能数据收集；④ 协调 UPF 和 SN 的时限管理；⑤ 资源管理；⑥ 故障检测和指示；⑦ 安全控制。AN-SMF 经 Q3 接口与 TMN 进行通信，从而实现对接入网的监测和控制。

3. 接入网的分层模型

接入网的分层模型用来定义接入网中各实体之间的互连关系，它分为接入承载处理功能层（AF）、电路层（CL）、传输通道层（TP）、传输媒质层（TM）以及层管理和系统管理，如图 1-12 所示。

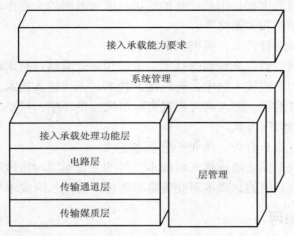

图 1-12　接入网的分层模型

（1）传输媒质层（TM）

传输媒质层可以细分为段层和物理层。其中，段层可支持一个或多个通道层，如 SDH 通道或 PDH 通道；物理层涉及的传输媒质有光纤、双绞线、同轴电缆和无线等。

（2）传输通道层（TP）

传输通道层可支持一个或多个电路层网络，为其提供传送服务。传输通道层和传输媒质层是相互独立的。

（3）电路层（CL）

电路层直接为用户提供通信服务，例如电路交换业务、分组交换业务和专线业务等。按照所提供业务的不同，可以区分不同的电路层网络。

接入网分层属性的示例如表 1-1 所示。

表 1-1　　　　　　　　　　　　　　接入网分层属性示例

业务层	电话、图像、数据、多媒体
电路层	电路方式、X.25 分组方式、帧中继方式、ATM 信元方式、其他
通道层	PDH、SDH、ATM、其他
传输媒质层	双绞线、同轴电缆、光纤、无线、卫星

4．接入网的特点

传统的接入网是以双绞线为主的铜线接入网，近年来，接入网技术和接入手段不断更新，出现了铜线接入、光纤接入和无线接入并行发展的格局。电信接入网与核心网相比有非常明显的区别，其具有以下特点。

（1）接入网结构变化大、网径大小不一

在结构上，核心网结构稳定、规模大、适应新业务的能力强；而接入网用户类型复杂，结构变化大，规模小，难以及时满足用户的新业务需求，由于各用户所在位置不同，造成接入网的网径大小不一。

（2）接入网支持各种不同的业务

在业务上，核心网的主要作用是比特的传送；而接入网的主要作用是实现各种业务的接入，如话音、数据、图像和多媒体等。

（3）接入网技术可选择性大、组网灵活

在技术上，核心网主要以光纤通信技术为主，传送速度高，技术可选择性小；而接入网可以选择多种技术，如铜线接入技术、光纤接入技术、无线接入技术，还可选择混合光纤同轴电缆（HFC）接入技术等。接入网可根据实际情况提供环型、星型、总线型、树型、网状和蜂窝状等灵活多样的组网方式。

（4）接入网成本与用户有关、与业务量基本无关

各用户传输距离的不同是造成接入网成本差异的主要原因，市内用户比偏远地区用户的接入成本要低得多；核心网的总成本对业务量很敏感，而接入网成本与业务基本无关。

1.1.3 用户驻地网

用户驻地网（CPN）是指用户终端至用户—网络接口（UNI）之间所包含的机线设备，由用户室内布线系统组成，使用户可以灵活方便地接入用户接入网。

CPN 属于用户所有，其规模、终端数量及业务需求的差异极大，可以大至大公司、工厂或大学校园，小至普通居民住地。从业务需求看，可以是低至 64kbit/s 或高至 155Mbit/s 速率的各类业务，范围极其广阔。为此，CPN 的拓扑结构将会有多种选择，一般采用星型、环型、总线型、树型及其混合结构。

CPN 不仅要求灵活地适应各种业务应用的需要，而且要求很短的投资回收期。在传统的电话网中，CPN 比较简单，其成本仅占网路总成本的 5%左右；在现代电信网中，由于各种电信新业务特别是宽带业务的推广，CPN 的结构和技术发生了较大的变化，其成本正逐渐上升，占网路总成本的 20%左右，这就对 CPN 的网络拓扑结构及其实现技术提出了很高的技术经济性要求。

CPN 规划设计考虑的因素有：① 通信类型和通信量；② 网络的容量和性能；③ 网络服务和服务器的容量；⑤ 网络拓扑结构；⑥ 网络操作系统；⑦ 用户设备类型和地理布局；⑧ 网络工程投资等。

1.2 接入网的接口

接入网的接口实现接入网的多层协议，支持各种类型业务接入到核心网。接入网有 3 种主要接口：用户—网络接口（UNI）、业务节点接口（SNI）和 Q3 管理接口。接入网通过业务节点接口与业务节点相连，通过用户—网络接口与用户相连，通过 Q3 接口与电信管理网相连。

ITU-T 定义了支持窄带接入业务和宽带接入业务的 Z 参考点和 V 参考点，并且定义了相对应的接入配置和相关的接入数字段。接入网的接口参考点如图 1-13 所示。

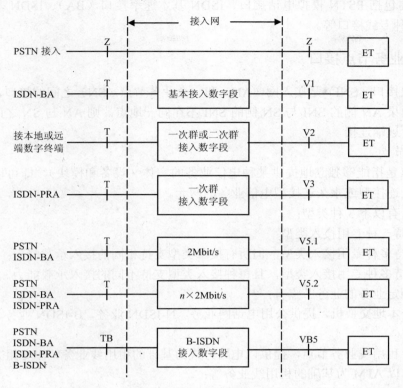

图 1-13　接入网的接口参考点

1.2.1　用户—网络接口

用户—网络接口是用户和网络之间的接口，位于接入网的用户侧，支持各种类型业务的接入，UNI 分为独立式和共享式两种。原则上用户端口功能（UPF）仅与一个 SNI 通过指配功能建立固定联系，采用 ATM 方式的单个 UNI 可以支持多个逻辑接入，其中每个逻辑接入经由一个 SNI 连至不同 SN；共享式 UNI 是指一个 UNI 可以支持多个业务节点，实现多个逻辑接入，如图 1-14 所示。

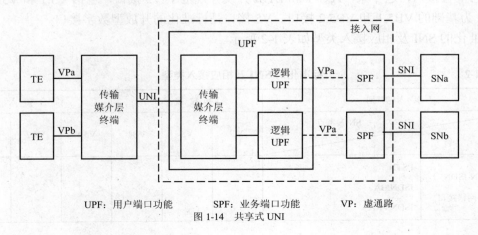

UPF：用户端口功能　　　SPF：业务端口功能　　　VP：虚通路

图 1-14　共享式 UNI

UNI 主要包括 PSTN 模拟电话接口、ISDN 基本速率接口（BA）、ISDN 基群速率接口（PRA）和各种专线接口等。

1.2.2　业务节点接口

业务节点接口（SNI）是接入网（AN）和一个业务节点（SN）之间的接口，位于接入网的业务侧。如果 AN 侧的 SNI 与 SN 侧的 SNI 不在同一地点，则 AN 与 SN 之间需要用透明传送通道进行远端连接。

1. 业务节点

业务节点是指能够独立地提供某种电信业务的实体（设备和模块），即可以提供各种交换型、半永久连接型或永久连接型电信业务的网元。

业务节点有以下 3 种类型：

① 仅支持一种专用接入类型；

② 可支持多种专用接入类型，但所有接入类型支持相同的接入承载能力；

③ 可支持多种专用接入类型，且每种接入类型支持不同的接入承载能力。

可提供规定业务的业务节点有：

（1）单个本地交换机，提供公用电话网业务，N-ISDN 业务，B-ISDN 业务，分组数据网业务等；

（2）单个租用线业务节点，提供以电路方式为基础的租用线业务，以分组方式为基础的租用线业务，以 ATM 为基础的租用线业务等；

（3）特定配置下提供数字图像和声音广播业务的业务节点；

（4）特定配置下提供数字/模拟图像和点播电视业务的业务节点。

2. 业务节点接口类型

接入网根据不同的用户业务需求，需要提供相对应的 SNI 与各种业务节点（如交换机）相连。SNI 分为模拟接口（Z 接口）和数字接口（V 接口）两大类。

Z 接口对应于 UNI 的模拟 2 线音频接口，可提供普通电话业务。随着接入网的数字化和业务的综合化，Z 接口已逐步由 V 接口取代。

V 接口经历了 V1 接口到 V5 接口的发展，其中 V1～V4 接口的标准化程度有限，并且不支持综合业务接入，近年来，ITU-T 和 ETSI 开发并规范了 V5 接口，包括 V5.1 和 V5.2 以及以 ATM 为基础的 VB5.1 和 VB5.2 接口。V5 接口是标准化的开放型数字接口。

标准化的 SNI 及相应接入类型如表 1-2 所示。

表 1-2　　　　　　　　　　标准化的 SNI 及相应接入类型

接入类别 SN参考点 接入类型	单独接入			综合接入		
	V1	V3	VB1	V5.1	V5.2	VB5
PSTN 和 N-ISDN 的用户—网络接口　PSTN				√	√	√
ISDN BA	√			√	√	√
ISDN PRA		√			√	√

续表

接 入 类 别		单 独 接 入			综 合 接 入		
接入类型	SN 参考点	V1	V3	VB1	V5.1	V5.2	VB5
B-ISDN 的用户—网络接口	B-ISDN SDH（155.520Mbit/s）			√			√
	B-ISDN 信元（155.530Mbit/s）			√			√
	B-ISDN SDH（622.080Mbit/s）			√			√
	B-ISDN 信元（622.080Mbit/s）			√			√
	B-ISDN SDH（51.84Mbit/s）			√			√
	B-ISDN 信元（51.84Mbit/s）			√			√
	B-ISDN 信元（25.6Mbit/s）						√
	B-ISDN 信元（2048kbit/s）			√			√
数据业务	用户适配构成 AN 部分						
	用户适配处于 AN 之外	√	√		√	√	

注：综合接入类型尚有宽带接入 VB5.1/ VB5.2 接口，原则上它可以现存的所有 UNI 接入类型，其中 VB5.2 接口可支持按需接入类型。

1.2.3 Q3 管理接口

在 TMN 中有 3 类标准接口，即 Q 接口、F 接口、X 接口。其中 Q 接口分为 Q1、Q2 和 Q3 接口，目前 Q1 和 Q2 接口已合并为 Qx 接口。

Qx 接口是中介装置（MD）和网络单元（NE）之间的接口，该接口支持操作和维护功能，它连接较简单的网元设备以及利用较简单的协议栈。例如，Qx 接口可以只要求 OSI 参考模型中的 1～3 层协议。

Q3 接口是操作系统（OS）和网络单元（NE）之间的接口，该接口支持信息传送、管理和控制功能。在接入网中，Q3 接口是 TMN 与接入网设备各个部分相连的标准接口。在 TMN 众多接口中接入网通过 Q3 接口与 TMN 相连来实施 TMN 对接入网的管理和协调，从而提供用户所需的接入类型和承载能力。Q3 接口的通信协议是按照 OSI 参考模型设计的，Q3 接口通信协议分为通信协议栈、网络管理协议和管理信息模型。

1.3 接入网的拓扑结构

网络的拓扑结构是指组成网络的各个节点通过某种连接方式互连后形成的总体物理形态或逻辑形态，称为物理拓扑结构或逻辑拓扑结构。一般情况下，网络的拓扑结构是指物理拓扑结构。当选择一种物理拓扑结构时，需要考虑以下几个因素：

① 安装难易程度；

② 重新配置难易程度，即适应性、灵活性如何；

③ 网络维护难易程度；

④ 系统可靠性；

⑤ 建设费用，即经济性。

电信网的基本结构形式主要有网型网、星型网、复合型网、总线型网、环型网和树型网，如图 1-15 所示。

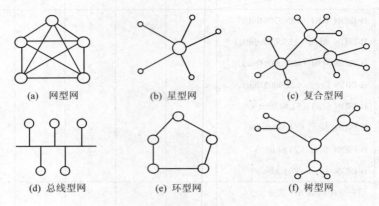

(a) 网型网   (b) 星型网   (c) 复合型网

(d) 总线型网   (e) 环型网   (f) 树型网

图 1-15　电信网的基本结构

不同结构类型电信网的主要性能比较如表 1-3 所示。

表 1-3   **不同结构类型电信网的主要性能比较**

性能 项目 ＼ 通信网类型	网 型 网	星 型 网	复 合 型 网	环 型 网	总 线 型 网	树 型 网
经济性	差	好	较好	好	较好	较好
稳定性	好	差	较好	较差	较好	较好
扩展性	较好	好	较好	差	很好	较好
对节点要求	高	高	较高	较高	低	较高
L 与 N	$L=N(N-1)/L$	$L=N-1$		$L=N$	$L=N+1$	

注：L 为链路数，N 为节点数。

由于接入网与核心网的性质和服务对象是不同的，因此接入网与核心网的拓扑结构也有所区别。接入网的拓扑结构对接入网的网络设计、功能配置和可靠性等有重要影响。

1.3.1　有线接入网的拓扑结构

1. 铜线接入网拓扑结构

铜线接入网主要是指基于固定电话网的用户数字线（xDSL）接入网，其复用系数小。铜线接入网的拓扑结构与固定电话网的拓扑结构相似，电话网中最常用的拓扑结构是复合型网，下级交换中心以星型网连接到上级交换中心，DC1 之间以网型网相连接。铜线接入网所采用的拓扑结构，除用户驻地网（CPN）外，以网型、星型和复合型为主。

2. 光纤接入网拓扑结构

光纤接入网所采用的拓扑结构应充分考虑光纤的特点，例如复用系数大，每线的成本较低等，以总线型、星型、环型、树型作为其基本的拓扑结构。在实际工作中，除单独采用上述拓扑结构外，还可采用网型、双星型、三星型、环型/星型、双环型等。

3．HFC 接入网拓扑结构

HFC 接入网是指基于有线电视（CATV）的接入网，CATV 是广播式结构，采用非交互性的信息传输方式。HFC 接入网的拓扑结构与 CATV 网的拓扑结构相似。

HFC 接入网所采用的拓扑结构以树型为主。

1.3.2　无线接入网的拓扑结构

无线接入网的拓扑结构应充分考虑无线通信的特点，例如点对面的通信方式（有线通信为点对点的通信方式）。

无线接入网的拓扑结构通常分为两类：无中心拓扑或对等式拓扑、有中心拓扑。

在无中心拓扑结构的无线接入网中，一般所有站点都使用公共的无线广播信道，并采用相同的协议争用的无线信道，任意两个节点之间可以直接进行通信。这种结构的优点是组网简单，成本费用低，网络稳定性好；缺点是当站点增加时，网络服务质量会降低，网络的布局受到限制。无中心拓扑结构适用于用户数较小的情况。

在有中心拓扑结构的无线接入网中，需要设立中心站，所有站点对网络的访问均由其控制。这种结构的优点是当站点增加时，网络服务质量不会急剧下降，网络的布局受到限制小，扩容方便；缺点是网络稳定性差，一旦中心站点出现故障，网络将陷入瘫痪，并且中心站点的引入增加了网络成本。

无线接入网的接入覆盖模式主要有宏区、小区、微区、微微区 4 种。宏区也称大区，覆盖半径为 10km～55km，主要适用于农村、山区、沙漠和沿海地区等；小区的覆盖半径为 5km～10km，主要适用于郊区和农村；微区的覆盖半径为 0.5km～5km，主要适用于中小城市；微微区的覆盖半径为 50m～500m，主要适用于大城市。例如，UT 斯达康 iPAS 无线市话系统是微蜂窝（微区）结构，500mW 基站的覆盖半径 500m；大唐电信 R2000 NET 无线局域网系统是微微蜂窝（微微区）结构，最大发射功率为 100mW，覆盖半径与应用环境有关，在室内半开放环境下，覆盖半径能够达到 500m，在室外开阔环境下，能够提供更大的覆盖范围；中兴 ZXPCS 系统作为城市无线接入系统是微蜂窝（微区）结构，500mW 基站的覆盖半径 500m，其中 ZXPCS2.0 系统适合中小城市建设覆盖本地的无线市话网，ZXPCS10.0 系统适合大中城市组建大规模的无线市话网。

1.4　接入网的技术类型

接入网可以选择多种技术，就目前的现状而言，接入网的技术可以分为有线接入和无线接入两类。

1.4.1　有线接入网

有线接入网包括铜线接入网、光纤接入网、混合光纤同轴电缆（HFC）接入网等。

1．铜线接入网

在传统电信网中，用户线主要采用双绞铜线向用户提供电话业务。在现代电信网中，通过采用先进的数字信号处理技术来提高双绞铜线的传输容量，满足用户对各种电信业务的需求，如高速上网、视频业务等。

铜线接入网采用普通电话线（双绞铜线）作为传输介质，铜线接入技术包括线对增容技术和数字用户线（xDSL）技术。线对增容技术是指利用普通电话线（双绞铜线）在交换机与用户之间传送多路复用信号的技术，如 N-ISDN 技术。xDSL 技术是指采用不同调制方式将信息在普通电话线（双绞铜线）上高速传输的技术，包括非对称（异步）数字用户线（ADSL）、高比特数字用户线（HDSL）、甚高速数字用户线（VDSL）技术等。其中，ADSL 在因特网高速接入方面应用广泛、技术成熟；VDSL 在短距离（0.3km～1.5km）内提供高达 52Mbit/s 传输速率，大大高于 ADSL 和 Cable Modem。

ADSL 是目前得到普遍应用的 xDSL 技术之一，它的下行通信速率远远大于上行通信速率，最适用于因特网接入和视频点播（VOD）等业务。ADSL 从局端到用户端的下行和用户端到局端的上行的标准传输设计能力分别为 8Mbit/s 和 640kbit/s，ADSL 的下行速率受到传输距离的影响，处于比较理想的线路质量情况下，在 2.7km 传输距离时 ADSL 的下行速率能达到 8.4Mbit/s 左右，而在 5.5km 传输距离时 ADSL 的下行速率就会下降到 1.5Mbit/s 左右。ADSL 宽带接入网示意图如图 1-16 所示。

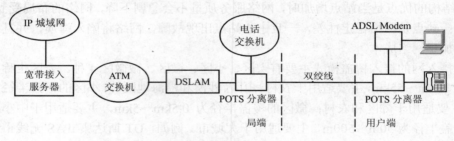

图 1-16　ADSL 接入示意图

2. 光纤接入网

光纤接入网采用光纤作为传输介质，利用光网络单元（ONU）提供用户侧接口。由于光纤上传送的是光信号，因而需要在交换局侧利用光线路终端（OLT）进行电/光转换，在用户侧要利用 ONU 进行光/电转换，将信息送至用户设备。光纤接入网示意图如图 1-17 所示。

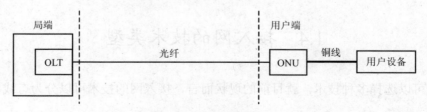

图 1-17　光纤接入网示意图

根据 ONU 放设的位置不同，光纤接入网可分为光纤到大楼（FTTB）、光纤到路边（FTTC）或光纤到小区（FTTZ）、光纤到户（FTTH）或光纤到办公室（FTTO）等。FTTB 与 FTTC 的结构相似，区别在于 FTTC 的 ONU 放置在路边，而 FTTB 的 ONU 放置在大楼内。FTTH 从端局连接到用户家中的 ONU 全程使用光纤，容量大，可以及时引入新业务，但成本比较高。

3. HFC 接入网

混合光纤同轴电缆（HFC）接入网采用光纤和同轴电缆作为传输介质，是电信网和有线电视（CATV）网相结合的产物。实际上可将现有的单向模拟 CATV 网改造为双向网络，利用频分复用技术和 Cable Modem 实现语音、数据和交互式视频等业务的接入。Cable Modem 是专门在 CATV 网上开发数据通信业务而设计的用户接入设备。HFC 接入网示意图如图 1-18 所示。

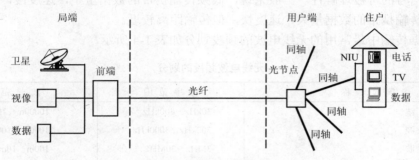

图 1-18　HFC 接入网示意图

局端将电信业务和视像业务综合，从前端通过光载波经光纤馈线网传送至用户侧的光网络单元（ONU）进行光/电转换，然后经同轴电缆传送至网络接口单元（NIU）。每个 NIU 服务于一个家庭，它的作用是将整个电信号分解为电话、数据和视频信号送达各个相应的终端设备。用户可以利用现有的电视机而无需外加机顶盒就能接收模拟电视信号。

采用 FTTC+HFC 的组网方式，可以提供交互式数字视频（SDV）。在 SDV 中，FTTC 和 HFC 是重叠的，一是用 FTTC 来传送所有交换式数字业务，包括话音、图像和视频；二是用 HFC 来传送单向模拟视频信号，同时向 FTTC 的光网络单元供电。

1.4.2　无线接入网

无线接入网是由业务节点接口（SNI）和用户—网络接口（UNI）之间的一系列传送实体组成，为传送电信业务而提供所需传送承载能力的无线实施系统。

无线接入（WA）是指利用无线通信技术（包括移动通信、VSAT、微波、卫星、无绳电话等）实施接入网的全部或部分功能，向用户提供固定的或移动的终端业务。无线接入网可以全部或部分地替代有线接入网，具有组网灵活、使用方便和成本较低等特点，特别适合于农村、沙漠、山区和自然灾害严重等不便于使用有线接入的地区，是对有线接入的有效支持、补充和延伸，是快速、灵活装备与实现普遍服务的重要手段。另外，无线接入技术也是实现个人通信的关键技术之一，未来个人通信的目标是实现任何人在任何时候、任何地方能够以任何方式与任何人进行通信。无线接入技术是无线通信技术与接入网技术的结合，采用无线通信技术将用户驻地网或用户终端接入到公用电信网的核心网的系统，称为无线接入系统或无线本地环路（WLL）系统。

无线传输通过电磁波实现，电磁波是由传输天线中的电流感应产生的震荡电磁射线，电磁波在空气中或自由空间中传播，然后被接收天线感应，电磁波谱如图 1-19 所示。

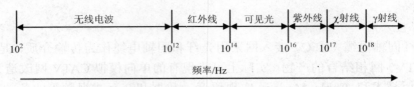

图 1-19 电磁波谱

在无线通信中，频率影响着数据传送量和传送速率，传输功率决定有效信号的可传输距离，并保持信号的可被理解性。一般来说，低频传输携带的数据量小，速度慢，但传输距离较远；高频传输携带的数据量大，速度快，但传输距离较近。

无线数据传输中最常用的无线电波的频段划分如表 1-4 所示。

表 1-4 　　　　　　　　　　　无线电波频段的划分

频 段 名 称		频 率 范 围	波 长 范 围
长　波		30kHz～300kHz	10000m～1000m
中　波		300kHz～3000kHz	1000m～100m
短　波		3MHz～30MHz	100m～10m
超短波		30MHz～300MHz	10m～1m
微　波	分米波	0.3GHz～3GHz	100dm～10dm
	厘米波	3GHz～30GHz	10cm～1cm
	毫米波	30GHz～300GHz	10mm～1mm

一般来说，无线接入网（非微波和卫星类）由 4 个部分组成：用户台（SS）、基站（BS）、基站控制器（BSC）和网络管理系统（NMS）。无线接入网示意图如图 1-20 所示。

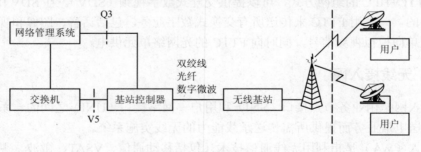

图 1-20 无线接入网示意图

用户台是由用户携带或固定在某一位置的无线收发机，提供一个面向基站的空中接口，建立到基站的无线连接，并通过特定的无线信道向基站传输信号。

无线基站是一个多路无线收发机，提供面向用户侧的空中接口。发射时，天线将高频电流转换为电磁波能量释放到空气中；接收时，天线从空气中收集电磁波并将电磁波转换为高频电流。天线按辐射方向图分为定向天线和全向天线，按外形结构分为线状天线、面状天线等；按极化方式分为垂直极化天线（也称单极化天线）和交叉极化天线（也称双极化天线）。

基站控制器可以控制多个基站，并提供面向交换机的网络接口；网络管理系统负责所有信息的存储和管理。本地交换机与基站控制器之间接口方式有两种：① 用户接口方式（Z 接口）；② 数字中继接口方式（V5 接口）。基站控制器与网络管理系统之间的接口采用 Q3 接口，基站与用户台之间的接口是空中接口（U_m）。各种不同类型的无线系统有各自的接口标准，空中接口采用无线全双工通信方式，即频分双工（FDD）和时分双工（TDD），TDD 方式适用于近距离的固定无线接入系统，而 FDD 方式适用于远距离的固定无线接入系统。

无线接入按用户终端的可移动性，可以分为固定接入和移动接入；按传输带宽的宽窄，可以分为窄带接入和宽带接入。

1. 固定无线接入网

固定无线接入（FWA 或 FRA）是指用户终端固定或仅在小范围区域移动的无线接入方式。目前 FWA 连接的骨干网络主要是 PSTN，因此可以说 FWA 是 PSTN 的无线延伸。

固定无线接入运行频段原先大都在 3GHz 以下，目前正在向 3.5GHz、10GHz、24GHz/26GHz、28GHz、31GHz、34GHz、38GHz、41GHz……60GHz 等更高频段发展，主要提供视频业务、因特网不对称 IP 业务。目前我国规定的固定无线接入系统工作频段有 450MHz、800MHz/900MHz、1.8GHz/1.9GHz 和 3.5GHz 等。

典型窄带 FWA 技术有个人手持电话系统/个人通信接入系统（PHS/PAS），欧洲数字无绳通信（DECT）系统，码分多址（CDMA），频分多址（FDMA），同步码分多址（SCDMA）等体制。宽带 FWA 技术有直播卫星（DBS），甚小卫星终端站（VSAT），本地多点分配业务（LMDS），多路多点分配业务（MMDS），无线局域网（WLAN）等。

固定无线接入设备一般是专门设计制造的系统，例如朗讯 CWS 无线市话系统，大唐 R2000 ACCESS 宽带无线 IP 接入系统、R3000 LMDS 宽带无线全业务接入系统，中兴 ZXWLL 系统、ZXPCS 个人无线通信系统、ZXBWA-3E 宽带无线接入系统，华为 ETS450 无线市话系统、ETS3526 宽带无线接入系统等。

无线市话主要是指采用固定无线接入技术将电信用户通过无线传输介质接入 PSTN 的市话交换机，使用户端（即无线市话手机或小灵通手机）不再固定在某个位置，可在无线市话网络覆盖范围内自由移动使用，为用户提供本地范围内的移动性。无线市话是建立在固定市话网基础上的一种无线接入系统，具有 V5 接口、普通电话业务（POTS）接口，可与各种交换机相连，作为固定电话网的延伸和补充。

目前，我国无线市话采用的固定无线接入技术主要有以下两种：

① 个人通信接入系统（PAS），例如 UT 斯达康 iPAS 小灵通无线市话系统；

② 个人手持电话系统（PHS），例如中兴 ZXPCS 个人无线通信系统。

无线市话的无线部分采用微蜂窝，信道动态分配，小区采用时分双工（TDD）模式，每个载波可提供 4 个或 8 个信道，多址接入方式为频分多址（FDMA）/时分多址（TDMA），基站分为 10mW、20mW（电源采用远供）、200mW、500mW（电源由当地供电）。尽管小灵通无线市话具有覆盖范围小、盲区多、只能在慢速移动中接收信号等缺点，但它费用较低、电磁辐射极小、待机时间长、增值业务丰富，在不同城市用户之间可实现漫游，有较大的消费群体。由于无线市话建网快、工期短、安装简便、扩容方便，增加了业务收入和放号量，因而也引起了电信运营商的重视，并以无线市话作为市场切入手段，使得无线市话网络规模不断扩大，用户数迅速增加。在我国，被称为"小灵通"的无线市话以固定电话的价格，满足了用户的移动通信需求，因而得到了快速的发展。

宽带固定无线接入技术主要有以下 3 类。

① 多路多点分配业务（MMDS）：是一种单向传输技术，它可以分配在多个地点，每个

小区的半径随地域而变化，一般在 30km～60km 左右，其带宽为 100MHz，主要传送广播电视、数据业务。

② 直播卫星系统（DBS）：是一种单向传输系统，即同步卫星广播系统，其带宽为 500MHz，主要传送单向模拟广播电视业务。

③ 本地多点分配业务（LMDS）：是一种双向传输技术，小区半径一般在 5km 左右，其带宽大于 1GHz，主要传送广播电视、VOD、数据和话音等业务。

2. 移动无线接入网

移动无线接入是指用户终端处于可移动情况下的无线接入方式。用户终端有手持式、便携式和车载式电话等。移动无线接入的实现技术有 GSM 移动通信系统，CDMA 移动通信系统，集群通信系统，卫星移动通信系统等。在实际应用中，移动接入方式通常与有线接入方式相结合，以便灵活、有效地开展各种接入服务。

目前，移动无线接入设备主要是基于蜂窝技术的移动通信系统的简化和改进，例如 ZXC10-SCWLL 无线接入系统是基于 CDMA 移动通信技术的无线接入系统，它能够实现 IS-95 到 CDMA 1X 的平滑过渡。蜂窝单元是一个像蜂窝巢的六边形单元格，在每个蜂窝单元中有一个能够覆盖整个单元的基站，只要两个蜂窝单元不相邻，任何前面已经使用过的频率都可以再次使用。

宽带移动无线接入技术主要是第三代移动通信技术，即 3G 技术，全球主流 3G 技术有 WCDMA、CDMA2000 和 TD-SCDMA 3 类。

无线局域网（WLAN）是指采用无线传输介质的计算机局域网，采用的标准是 IEEE 802.11 系列和蓝牙技术，其中 IEEE 802.11b 是当前主流的无线局域网标准，WLAN 系统结构一般由用户站（无线网卡）、无线接入点（AP）和接入控制器（AC）组成，最大发射功率为 100mW，覆盖半径为 30m～300m，具有高移动性、保密性强、抗干扰性好、结构简单、维护容易等优点，无线局域网常用蜂窝型拓扑结构。WLAN 主要有 3 种应用模式：传统 WLAN 应用模式（大楼内 WLAN）、宽带无线接入模式（大楼间 WLAN）、基于 GSM/CDMA 系统应用模式。目前，WLAN 已成为有线局域网的延伸和有线网无法扩展的区域的首选解决方案。

另外，蓝牙（Bluetooth）技术是一种最接近用户的短距离、微功率、微微小区型无线接入手段，它使用 2.4GHz 频段。蓝牙技术支持点到点和点到多点的连接，微微小区内的 1 个主设备可与 7 个从设备进行通信。

1.5 接入网支持的业务

1.5.1 电信业务分类

电信业务是指利用电信技术和电信基础设施为不同用户提供的各种信息发送、传输和接收等电信服务项目的总称。电信业务的种类繁多，按照不同的分类标准、不同的应用方式可以对电信业务分类如下：

按应用角度分，电信业务分为基础业务和增值业务；按出现时间分，电信业务分为传统业务和新业务；按所需带宽分，电信业务分为窄带业务和宽带业务；按信息感官分，电信业务分为语音业务和非话业务；按信息媒体分，电信业务分为语音业务、数据业务、文字业务、视频业务和多媒体业务；按用户活动状态分，电信业务分为固定业务和移动业务；按网络执行功能分，电信业务分为承载业务、终端业务和补充业务。

1. 基础电信业务与增值电信业务

根据《中华人民共和国电信条例》的规定，可将电信业务分为基础电信业务和增值电信业务。信息产业部于 2003 年对《中华人民共和国电信条例》所附《电信业务分类目录》重新进行了调整。

（1）基础电信业务

基础电信业务是指提供公共网络基础设施、公共数据传送和基本语音通信服务的业务。包括：① 固定网络国内长途及本地电话业务；② 蜂窝移动通信业务；③ 卫星通信业务；④ 因特网及其他公共数据传送业务；⑤ 网络元素出租、出售业务；⑥ 网络接入及网络托管业务；⑦ 国际通信基础设施、国际电信业务；⑧ 无线寻呼业务；⑨ 转售的基础电信业务。

（2）增值电信业务

增值电信业务是指利用公共网络基础设施提供的电信与信息服务的业务。增值电信业务通常简称为增值业务，包括：① 固定电话网增值电信业务，如固定网信息服务（160/168）、可视电话、呼叫中心业务等；② 移动网增值电信业务，如移动网信息服务业务、呼叫中心业务等；③ 卫星网增值电信业务；④ 因特网增值电信业务，如因特网接入服务、因特网信息服务、因特网会议电视及图像服务、IP VPN、因特网数据中心和呼叫中心业务等；⑤ 其他数据传送网络增值电信业务，如电子邮件、语音信箱、电子数据交换和传真存储转发等。

2. 电信新业务与智能业务

电信新业务是相对传统的电信业务而言的，是指在电信新技术的推动下，新出现的、满足用户新的需求、具有新的功能和新的使用价值的电信业务。电信新业务具有智能化、个人化、宽带化、多媒体化和多样化等特点。目前，电信运营商大力开拓的新业务主要是增值业务。

智能业务是指利用智能网或智能平台方式提供的电信业务。在智能业务中，不仅对信息进行基本的传输和交换，而且对信息进行智能化处理。

3. 电信业务的实现方式

同一电信业务可以用两种方式实现：① 非智能方式，即基于交换设备、终端设备或语音平台提供电信业务；② 智能方式，即基于智能网或智能平台方式提供电信业务。

由于在原有通信网络中采用智能网技术可向用户提供业务特性强、功能全面、灵活多变的新业务，具有很大市场需求，因此，智能网已逐步成为现代通信提供新业务的首选解决方案。

接入网支持的业务多种多样，从单一的话音业务到语音、数据、视频的综合业务；从低速数据到高速数据；从静态视频到全动态视频；从单向分配式到双向交互式等。

1.5.2 窄带接入业务

（1）PSTN 普通电话业务。支持普通模拟电话及新业务、传真和拨号上网等。

（2）N-ISDN 业务。支持基本速率接入（BA）和基群速率接入（PRA），即数字电话及新业务、传真、拨号上网；支持 ISDN 各项补充业务。

接入网支持的主要业务是普通电话业务（POTS），也支持通过电话拨号接入因特网业务。拨号接入是低速率接入因特网方式，有 163 拨号接入、N-ISDN 拨号接入。其中，163 拨号接入分为注册拨号方式和主叫拨号方式（直通车方式），一般情况下，计算机内置 Modem，Windows 操作系统也内置相应的工具软件，用户只需在对话框内输入用户名、密码及因特网服务提供商（ISP）的电话号码，如 16300。电话拨号接入是目前用户数最多、最经济、最方便的因特网接入方式，但接入速率低，最高为 56kbit/s，而 ISDN 基本速率接入的速率也只有 128kbit/s。

（3）DDN 专线业务。数字数据网（DDN）主要提供多种速率的端到端数据专线接入业务，即在两个用户之间提供 2.4kbit/s，4.8kbit/s，9.6kbit/s，19.2kbit/s，$N×64$kbit/s(N=1～31)及 2Mbit/s 的全透明、双向、对称的数据传输通道，适合于业务量大、实时性强的数据通信用户使用。DDN 支持 V.24、V.35 协议。

（4）PSPDN 业务。支持普通电话用户以拨号方式或专线方式接入公用分组交换数据网（PSPDN）。

（5）无线市话业务。无线市话网络充分利用现有的固定市话网资源，为用户提供固定市话网的移动终端服务和多项增值业务，包括 PSTN 普通电话业务及新业务、语音增值业务（电话信息服务业务，语音信箱）、小灵通手机上网业务、64kbit/s 无线数据业务、短消息业务、定位业务、彩铃业务等，通过接入增值业务和智能业务平台还可提供智能业务、移动 Centrex 业务。

1.5.3 宽带接入业务

（1）xDSL 业务。是一种利用普通电话线（双绞铜线）作为传输介质，为用户提供高速数据传输的宽带接入业务，包括普通模拟电话及新业务、可视电话、IP 电话、宽带上网、远程教育、远程医疗、家庭办公等，可以实现上网、打电话互不干扰。xDSL 即 ADSL、HDSL、VDSL，其中应用最广泛的是 ADSL，目前，通信运营商提供的 ADSL 业务有不高于 512kbit/s 和不高于 8Mbit/s 的传输速率。

（2）Cable Modem 业务。是一种在 HFC 上利用光纤和同轴电缆作为传输介质，为用户提供高速数据传输的宽带接入业务，包括有线电视业务，宽带上网及其他双向电信业务。

（3）FTTX+LAN 业务。是一种利用以太网接入技术，从城域网的节点经过网络交换机和集线器将网线直接接入用户家，形成大规模的高速局域网，通过带宽资源共享方式，为用户提供光纤到小区、网线到户的宽带接入业务。FTTX+LAN 以光纤+五类线方式实现"千兆到小区，百兆到大楼，十兆到用户"的 IP 宽带接入。

（4）LMDS 业务。是一种一点对多点的广播方式提供的宽带无线接入业务，包括 PSTN/ISDN 电话业务，速率为 1.2kbit/s～155Mbit/s 数据业务，模拟和数字视频业务等。LMDS 采用多扇区技术进行用户接入网络覆盖，并提供骨干网络的接口。

（5）WLAN 业务。是通过基于无线局域网传输技术的 IP 接入业务，向用户提供因特网接入、无线办公应用等，可满足移动商业用户和企业用户的无线上网需求的业务。

思考题与练习题

1-1　通信网的构成要素有哪些，现代通信网是如何分类的？

1-2　通信网的基本结构有哪几种，各有什么优缺点？

1-3　简述 OSI 参考模型。

1-4　什么是 TCP/IP？

1-5　什么是 IP 地址？什么是域名？

1-6　简述私有 IP 地址的概念和地址范围。

1-7　什么是 No.7 信令方式，No.7 信令有哪些特点？

1-8　简述 No.7 信令的 4 个功能级。

1-9　什么是 G.902 定义的接入网，接入网有哪些特点？

1-10　接入网的接口有哪些？

1-11　简述接入网的技术类型。

1-12　什么是基础电信业务，什么是增值电信业务？

1-13　窄带接入业务主要有哪些？

1-14　宽带接入业务主要有哪些？

第2章　　　　　　　　　　　　　　V5 接口及应用

2.1　V5 接口概述

随着我国电信业务的快速发展，各电信运营商积极采用先进的核心网技术和接入网技术，目前，V5 接口接入网在我国已得到广泛应用。V5 接口是接入网的业务节点接口的一种，V5 接口采用 No.7 信令技术。交换机与接入网的接口有 Z 接口和 V 接口，其中 V 接口分为两种类型：① 传统参考点（V1、V3、V4、VB1），只允许单个接入；② 综合接入（V5.1、V5.2、VB5），标准化、开放型、综合接入。目前主要采用后一种类型。

2.1.1　V5 接口定义

V5 接口是本地数字交换机（LE）和接入网（AN）之间开放的、标准的数字接口，包括V5.1 和 V5.2 接口。V5 接口属于业务节点接口（SNI），V5 接口示意图如图 2-1 所示。

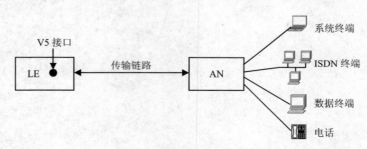

图 2-1　V5 接口示意图

LE 是指用户线通过 AN 终接的交换机。V5 接口是 AN 与 LE 相连的 V 接口系列之一。

V5 接口接入网是本地数字交换机和用户之间的实施系统，为 PSTN 业务、ISDN 业务和专线业务等电信业务提供承载能力。接入网和本地交换机之间采用 V5 接口相连。

ITU-T 于 1994 年定义了 V5 接口，并通过了相关的建议，对于接入网的发展具有巨大影响和深远意义，主要表现在以下几个方面。

（1）促进接入网的迅速发展

V5 接口是开放的数字接口，为接入网的数字化和光纤化提供了条件，也为各种传输介质的合理应用提出了统一的要求，本地交换机与接入网设备之间由模拟接口改变为数字接口，各种先进的通信技术设备能够经济地在接入网中应用，提高了通信质量。

V5 接口是一个标准化的通用接口，不同厂家生产的交换设备和不同厂家生产的接入设备可以任意连接、自由组合，有利于在平等基础上开展竞争，加快接入网技术进步，促进接入网的迅速发展。

（2）使接入网的配置灵活，提供综合业务

通过采用 V5 接口，可按照实际需要选择接入网的传输介质和网络结构，灵活配置接入设备，实施合理的组网方案。V5 接口支持多种类型的用户接入，可提供语音、数据、专线等多种业务，支持接入网提供的业务向综合化方向发展。

（3）增强接入网的网管能力

V5 接口系统具有全面的监控和管理功能，使得接入网繁杂的操作维护和管理变得有效和简便。

（4）降低系统成本

V5 接口的引入扩大了交换机的服务范围，接入网把数字信道延伸到用户附近，提供综合业务接入，这样有利于减少交换机数量，降低了用户线的成本和运营维护费用。

2.1.2　V5 接口类型

V5 接口是 AN 与 LE 相连接的 V 接口系列的总称，例如 V5.1、V5.2 和 VB5 接口。

V5.1 接口：每个接口只提供 1 条 2.048Mbit/s 链路，无切换保护。

V5.2 接口：每个接口最多提供 16 条 2.048Mbit/s 链路，配置数量为偶数，以便进行切换保护。

VB5 接口：用于宽带接入。

1. V5.1 接口与 V5.2 接口

V5.1 接口是指使用单个 2.048Mbit/s 链路、固定分配时隙、无集线和保护功能的标准化接口。

V5.2 接口是指按需使用 1～16 个 2.048Mbit/s 链路、动态分配时隙、具有集线和保护功能的标准化接口。

V5.1 与 V5.2 接口功能如图 2-2 所示。

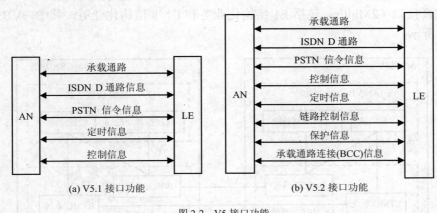

(a) V5.1 接口功能　　　　　　(b) V5.2 接口功能

图 2-2　V5 接口功能

V5.1 与 V5.2 接口性能比较如表 2-1 所示。

表 2-1	V5.1 与 V5.2 接口性能比较	
接 口 类 型 功 能	V5.1 接口	V5.2 接口
链路数	1 个 2.048Mbit/s 链路	1～16 个 2.048Mbit/s 链路
集线功能	固定分配时隙、无集线功能	动态分配时隙、有集线功能
保护功能	无保护功能	有保护功能
支持的 ISDN 业务	仅支持 2B+D 业务	支持 2B+D 业务和 30+D 业务
协议	PSTN/控制	PSTN/控制/链路控制/BCC/保护

V5.1 接口与 V5.2 接口的区别：V5.1 接口对应的接入网无集线器功能，支持 PSTN 接入、ISDN 基本接入（BA）。V5.2 接口对应的接入网有集线器功能，除支持 V51 接口的业务外，还支持 ISDN 基群接入（PRA）。V5.1 接口是 V5.2 接口的子集，V5.1 接口将会被 V5.2 接口所取代。

2. VB5 接口

VB5 接口是 ATM 交换机与宽带接入网之间的标准化接口，按照 ITU-T 的 B-ISDN 体系结构，采用以 ATM 为基础的信元方式传递信息并实现相应的业务接入。VB5 接口属于宽带接入网业务节点接口，VB5 接口示意图如图 2-3 所示。

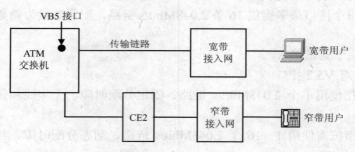

图 2-3　VB5 接口示意图

VB5 接口分为 VB5.1 接口和 VB5.2 接口，ATM 交换机可以选择支持 VB5.1 和 VB5.2 接口。电路仿真接口（2Mbit/s）包括 E1 结构化业务和 E1 非结构化业务，其中，VB5.2 系统模型如图 2-4 所示。

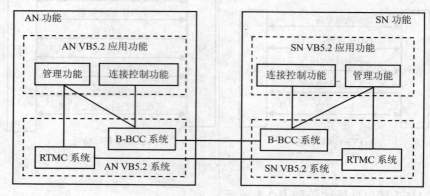

图 2-4　VB5.2 系统

VB5.2 功能端口有逻辑用户端口（LUP），物理用户端口（PUP），逻辑业务端口（LSP），物理业务端口（PSP）。

VB5.2 接口的一般规则：① B-ISDN 信令由接入网透明处理，即 AN 不解释信令；② 呼叫控制和相关连接控制由 SN 侧负责，即 AN 不进行本地交换；③ 信号音和通知音由 SN 产生；④ 所有呼叫记录和计费在 SN 中进行；⑤ 由 SN 控制在 AN 中进行 ATM 复用/交叉连接和即时的 VC 链路分配。

AN 中 ATM 连接功能提供以下连接：VP 级的指配连接，VC 级的指配连接，VC 级的即时连接。在 VC 交叉连接情况下，一个逻辑用户端口（LUP）处的一个 VP 中的所有 VC 链路被交叉到同一逻辑业务端口（LSP）。

VB5 接口与 V5 接口有相似的体系结构，具有支持各种业务接入能力，VB5.1 接口允许灵活的虚路径连接，但没有集中和动态交换功能。VB5.2 接口支持灵活的虚路径连接和动态的虚拟信道连接，且提供在虚拟信道水平的集中控制。

VB5.2 接口提供灵活的虚通路链路（VPL）分配功能和虚信道链路（VCL）分配功能（由 Q3 接口控制），并且在 VB5.1 接口的基础上增加了宽带承载通路连接（B-BCC）部分，该部分的主要功能是实现 AN 中资源的动态分配，即提供受控于 SN 的即时 VC 链路分配。VB5.1 接口是 VB5.2 接口的子集，VB5.2 接口功能如图 2-5 所示。

（1）虚通路链路和虚信道链路

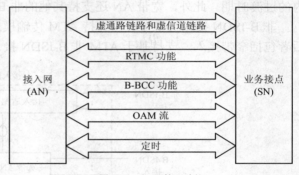

图 2-5　VB5.2 接口功能

VB5.2 支持 ATM 层的用户平面（用户数据）、控制平面（用户到网络的信令和 B-BCC 信令）和管理平面（元信令、RTMC 协议）信息，该信息将由虚通路链路和虚信道链路承载。

（2）实时管理协调（RTMC）功能

VB5.2 通过 RTMC 协议在接入网和业务节点之间实现和管理平面的协调，包括同步和一致性。对时间要求严格的功能需要通过 RTMC 协议在 VB5.2 参考点两侧进行协调，而对时间要求不严格的功能通过 Q3 接口进行，例如接口和用户端口的指配。

（3）宽带承载通路连接（B-BCC）功能

B-BCC 可以使 SN 及时地根据协商好的连接属性（如业务量描述语和 QoS 参数）请求 AN 建立、修改和释放 AN 中的即时 VC 链路。

（4）OAM 流

该功能提供与层相关的 OAM 信息的交换。OAM 流既可以存在于 ATM 层，也可以存在于物理层。

（5）定时

该功能为比特同步、字节同步和信元同步（信元定界）提供必要的定时信息。

VB5.2 接口支持宽带 AN 中 5 种连接类型（A～E），支持 B-ISDN 接入类型和非 B-ISDN 接入类型，如表 2-2 所示。

表 2-2   **VB5 支持的连接类型和接入类型**

连接类型	等级	支持的接入类型	描述	支持的接口
A 类	VP 或 VC	B-ISDN	UNI-SN 之间连接 （在 Q3 接口控制下）	VB5.1 VB5.2
B 类	VP 或 VC		AN-SN 之间的网络内部连接	VB5.1 VB5.2
C 类	VC	B-ISDN	UNI-SN 之间连接 （SN 通过 B-BCC 控制）	VB5.2
D 类	VP 或 VC	非 B-ISDN	虚拟用户端口—SN 之间连接（在 Q3 接口控制下）	VB5.1 VB5.2
E 类	VC	非 B-ISDN	虚拟用户端口—SN 之间连接（SN 通过 B-BCC 控制）	VB5.2

注：在 SN 中，A、C、D 或 E 类宽带 AN 连接可以根据 SN 所提供的业务被终结或被交叉连接。

B-ISDN 接入是将来主要的接入方式，目前，PSTN、ISDN-BA、ISDN-PRA 等窄带接入是通信运营商进行业务提供的主要方式，因此会有宽带接入和窄带接入共存于同一个接入网内的过渡时期。此外，宽带 AN 还支持其他的非 B-ISDN 接入。

非 B-ISDN 接入类型可分为支持 ATM 传输模式的类型和不支持 ATM 传输模式的类型，后者包括窄带接入。支持基于 ATM 非 B-ISDN 接入的一般模型如图 2-6 所示。

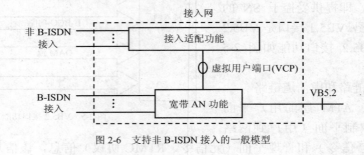

图 2-6   支持非 B-ISDN 接入的一般模型

2.1.3   V5 接入

V5 接入是指接入网设备通过 V5 接口与交换机对接，如上海贝尔的 S1240 交换机与 GA 接入通的对接。一个 AN 设备可以具有一个或多个 V5 接口，能够连接到一个或多个 LE 上。V5 接口的连接必须遵守单归原则，即任何独立的 V5 接口（包括单链路的 V5.1 接口和多链路的 V5.2 接口）只能全部连接到一个 LE 上。每个 V5 接口都有各自的接口身份标识（接口 ID）。

1. 基本定义

（1）用户端口

用户端口是指在 AN 中实现 V5 接入的物理端口，用来提供朝向用户的相关接口功能。用户端口由 V5 接口上相关协议使用的逻辑地址来编址。

用户端口和用户是一一对应的。在 AN 中，一个模拟用户或 ISDN 用户对应一个用户端口，每个用户端口有一个惟一的地址，模拟用户端口的地址称为 L3 地址，ISDN 用户端口的地址称为 EF 地址。在 S1240 交换机内部把 V5 接口规范上的用户端口称为虚接入。

（2）主链路，次链路

主链路是指多链路 V5.2 接口中的一个 2.048Mbit/s 链路，其 TS_{16} 上的物理 C 通路运载用于保护协议的 C 路径。在 V5.2 接口初始化时，主链路 TS_{16} 运载用于控制协议、链路控制协议和 BCC 协议的 C 路径。其他 C 路径也可以运载在主链路 TS_{16} 上。

次链路是指多链路 V5.2 接口中的一个 2.048Mbit/s 链路，其 TS_{16} 上的物理 C 通路运载用于保护协议的 C 路径。在 V5.2 接口初始化时，作为主链路 TS_{16} 的协议和 C 路径的备用 C 通路。

（3）C 通路，物理 C 通路，逻辑 C 通路

C 通路是 V5.2 接口上指配作运载 C 路径的一个 64kbit/s 时隙，一般是 TS_{16}。C 路径是运载 V5 接口第 3 层协议的第 2 层数据链路。同一个 C 通路上可以同时有多个 C 路径，就像一条公路上可以有很多车道一样。所以，C 通路是在 V5.2 接口上指配用于传送 V5.2 协议的通路。

物理 C 通路是指已经分配用来运载 C 通路的 64kbit/s 时隙。在 V5.2 接口上的主链路和次链路总是物理 C 通路。

逻辑 C 通路是指一个或多个不同类型 C 路径的组合（不包括用于保护协议 C 路径），即指配了 C 路径的 C 通路就是逻辑 C 通路，同一 V5 接口中一个逻辑 C 通路具有惟一的一逻辑 C 通路标识（CCHNID）。

（4）V5 接口 ID，指配变量

V5 接口身份标识即接口 ID（ITFID）是 V5.2 接口的标识码（24bit），每个交换机上可创建多个 V5.2 接口，ITFID 用于区别不同的 V5.2 接口，一般从 0 开始，每个接口可含数量不等的 E1 链路。

指配变量是用于 Q 接口的、对完整的指配数据集的惟一标识，一般采用默认值 0。

2．V5 接入功能

V5 接入的物理层实现本地数字交换机和用户之间的物理连接，采用 2.048Mbit/s 数字接口，中间加入的透明数字传输链路，能够很方便地与之相适配。

（1）V5 接入的基本特性

比特率：2.048Mbit/s±50ppm

传输码型：HDB3

阻抗：75Ω（同轴线，不平衡）；120Ω（对称线对，平衡）

电平幅度：75Ω接口时，2.37V（传号）；0±0.237V（空号）

　　　　　　120Ω接口时，3V（传号）；0±0.3V（空号）

（2）V5.1 和 V5.2 接入功能

一个 V5.1 接口最多支持 30 个 PSTN 用户接入或 15 个 ISDN BA 接入。一个 V5.2 接口可支持几千个 PSTN 用户接入。

3．V5 接入的方法

接入网用户在物理上属于 AN 侧，而在业务上属于 LE 侧，LE 侧的交换机通过 L3 地址来区分不同的接入网用户端口，交换机与接入网设备对接方法如图 2-7 所示。

在交换机侧，将 PSTN 用户端口的地址称为 L3 地址，将 ISDN 用户端口的地址称为 EF 地址，使用人机命令分别建立设备码（EN）与 L3 地址、EN 与用户号码（DN）的连接，从而完成 L3 地址与用户号码（DN）的一一对应；在 AN 侧，通过网管软件将接入网用户的物理端口与 L3 地址一一对应，从而实现用户号码与具体用户端口的一一对应。

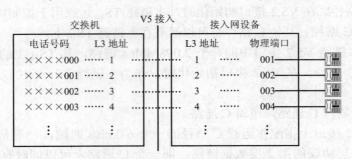

图 2-7   交换机与接入网设备的对接方法

从以上内容可以看出，接入网设备通过 V5 接口与交换机对接是用人机命令和网管软件以半永久的方式建立的。实现 V5 接入功能，信令是必不可少的，从可靠性考虑，还需设计保护功能。

2.2   V5 接口协议和规范

2.2.1   V5 接口协议

ITU-T 于 1994 年通过了 V5 接口协议，V5 接口协议分为 3 层 5 个子协议，如图 2-8 所示。

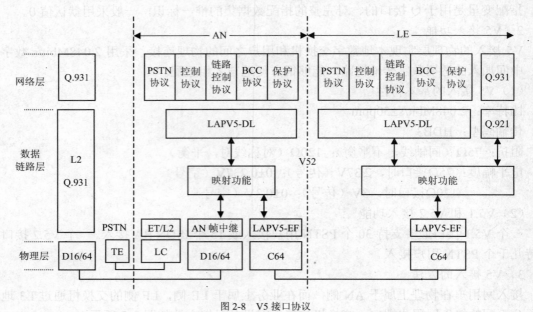

图 2-8   V5 接口协议

1. V5 接口的分层结构

V5 接口分为 3 层：物理层、数据链路层和网络层，它们分别对应 OSI 7 层协议的下 3 层。

V5 接口物理层又称物理连接层，主要实现本地数字交换机（LE）与接入网（AN）之间的物理连接，采用广泛应用的 2.048Mbit/s 数字接口，中间加入透明的数字传输链路。每个

2.048Mbit/s 数字接口的电气和物理特性均应符合 ITU-T 建议 G.703，即采用 HDB3 码，采用同轴 75Ω 或平衡 120Ω 接口方式。V5 接口物理层帧结构应符合 ITU-T 建议 G.704 和 G.706，每帧由 32 个时隙（$TS_0 \sim TS_{31}$）组成，其中同步时隙（TS_0）主要用于帧同步，C 通路（TS_{16}、TS_{15}、TS_{31}，一般使用 TS_{16}）用于传送 PSTN 信令、ISDN 的 D 信道信息以及控制协议信息，话音承载通路（其余 TS）用于传送 PSTN 话音信息或 ISDN 的 B 信道信息。必须实现循环冗余校验（CRC）功能。

V5 接口数据链路层提供点到点的可靠传递，对其上层提供一个无差错的理想通道。V5 接口数据链路层仅对逻辑 C 通路而言，使用的规程为 LAPV5，其目的是为了将不同的协议信息复用到 C 通路上去，处理 AN 与 LE 之间的信息传递。LAPV5 基于 ISDN 的 LAPD 规程，包括封装功能子层（LAPV5-EF）和数据链路子层（LAPV5-DL）。LAPV5-EF 的帧结构是以 HDLC 的帧格式为基础构成的，来自第 3 层协议的信息经 LAPV5-DL 处理后，映射到 LAPV5-EF。

V5 接口网络层又称协议处理层，主要完成 5 个子协议的处理。V5 接口规程中所有的第 3 层协议都是面向消息的协议，第 3 层协议消息的格式是一致的，每个消息应由消息鉴别语、第 3 层地址、消息类型等信息单元和视具体情况而定的其他信息单元组成。

2. V5 接口协议

V5.2 接口有 5 个子协议：保护协议、控制协议、链路控制协议、BCC 协议和 PSTN 协议。其中 PSTN 协议和 BCC 协议支持呼叫处理，保护协议和链路控制协议支持 LINK 管理，控制协议支持初启动/再启动、端口/接口初始化。

V5.1 接口有两个子协议：PSTN 协议和控制协议。

（1）PSTN 协议

PSTN 协议是一个激励型协议，它不控制 AN 中的呼叫规程，而是在 V5 接口上传送 AN 侧有关模拟线路状态的信息，并通过第 3 层地址（L3 地址）识别对应的 PSTN 用户端口。它与 LE 侧交换机软件配合完成模拟用户的呼叫处理，完成电话交换功能。

LE 通过 V5 接口负责提供业务，包括呼叫控制和附加业务。DTMF 号码信息和话音信息通过在 AN 和 LE 之间话路信道透明地传送，而线路状态信令信息不能直接通过话路信道传送，这些信息由 AN 收集，然后以第 3 层消息的形式在 V5 接口上传送。

V5 接口中的 PSTN 协议需要与 LE 中的国内协议实体一起使用。LE 负责呼叫控制、基本业务和补充业务的提供。AN 应有国内信令规程实体，并处理与模拟信令识别时间、时长和振铃电路等有关的接入参数。

（2）控制协议

控制协议分为端口控制协议和公共控制协议。其中，端口控制协议用于控制 PSTN 和 ISDN 用户端口的阻塞/解除阻塞等；公共控制协议用于系统启动时的变量及接口 ID 的核实、重新指配、PSTN 重启动等。

（3）BCC 协议

BCC 协议支持以下处理过程：① 承载通路的分配与去分配；② 审计；③ 故障通知。

（4）保护协议

保护协议用于 C 通路的保护切换，这里的 C 通路包括：① 所有的活动 C 通路；② 传送保护协议 C 通路本身。保护协议不保护承载通路。保护协议的消息在主、次链路的 TS_{16} 广播传送，应根据发送序号和接收序号来识别消息的有效性、是最先消息还是已处理过的消息等。切换可由 LE（LE 管理，QLE）发起，也可由 AN（AN 管理，QAN）发起，两者的处理流程有所不同。保护协议中使用序列序号复位规程实现 LE 和 AN 双方状态变量和对齐。

（5）链路控制协议

链路控制协议主要规定了对 2.048Mbit/s 第 1 层链路状态和相关的链路身份标识，通过管理链路阻塞/解除阻塞、链路身份标识核实链路的一致性。链路控制协议主要有 4 个程序：链路阻塞、来自 AN 的链路阻塞请求、链路解除阻塞和链路 ID 标识程序。

2.2.2 V5 接口工作过程

V5 接口与 Z 接口不同，V5 接口设备并不是一加电就能提供呼叫接续服务的，必须在 LE 与 AN 之间完成上面所述 3 层协议对接后才能进行呼叫接续。

LE 与 AN 之间的对接过程如下：① 物理层对接，E1 链路物理连接正确，CRC 校验无错；② 数据链路层对接，建立传送各个协议的数据链路；③ 协议处理层对接，运行系统启动流程，参数同步、协议同步、用户状态同步；④ 为用户提供呼叫接续服务。

V5 接口的呼叫接续处理过程需要 LE 与 AN 之间的 BCC 协议、PSTN 协议和国内 PSTN 协议实体共同配合完成。当 AN 侧普通用户呼叫 LE 侧 PSTN 普通用户时，V5 接口呼叫接续过程如图 2-9 所示。

（1）当 AN 侧用户摘机后，AN 检测到主叫用户摘机，向 LE 发送建立请求消息，并接收 LE 建立确认消息；

（2）LE 利用 BCC 协议向 AN 发送承载通路分配消息，并接收 AN 通路分配完成证实消息，向 AN 用户送出拨号音；

（3）AN 用户拨号过程中，AN 向 LE 送用户所拨被叫号码信息，LE 接收到第 1

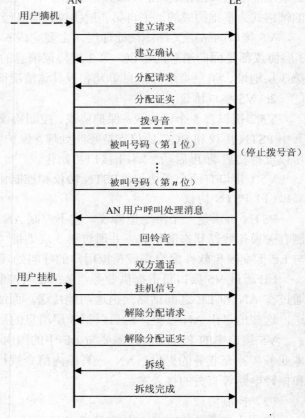

图 2-9 V5 接口呼叫接续过程举例

位号码后，切断拨号音，LE 根据接收的被叫号码信息进行呼叫处理，并向 AN 回送呼叫处理消息，同时利用 BCC 协议向 AN 发送 PSTN 承载通路分配消息，并接收 AN 通路分配完成证实消息；

（4）LE 向被叫振铃，向主叫送回铃音，并向 AN 发送被叫在振铃证实消息；

（5）当 LE 侧用户摘机后，LE 检测到被叫摘机，切断铃流和回铃音，启动计费，双方通话；

（6）当双方通话结束后，AN 用户先挂机时，AN 检测到用户挂机，向 LE 发送挂机信号，LE 向 AN 发送解除承载通路分配消息，并接收 AN 解除通路分配证实消息，拆除双方通话电路，LE 向 AN 发送被叫听忙音证实消息，被叫然后挂机。

2.2.3　V5 接口技术规范

1. ITU-T 发布的 V5 接口技术规范

ITU-T 建议 G.964(1994.6)　　　本地数字交换机和接入网之间的 V5.1 接口技术规范

ITU-T 建议 G.965(1995.3)　　　本地数字交换机和接入网之间的 V5.2 接口技术规范

ITU-T 建议 G.967.1(1997)　　　VB5.1 接口技术规范

ITU-T 建议 G.967.2(1998.6)　　　VB5.2 接口技术规范

2. 我国发布的 V5 接口技术规范

本地数字交换机和接入网之间的 V5.1 接口技术规范（YDN020-1996）

本地数字交换机和接入网之间的 V5.2 接口技术规范（YDN021-1996）

接入网技术体制（暂行规定）（YDN061-1997）

VB5.1 接口技术规范（YD/T 997-1998）

VB5.2 接口技术规范（YD/T 1021-1999）

V5.1 接口一致性技术规范（YDN107-1998）

V5.2 接口一致性技术规范（YDN108-1998）

V5 接口互连互通测试技术要求（YD/T 1165-1999）

2.3　S1240 V5 接口功能的实现

一个典型的接入网系统示意图如图2-10所示,接入网系统主要包括光纤线路终端(OLT)、光纤网络单元（ONU）和接入网网管系统 3 大部分。

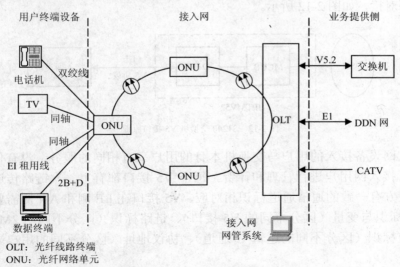

图 2-10　接入网系统示意图

2.3.1　S1240 交换机上 V5 接口原理

S1240 EC74 版交换机安装 IPTMV52 模块和 SACECP 模块用于提供 V5.2 接口,如图 2-11

所示。

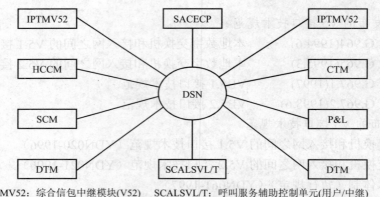

IPTMV52: 综合信包中继模块(V52)   SCALSVL/T: 呼叫服务辅助控制单元(用户/中继)
SACECP: 公共部分辅助控制单元   SCM: 服务电路模块   DTM: 数字中继模块
HCCM: 高性能公共信道模块   CTM: 时钟和信号音模块   P&L: 外设及装载模块

图 2-11   提供 V5 接口的 S1240 交换机系统结构

IPTMV52 模块由 DTRI 板和 MCUB 板组成，一般成对配置，交叉互连，具有用户虚拟连接功能，即在 IPTMV52 模块内存中存放有远端接入网用户的用户数据。每个 IPTMV52 模块提供一条 2Mbit/s 链路，32TS，控制最多 512 个 PSTN 用户或 256 个 ISDN 用户，每对 IPTMV52 模块控制最多 1024 个 PSTN 用户。

SACECP 模块由 1 块 MCUG 板组成，主要存放 V5.2 接口的软件功能模块（FMM/SSM）和相应的数据，实现 V5 接口管理功能，支持对 V5 接口进行操作维护的人机命令。

接入网设备的协议处理模块通过 E1 链路作为承载通道与交换机相连，它们之间通过 V5 协议实现业务对接，如图 2-12 所示。

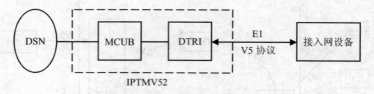

图 2-12   S1240 交换机 V5 接口原理

通过接入网设备接入的用户与交换机本身的用户享有相同的服务，没有任何不同，并由交换机侧对接入网用户进行管理和计费。每个 V5 接口都有主、次链路传送双方的各种协议，要求双方有一致的通信通道标识相对应，V5 接口在 LE 侧和 AN 侧需要协商如下数据：V5 接口标识与变量（区分不同的 V5 接口）、链路标识（区分不同的 2Mbit/s 链路）、逻辑通信通道标识（区分不同的逻辑 C 通道）、协议地址（区分不同的用户端口）及保护组情况等。

2.3.2   IPTMV52 模块

IPTMV52 模块是具有 V5.2 接口的综合信包中继模块，用于处理 V5.2 接口的信令。IPTMV52 模块由 DTRI 板和 MCUB 板组成，如图 2-13 所示。

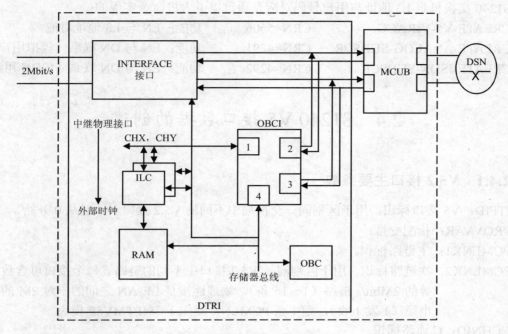

图 2-13   IPTMV52 结构

DTRI 板（数字中继板，类型 I）是 IPTMV52 模块完成 V5.2 接口信令处理的主要功能板。DTRI 的中继功能部分包括中继物理接口和中继访问电路（TRAC），中继物理接口与 DTM 相似，只是不再有 CAS 信息提取功能，这样话音信道进入 DTRI 后经 8/16bit 转换，由 TRAC 经 MCUB 进入交换网络。DTRI 中有两个 ISDN 链路控制器（ILC），用于检测 V5 接口信令消息的到达，每个 ILC 可以处理两个信令信道，因此，DTRI 最多可处理 4 个携带信令信息的信道，DTRI 中的随板控制器（OBC）负责信令消息的分布和发送，随板控制器接口（OBCI）作为 MCUB、ILC 和 OBC 之间的接口。

MCUB 板包括终端接口、微处理器及其存储器，负责执行控制模块功能的软件程序；向数字交换网络（DSN）发送选择命令，控制 DSN 的各级数字交换单元（DSE）的不同端口和不同信道之间进行空分交换和时分交换，建立通路连接；向其他控制单元（CE）发送消息（MSG）。

2.3.3   S1240 V5 接口功能实现

V5 接口的第 1 层和第 2 层功能（即物理层和数据链路层功能），由 IPTMV52 模块的硬件实现；V5 接口的第 3 层功能（即网络层又称协议处理层），由 IPTMV52 模块的软件实现，即协议处理软件以固件的方式存放在 OBC 中，主要是实现国内、国际标准规定的 5 个子协议。SACECP 模块实现 V5 接口管理功能，支持对 V5 接口进行操作维护的人机命令。

S1240 交换机的 V5.2 接入功能是在 S1240 交换机内 V5.2 接口的硬件和软件的支持下，通过一个公共参数即 L3 地址（ISDN 用户是 EF 地址）实现的，L3 地址是两者的公共参数。接入网设备（例如 GA 接入通）将所连用户的物理端口与 L3 地址对应，S1240 交换机将 L3 地址与用户号码对应，两者对接后，接入网设备的用户物理端口便与用户号码一一对应了，即由 S1240 交换机 V5 接口远端控制接入网设备所连接的用户电路。

S1240 交换机将 L3 地址与用户号码对应是通过以下人机命令实现的：

CREATE-V5-VIRACC	CRN=5606	功能：EN 与 L3 地址对应
CREATE-ANALOG-SUBSCR	CRN=4291	功能：EN 与 DN 联系（模拟用户）
CREATE-ISDN-SUBSCR	CRN=4292	功能：EN 与 DN 联系（ISDN 用户）

2.4 S1240 V5 接口数据的创建

2.4.1 V5.2 接口主要参数

ITFID：V5 接口标识，用于区别同一交换局中不同的 V5.2 接口，一般从 0 开始。

PROVVAR：指配变量。

PCMLNK1：主链路标识。

PCMLNK2：次链路标识，用于区别同一 V5.2 接口中不同的链路。每个接口可含数量不等的 2Mbit/s 链路（1～16 条），物理连接是 LE-AN 之间的一对 2M 的同轴电缆（1 发 1 收），则 1 条 PCMLNK 对应 1 个 IPTMV52 模块。

CCHNID：C 通路标识。

TS：C 通路所用时隙，缺省时为 TS_{16}。

L3ADDR：模拟用户端口的地址。

EFADDR：ISDN 用户端口的地址。

2.4.2 V5.2 接口创建过程

1. 人机命令

S1240 EC74 版 V5 接口管理的人机命令可分为下列几部分：

① V5 接口的创建、删除、显示、阻塞和解阻塞；

② PCM 链路数据的创建；

③ C 通路/C 路径的创建、删除和显示；

④ 虚接入的创建、删除、显示、阻塞和解阻塞。

⑤ 模拟用户和 ISDN 用户的管理。

（1）V5 接口管理命令

CREATE-V5-ITF	CRN=5594	（CRN 为命令参考号）
DISPLAY-V5-ITF	CRN=5595	
REMOVE-V5-ITF	CRN=5596	
BLOCK-V5-ITF	CRN=5597	
UNBLOCK-V5-ITF	CRN=5598	

（2）PCM 链路数据管理命令

CREATE-V5-PCMLNK	CRN=6764
BLOCK-V5-PCMLNK	CRN=6765
DISPLAY-V5-PCMLNK	CRN=6766

REMOVE-V5-PCMLNK　　　　　CRN=6767
UNBLOCK-V5-PCMLNK　　　　　CRN=6737

（3）C 通路/C 路径管理命令

CREATE-V5-CCH　　　　　　　CRN=5599
DISPLAY-V5-CCH　　　　　　　CRN=5600
REMOVE-V5-CCH　　　　　　　CRN=5601
CREATE-V5-CPTH　　　　　　　CRN=5602
MODIFY-V5-CPTH　　　　　　　CRN=5603
REMOVE-V5-CPTH　　　　　　　CRN=5604
DISPLAY-V5-CPTH　　　　　　　CRN=5605

（4）虚接入管理命令

CREATE-V5-VIRACC　　　　　　CRN=5606
DISPLAY-V5-VIRACC　　　　　　CRN=5607
REMOVE-V5-VIRACC　　　　　　CRN=5608
BLOCK-V5-VIRACC　　　　　　　CRN=5609
UNBLOCK-V5-VIRACC　　　　　　CRN=5610

（5）用户管理命令

CREATE-ANALOG-SUBSCR　　　　CRN=4291
CREATE-ISDN-SUBSCR　　　　　CRN=4292
MODIFY-SUBSCR　　　　　　　　CRN=4294
REMOVE-SUBSCR　　　　　　　　CRN=4295
DISPLAY-SUBSCR　　　　　　　　CRN=4296

注：V5.2 接口有两种含义：一是狭义地指 CREATE-V5-ITF 的 ITF；二是广义地指 ITF 及其所属 PCMLNK、CCH、CPTH、VIRCC 等。

2．V5.2 接口创建步骤

①　V5　ITF（接口）　　　　　CRN=5594
↓
②　V5　CCH（C 通路）（可选）　CRN=5599
↓
③　V5　C-PATH （C 路径）　　CRN=5602
↓
④　V5　PCMLINK（链路）（可选）CRN=6764
↓
⑤　V5　VIRACC（虚接入）　　CRN=5606
↓
⑥　V5　SUBS（用户）　　　　CRN=4291

注：有 ISDN 用户时需要第②步，若只有 PSTN 用户时不需要第②步；
　　在创建 V5 接口的同时创建了一个接口必需的两条 PCM 链路，如果需要更多 PCM 链路，则通过第④步依次增加。

3. V5.2 接口数据配置过程

准备工作：

① 如果不知道 IPTMV5 2 模块的网络地址，可以采用下面的方法查找需要用的 IPTMV52 模块及网络地址。

>:IDS　T，IPTMV52

② 检查 IPTMV52 模块状态是否正常，如果各个安全块（SBL）状态均为 IT，说明该模块状态是正常的，否则，可通过以下命令对相关 SBL 进行操作维护，如果仍不能恢复工作，可能是硬件故障或软件数据有问题，需要检查硬件或软件数据。

DISABLE　　　　　　　　　　CRN=6　　　　　　功能：打死，即 IT→OPR

INITIALIZE　　　　　　　　　CRN=7　　　　　　功能：初始化，即 OPR/FLT→IT

TEST　　　　　　　　　　　CRN=11　　　　　　功能：测试，即 OPR→OPR

VERIFY　　　　　　　　　　CRN=14　　　　　　功能：验证，即 IT→OPR、OPR→IT

③ 选用一对 DLS（数据装载段）相同的 IPTMV52 模块作为主次链路模块，其中 LCEID 小的为主模块，LCEID 大的为次模块。

以下通过两个实例说明 S1240 EC74 版交换机从创建 V5 接口直到接入网用户能打电话进行数据配置的具体过程。

【例 2-1】 设一个 V5 接口有两条 PCM 链路（主链路、次链路），且只有 PSTN 用户，两个 IPTMV52 模块的网络地址为 NA=H'614 和 NA=H'622，试创建该 V5 接口的相关数据。

① 创建 V5.2 接口

<CREATE-V5-ITF：ITFID=0，PROVVAR=0，V5TYPE=V5.2，ACCNETID= "GA"，
　　　　　　　　PCMLINK1=H'614&1，PCMLINK2=H'622&2，HDLC1=H'614&1，
　　　　　　　　HDLC2=H'622&1.

② 创建 C 路径（补创子协议）

<CREATE-V5-CPTH：ITFID=0，PATHTYPE=PSTN，CCHNID=1.

③ 创建虚拟用户接口

<CREATE-V5-VIRACC：ITFID=0，L3ADDR=1&&50，VCE=H'614.

④ 创建模拟用户

<CREATE-ANALOG-SUBSCR：EN= H'614&129，DN=K'6834100 .

一般情况下，V5 接口创建好以后，若接入网侧已经运行，接口将自动进入 FREE 状态。如果发现状态不正常，可以使用以下命令对创建好的 V5 接口进行激活操作：

<BLOCK-V5-ITF：ITFID=1.

<UNBLOCK-V5-ITF：ITFID=1.

【例 2-2】 设一个 V5 接口有 4 条 PCM 链路，有 PSTN 用户和 ISDN 用户，IPTMV52 模块的网络地址分别为 NA=H'34、NA=H'35、NA=H'104、NA=H'105，选用 NA=H'34 和 NA=H'35 作为主次链路模块，试完成该 V5 接口相关数据的配置。

① 创建 V5.2 接口

<CREATE-V5-ITF：ITFID=1，PROVVAR=0，V5TYPE=V5.2，ACCNETID= "GA"，
　　　　　　　　PCMLINK1=H'34&1，PCMLINK2=H'35&1，HDLC1=H'34&1，

HDLC2=H'35&1.

② 增加 PCM 链路

一般情况下，增加的 PCMLINK 只要能承载话务即可。

<CREATE-V5-PCMLNK：ITFID=1，LKID=2，PCMCEIDF=H'104.

<CREATE-V5-PCMLNK：ITFID=1，LKID=3，PCMCEIDF=H'105.

若有较多 ISDN 用户时，则需增加可承载话务和 C 通路的 PCMLINK，为下一步创建 C 通路作准备。

<CREATE-V5-PCMLNK：ITFID=1，LKID=4，PCMCEIDF=H'××××，

HDLC=H'××××&1.　　　（IPTMV52 模块）

③ 增加 C 通路

通过第①步已经在主链路上创建了一个主用的 CCH，并在次链路创建了一个备用的 CCH，若 ISDN 用户较少，则不需要再创建 CCH，目前 C 通路只能创建在 IPTMV52 模块的 TS_{16} 上。

<CREATE-V5-CCH：ITFID=×，LKID=×，TS= H'10，V5TYPE=V52.

（TS_{16}）

<CREATE-V5-CCH：ITFID=×，LKID=×，TS= H'10，V5TYPE=V52，STANDBY.

（TS_{16}）

此时的 CCH 是物理上的 CCH，仅表明提供了这种能力，只有指配了 C-PATH，才真正实现其功能。

④ 创建 C 路径（补创子协议）

<CREATE-V5-CPTH：ITFID=1，PATHTYPE=PSTN，CCHNID=1.

（创建 PSTN 模拟 C-PATH）

<CREATE-V5-CPTH：ITFID=1，PATHTYPE=ISDNDS，CCHNID=1.

（创建 ISDN D 通路信令）

<CREATE-V5-CPTH：ITFID=1，PATHTYPE=ISDNPS，CCHNID=1.

（创建 ISDN 分组交换 C-PATH）

⑤ 创建虚拟用户接口

创建 PSTN 模拟用户端口

<CREATE-V5-VIRACC：ITFID=1，L3ADDR=1&&50，VCE=H'34.

创建 ISDN 数字用户端口

<CREATE-V5-VIRACC：ITFID=1，CPATH=ISDNDS&1&ISDNPS&1，EFADDR=1&&8，

ACCTYPE=ISDNBA，VCE=H'34.

⑥ 创建模拟用户

<CREATE-ANALOG-SUBSCR：EN= H'34&129，DN=K'88390000.

<CREATE-ISDN-SUBSCR：EN= H'34&1，DN=K'88399000，SUBGRP=10.

一般情况下，V5 接口创建好以后，若接入网侧已经运行，接口将自动进入 FREE 状态。如果发现状态不正常，可以使用以下命令对创建好的 V5 接口进行激活操作：

<BLOCK-V5-ITF：ITFID=1.

<UNBLOCK-V5-ITF：ITFID=1.

注：根据经验，BLOCK-V5-ITF(CRN=5597)命令执行后 1 分钟左右才能使用 UNBLOCK-V5-ITF(CRN=5598)命令，否则 UNBLOCK 不会成功。

2.5 V5 接口维护

2.5.1 典型的 V5 接入网系统

1. GA 接入网系统

GA 接入通是上海贝尔公司生产的 AN 侧的接入网设备，与 S1240 交换机或其他提供标准接口的交换机相接，完成 V5 接入的接入网系统。该系统不仅能满足用户"三网合一"的一体化解决方案、集中网管及标准接口的要求，而且还具有两级组网，兼容 S1240 用户板及具有自治功能等特点。GA 接入网系统采用标准化、开放式原则设计，GA 系统结构如图 2-14 所示。

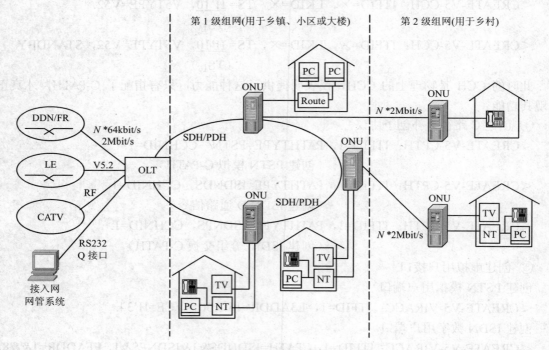

图 2-14 GA 系统结构

（1）系统组成

GA 接入网系统主要由光纤线路终端（OLT）、光纤网络单元（ONU）和接入网网管系统组成，它们共同完成线路传输、业务接入和网络管理 3 大功能。GA 接入通一般由 GA-CU、CA-RU 两种机架构成，包括相应的功能模块、网管配线架和电源等。GA-CU 是 GA 局端单元，CA-RU 是 GA 远端单元。

OLT 是接入网局端设备，它是接入网提供多种业务的网络侧接口。通过该接口可以向用户提供 PSTN、ISDN、DDN、CATV、B-ISDN 等业务。OLT 内包含传输单元、CATV 单元、网络管理单元等模块。OLT 中的 CATV 单元可以采用内置式光发射机，把广播电视节目的信号变换成光信号，并通过光纤传送到各个 ONU。GA 系统的 OLT 的传输单元可以支持 84Mbit/s 的 PDH 接口和 155Mbit/s 的 SDH 接口，并根据需要可组成星型、树型、总线型和环型等拓扑结构。传输单元完成电信号的复用/解复用和光/电变换功能，并最终实现若干 E1 信号的插入和提取。交换机与 GA 之间采用 V5.2 信令方式。另外，OLT 提供网元管理接口，包括接入网集中网管接口、Q3 接口和 112 测量台接口。

ONU 是接入网用户端设备，包括光传输单元、用户接口单元、CATV 单元和监控单元等，而一次电源、配线架、蓄电池等作为可选项。ONU 可以向用户提供 PSTN、ISDN、$N×64kbit/s$、E1 租用线、小于 64kbit/s 的子速率业务等。ONU 中监控单元完成对传输单元、用户接口单元、CATV 单元以及动力与环境的实时监控。GA 中一个基本 ONU 单元可带 3808 线用户，假如用户需要更大容量的设备，可将 GA 系统基本 ONU 单元叠加起来实现。ONU 单元通过 Z 接口与普通电话机相连，通过 U 接口与 ISDN 终端相连。另外，它通过 ISDN 的 U 接口可以提供 DDN 接入，其中包括 Modem、MUX、Router 等设备。

GA 网管系统是上海贝尔开发的 NE(Net Explorer)，主要包括控制台子系统、测量台子系统、环境与动力监控子系统、CATV 监控子系统等。NE 可在普通计算机上运行，采用中文图形界面，操作简单，容易掌握。NE 只负责用户接入管理，业务数据由交换机侧处理。NE 的操作过程：双击 NE→进入 Net Explorer→双击接入设备→进入 GA 接入通→告警、MO 浏览、时钟管理、号线管理、V5 管理、线路测试、硬件测试、数据备份、连接设备等。

（2）技术特点

① 全面解决方案："三网合一"，集业务、传输、配电、用户配线和网管于一体；

② 综合业务接入：POTS、ISDN、DDN 和视像业务接入等；

③ 标准接口：提供 V5.2 接口、Q3 接口，既可与 S1240 交换机连接，也可与具有标准接口的其他交换机连接；

④ 独立工作能力：当传输中断时，内部用户仍可以实现呼叫；

⑤ 组网灵活：两级组网，内置传输，三级网同步，平滑扩容；

⑥ 集中网管：接入网网管系统能管理所有接入网设备，包括传输、一次电源、CATV、MDF、环境等。

（3）业务应用

① 可取代 S1240 的远端用户单元（RSU/IRSU），通过 GA 接入通接入的用户与 S1240 交换机用户模块（ASM/ISM/MSM）直接接入的用户享有相同的服务，没有任何不同。

② 适用于本地网的优化、撤点并网。

③ 适用于 FTTZ、FTTC、FTTB/FTTO 的应用。

2. HONET 接入网系统

HONET 接入网系统是深圳华为公司生产的 AN 侧的接入网设备，包括光纤线路终端（OLT）、光纤网络单元（ONU）和接入网络管理系统（AN-EMS），分别完成接入网的业务接口、传输和管理的 3 大功能。HONET 系统结构如图 2-15 所示。

（1）系统组成

OLT 是局端语音、数据、图像等各种业务的汇聚点，提供支持 PSTN、ISDN 及多种业务的网络侧接口。其设计采用模块叠加的方式，由多个业务接口模块叠加而成。OLT 中每个业务接口模块如按 1：5 收敛比，可带 POTS 用户 7296 个。OLT 中业务接口模块的基本单元有 CATV 单元、传输单元、网络管理单元和业务接口与协议处理（SIPP）单元。OLT 中的 CATV 单元采用内置式光发射机，把广播电视节目的电信号变成光信号，通过光纤传送到各个 ONU，HONET 目前提供 68Mbit/s PDH 和 155Mbit/s SDH 两种内置式光传输系统，内置 SDH 传输单元的每个 ADM（分插复用器）可自由上下 48 个 E1。

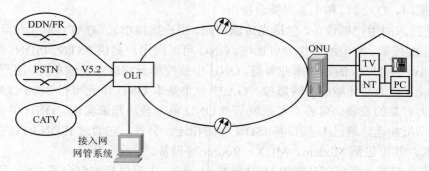

图 2-15　HONET 系统结构

　　ONU 是接入网用户端设备，包括光传输单元、用户接口单元、CATV 单元、监控单元等及内置一次电源、配线架、蓄电池等。ONU 可以向用户提供 PSTN、ISDN 及租用线等业务的标准 V5.2 接口。HONET 系统可提供各种容量、适应不同环境的 ONU 产品。室内型 ONU 包括 ONU-128A、ONU-512A、ONU-1000A，分别可接 128 个、608 个、1216 个 PSTN 用户；室外型 ONU 包括 ONU-512C、ONU-512D，其中 ONU-512C 采用空调制冷，适用于炎热地区，ONU-512D 采用密封保温，适用于寒冷地区。上述产品均可以配置成直接提供 V5 接口的 ONU。

　　HONET 网管系统由后管理模块（BAM）、工作站和告警箱组成，并包括 ONU 中的环境动力监控和用户测试单元。BAM 负责工作站与接入网设备之间的通信；工作站可在普通计算机上运行，提供了各种业务数据，中文图形界面，并具有强大的帮助信息，操作简单，容易掌握。

　　（2）技术特点

　　① 多种接入方式。HONET 广泛采用光纤接入、无线接入、铜缆接入和混合接入等多种接入技术。

　　② 综合业务接入。HONET 实现了语音、数据、图像综合业务接入，支持 POTS、ISDN、DDN、视像业务接入等。

　　③ 接口丰富。HONET 提供 3 种与不同交换机互连方式，一是采用 V5 接口与具有 V5.1、V5.2 接口的任何交换机相连，例如 HONET 系统与 S1240 EC74 版交换机连接；二是可采用内部协议与 C&C08 交换机相连；三是利用信令转换架与需要对接的其他交换机相连。

　　④ 组网灵活。HONET 接入网设备提供实现链型结构组网、树型结构组网、星型结构组网、环型组网、相切环组网、相交环组网等。

　　⑤ 实时监控。HONET 接入网网管系统能对动力环境、一次电源、蓄电池和配线架等进行实时监控。

（3）业务应用

① 实现 DDN 专线业务、视像业务的接入。

② 适用于本地网的优化、撤点并网。

③ 适用于 FTTZ、FTTC、FTTB/FTTO 的应用。

2.5.2　V5 接口维护

S1240 EC74 版交换机可以与上海贝尔 GA 接入网设备对接，也可以与华为 HONET 接入网设备对接。交换机与接入网设备对接时，两侧应相互协调才能正常建立 V5 接口连接，顺利实现交换机与接入网设备的对接。当出现交换机与接入网设备无法对接情况时，在交换机侧和接入网侧维护人员应分别使用人机命令、宏命令和接入网网管系统进行维护，有时还需要对 V5 接口消息进行跟踪。

1. 常用宏命令

＞：ALARM　显示链路的告警状态。

　　　　　　（可以看出 PCMLINK 有没有告警，检查物理上是否位连接好）

＞：ITF　　　显示 V5.2 接口状态。

　　　　　　（接口状态正确时，ETSI-STATE 应为 S4-IN-SERV，包括所属 LINK、TCE、CH、DATALINK 状态）

＞：CHN　　 显示 C 通路链路及 L1～L2 状态。

　　　　　　（L2-STA 在物理连接好的情况下，应为 AWAIT-EST 状态）

＞：PTH　　　显示 C 路径及保护组建立状态，即 V5.2 子协议状态。

　　　　　　（接口状态正确时，所有的子协议都为 ESTABLISHED 状态）

＞：LNK　　　显示 PCM 链路状态。

＞：CHKCE　 检查 IPTMV52 整个模块用。

＞：L2TRC　 跟踪 LE 和 AN 之间 MSG。

＞：L3TN　　 显示用户线状态。

　　　　　　（正常时 PSTN-L3-STATE 应为 TN-FREE-STATE）

＞：LNKCTRL　显示链路控制状态。

＞：RELAYOBC 检查单个用户的数据问题（能否正确发送 V52PSTN 消息）。

＞：RELAYCE　检查单个用户的数据问题（能否正确收到 V52PSTN 消息）。

注：ETSI-STATE 表示 V52 接口可能出现的状态。

OOS　　　　　接口没有启动，可能处于阻塞状态。

SO-STARTUP　接口启动，正在建立数据链路（第 2 层）。

S1-VAR-ID　　接口处于变量和接口 ID 标识过程。

2-WAIT-IDT　 接口处于对主次链路和有 PSTN 的链路进行身份标识过程。

S3-REST1　　接口处于 PSTN RESTART 过程。

S4-IN-SERV　接口处于活动状态。

5-WAIT2-ID　接口处于对其他链路的身份标识过程。

2. V5 消息跟踪

（1）V5 消息简介

① 数据链路子层的帧类型

I 命令（信息帧）：因为这个消息包含第 3 层的消息，通常称之为第 3 层消息；

RR 命令/响应（接收准备好）：在 C 路径处于工作状态时，当没有 I 帧消息发送时，定时用这个消息来表明 C 路径正常；

RNR 命令/响应（接收未准备好）；

REJ 命令/响应（拒绝）；

SABME 命令（置异步平衡扩展方式）：当通信的一方准备好，并且收到对方的 SABME 消息时，发此消息予以确认，确认后，即表明相应的 C 路径已建立好，以后此路径上发 I 帧或 RR 帧；

DN 响应（切断方式）：是向对端表示第 2 层处于拆线状态，无法执行多帧操作。

② 第 3 层消息

按协议类别分成 PSTN 协议、控制协议、保护协议、BCC 协议和链路控制协议。所有这些第 3 层协议都是面向消息的协议，每个消息由以下信息单元组成：协议鉴别语（1 个字节）、L3 地址（2 个字节）、消息类型（1 个字节）和相关信息单元（长度依信息单元而定）。

在 S1240 EC74 版交换机中，与 V5 接口相关的消息主要有：

18361—V5—UPM—TO—BCC　用户管理程序发给 BCC 要求分配/解除分配时隙。

18365—V5—BCC—TO—UPM　BCC 返回 18361 的结果（完成或拒绝）。

20253—V5DL—DAT—REQ　交换机发给 AN 的消息（含 V52 信令协议）。

20259—V5DL—DAT—IND　AN 发给交换机的消息（含 V52 信令协议）。

（2）V5 消息跟踪方法

在无 V5 测试仪表的情况下，有两种 V5 消息的跟踪方法：一是在交换机侧采用 TRC MSG 进行消息跟踪；二是利用接入网集中维护台的后台工具进行 V5 消息跟踪。

① LE 侧利用宏命令 L2TRC 跟踪第 2 层消息

＞:L2TRC　A

该操作能够观察出 LE 侧与 AN 侧收发消息的具体情况。

主要参数有 A（激活跟踪）、D（显示）、R（清除缓冲区）、O（停止跟踪）。

② LE 侧利用宏命令跟踪第 3 层消息

＞TRC MSG 20253T，20259T

20253T 为 LE→AN 的消息。

20259T 为 AN→LE 的消息。

③ 利用接入网集中维护台的后台工具

在 HONET 接入网集中维护台提供 V5 接口第 3 层消息跟踪功能。

3．V5 接口维护实例

V5 接口维护是指维护人员通过更换硬件和修改数据等各种操作，保证 LE 侧和 AN 侧 V5 接入设备的正常运行，下面通过几个实例来说明如何对 V5 接口进行维护。

【例 2-3】　V5 接口对接联调（S1240 交换机与 GA）。

（1）从母局 IPTMV52 模块的 DTRI 板连接到传输以及从接入点传输连接到 DTAA 板的 2Mbit/s 线均要注意收发不能接错，不要接成鸳鸯线，若通过 DDF 转接，注意不要被环上；

（2）线连好后，使用宏命令 LNK 看链路上是否有告警→若 ALARM 为 ON 表示有告警，若 ALARM 为 OFF 表示曾经有，但现在消除了。具体可使用宏命令 ALARM 检查。

　　　＞：ALARM →若有 LIS 告警，说明 LE 侧未连 PCMLINK 或收发接错；

　　　　　　　　　→若有 CR4-CTR-OVFL 告警，说明 PCM 已连，但未连好；

　　　　　　　　　→若有 LFA 告警，说明 PCM 电缆的芯和地接错。

　　　　　　　　　（正确方向是往背板看，左芯右地）

（3）链路上没有告警后，则使用宏命令 CHN 检查主次链路状态，正常状态时 L1 为 CONNECT，L2 为 AWAIT-EST，MON 为 OK。此时若 GA 运行正常，V5 接口应自行启动，否则使用 CRN=5597/5598 命令 BLOCK/UNBLOCK 该 V5 接口。若 L1 为 DISCON，说明第 1 层尚未连接。

（4）V5 接口状态正常后，首先拨打本地呼叫，在每个 IPTMV52 模块上试创 1 个用户，检查拨号音、振铃、通话是否正常，然后拨打长途呼叫，检查长途字冠局计费数据是否正确，若出现振铃后接听无音，说明信令通，但话路不通，则可能是主次链路收发接错。

【例 2-4】　AN 用户故障处理。

故障现象：（1）AN 用户摘机没有拨号音或部分用户摘机听忙音；

　　　　　（2）AN 用户呼入听忙音或无音；

　　　　　（3）AN 用户只能单向通话；

　　　　　（4）AN 用户传真机自动应答时不能接通。

故障分析：整个接口的 AN 用户没有拨号音　→LE 内部 L3 地址与 DN 关系错乱；

　　　　　部分 AN 用户摘机听忙音　　　　　或 LE 侧与 AN 侧用户端口状态不同步；

　　　　　AN 用户 PARKING　　　　　　　　→AN 用户外线故障；

　　　　　AN 用户假忙　　　　　　　　　　→AN 用户板故障；

　　　　　AN 用户阻塞或呼入忙音　　　　　→AN 用户数据未配置；

　　　　　AN 用户传真机自动应答时不能接通 →LE 与 AN 信令配合异常。

处理方法：（1）两边配合重启动；

　　　　　（2）跟踪 V5 信令消息；

　　　　　（3）使用宏命令或人机命令检查用户状态数据，根据检查的结果判断用户存在的问题；

　　　　　（4）若肯定是 S1240 交换机侧的问题，先使用宏命令＞：RESETUP NA，TN 再用相关人机命令 CRN=5607/5610/4295/4291 处理。

【例 2-5】　V5 虚接入故障。

故障现象：（1）创建单个模拟用户不成功；

　　　　　（2）显示虚拟用户端口不存在。

故障分析：虚接入数据有问题（TN=129，L3ADDR=1）。

处理方法：（1）使用人机命令 CRN=379 检查 R_V5_CNFIG(RID=129T)，根据显示的结果查出该 TUPLE 出错的 Domain(D_TN=0081)。

　　　　　（2）使用人机命令 CRN=378 修改 R_V5_CNFIG 对应 Tuple 的错误 Domain；

　　　　　（3）用人机命令 CRN=5607 显示虚拟用户端口已存在；

　　　　　（4）用人机命令 CRN=4291 创建单个模拟用户成功。

2.6 V5 接口测试

V5 接口测试主要包括 V5 接口一致性测试和 V5 接口互连互通测试，这里介绍 V5 接口互连互通测试。V5 接口互连互通测试是为了能够实现 V5 接口在接入网和交换机中的实际应用，保证网络可靠运行。原则上，本测试应在 V5 接口一致性测试完成之后进行。

2.6.1 V5 接口测试方法和测试连接

V5 接口互连互通测试用来检测本地交换机和接入网设备所实现的 V5.2 协议是否符合标准规范的规定，是否具有 V5 协议的功能，包括 V5.1 接口互连互通测试和 V5.2 接口互连互通测试，主要完成对 V5 接口和网络的协议测试、性能测试和功能测试。现场测试是将测试仪表跨接在 V5 接口的 AN 与 LE 之间，监视 AN 与 LE 之间信令流程的方法进行的不中断业务测试，V5 测试连接如图 2-16 所示。

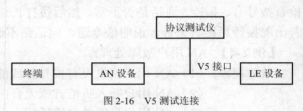

图 2-16 V5 测试连接

用仪表观测比较及时准确，但是有些地方，可能因条件限制没有仪表，但是 V5 消息观测又是十分必要的，在实际工作中，若某 V5 接口出现故障，故障原因不明，当 LE 侧维护人员显示交换机 V5 接口各方面数据和状态均为正常，AN 侧维护人员在查看了接入网侧 V5 接口的相关数据也断定自己无异常时，两方面都会怀疑是对方侧的问题，这时需要一种手段来揭示内部的数据交换过程以利于故障的定位，这种手段就是对 LE 与 AN 之间互发的 V5 消息进行跟踪，并与正常情况下的消息流程进行比较，通过收集下来的数据分析和查找出故障原因。

2.6.2 V5 接口测试内容

V5.1 接口的测试项目有：V5.1 接口物理层测试，系统启动程序测试，PSTN 呼叫协议测试，控制协议测试，PSTN 业务功能测试以及 ISDN 业务功能测试等。

V5.2 接口的测试项目有：V5.2 接口物理层测试，系统启动程序测试，PSTN 呼叫协议测试，控制协议测试，链路控制协议测试，BCC 协议测试、保护协议测试、PSTN 业务功能测试以及 ISDN 业务功能测试等。

1. V5.2 接口测试内容

（1）V5.2 接口物理层测试

1 个测试项：LE 与 AN 互连，加电后，观察 V5.1 接口物理层是否正常工作。

（2）V5.2 接口系统启动程序测试

5 个测试子组：① V5.2 接口 LE 侧维护终端触发的系统启动测试；② V5.2 接口 AN 侧维护终端触发的系统启动测试；③ V5.2 接口由 E1 链路异常触发的系统启动测试；④ V5.2 接口正常状态下 E1 链路异常后恢复的测试；⑤ V5.2 接口启动过程中链路身份标识规程的有效性测试。

（3）V5.2 接口 PSTN 呼叫协议测试

通过该测试，可以保证不同的 AN 设备和 LE 设备使用 V5.2 接口时对国内 PSTN 呼叫协议的兼容性和互操作性。

8 个测试子组：① 测试 AN 和 LE 设备完成正常的呼出呼叫的能力；② 测试 AN 和 LE 设备处理 V5.1 接口不正常的呼出呼叫的能力；③ 测试 AN 和 LE 设备处理通话阶段的事件；④ 测试 AN 和 LE 设备完成正常的呼入呼叫的能力；⑤ 测试 AN 和 LE 设备处理 V5.1 接口不正常的呼入呼叫的能力；⑥ 测试 AN 和 LE 设备处理 V5.1 接口附加业务的能力；⑦ 测试 AN 和 LE 设备处理 V5.1 接口特殊事件的能力；⑧ 测试 AN 内两个用户建立呼叫的能力。

（4）V5.2 接口控制协议测试

通过该测试，可以保证 AN 设备和 LE 设备使用 V5.2 接口时对控制协议的互操作性。

3 个测试子组：① PSTN 用户端口控制；② ISDN-BA 用户端口控制；③ ISDN-PRA 用户端口控制。

（5）V5.2 接口 BCC 协议测试

1 个测试子组：BCC 协议的审计规程测试以及测试 AN 对 Alloction Reject 消息的处理过程。

（6）V5.2 接口链路控制协议测试

该测试通过对链路阻塞/解除阻塞、链路身份标识核实链路的一致性。

7 个测试子组：① LE 启动的链路阻塞/解除阻塞，该链路不包含物理 C 链路；② LE 启动的链路阻塞/解除阻塞，该链路包含备用 C 链路；③ LE 启动的链路阻塞，该链路包含活动 C 链路；④ AN 启动的链路阻塞/解除阻塞，该链路不包含物理 C 链路；⑤ AN 启动的链路阻塞/解除阻塞，该链路包含备用 C 链路；⑥ AN 启动的链路阻塞，该链路包含活动 C 链路；⑦ 链路身份标识。

（7）V5.2 接口保护协议测试

3 个测试子组：① LE 侧维护终端触发的保护切换程序；② AN 侧维护终端触发的保护切换程序；③ E1 链路故障触发的保护切换程序。

（8）PSTN 业务功能测试

11 个测试子组：① 缩位拨号；② 热线服务；③ 呼出限制；④ 闹钟服务；⑤ 无条件转移；⑥ 遇忙转移；⑦ 无应答转移；⑧ 呼叫等待；⑨ 遇忙回叫；⑩ 恶意呼叫追踪；⑪ 显示主叫号码。

（9）ISDN 业务功能测试

4 个测试子组：① 终端业务测试；② 基本呼叫测试；③ 补充业务测试；④ 计费功能测试。

2．V5.1 接口测试内容

（1）V5.1 接口物理层测试

1 个测试项：LE 与 AN 互连，加电后，观察 V5.1 接口物理层是否正常工作。

（2）V5.1 接口系统启动程序测试

3 个测试项：① LE 触发的系统启动；② AN 触发的系统启动；③ 接口从中断状态恢复后的系统启动。

（3）V5.1 接口 PSTN 呼叫协议测试

8 个测试子组：① 测试 AN 和 LE 设备完成正常的呼出呼叫的能力；② AN 和 LE 设备

处理 V5.1 接口不正常的呼出呼叫的能力；③ 测试 AN 和 LE 设备处理通话阶段的事件；④ 测试 AN 和 LE 设备完成正常的呼入呼叫的能力；⑤ 测试 AN 和 LE 设备处理 V5.1 接口不正常的呼入呼叫的能力；⑥ 测试 AN 和 LE 设备处理 V5.1 接口附加业务的能力；⑦ 测试 AN 和 LE 设备处理 V5.1 接口特殊事件的能力；⑧ 测试 AN 内两个用户建立呼叫的能力。

（4）V5.1 接口控制协议测试

两个测试子组：① PSTN 用户端口控制；② ISDN-BA 用户端口控制。

（5）PSTN 业务功能测试

与 V5.2 接口 PSTN 业务功能测试相同。

（6）ISDN 业务功能测试

与 V5.2 接口 ISDN 业务功能测试相同。

思考题与练习题

2-1 什么是 V5 接口，V5.1 接口与 V5.2 接口有何区别？

2-2 什么是 VB5 接口，VB5 接口主要有哪些功能？

2-3 什么是 C 通路，简述 C 通路与 C 路径之间的关系。

2-4 什么是主链路？简述主链路与次链路之间的关系。

2-5 V5 接口协议分为哪几层，V5.2 接口协议第 3 层支持哪些子协议？

2-6 S1240 交换机的 V5 接入功能是如何实现的？

2-7 简述 S1240 交换机 V5 接口创建的主要步骤。

2-8 画出 V5 接口测试连接图。

2-9 V5.2 接口测试主要包括哪些内容？

第 3 章

IP 接入网

3.1 IP 接入技术基础

3.1.1 计算机网络基础

1. 计算机网络的概念

（1）计算机网络的定义

计算机网络是现代通信技术和计算机技术相结合的产物。将多台计算机相互连接起来，使它们之间能够相互通信，能够共享软硬件资源，就构成了简单的计算机网络。不同计算机网络之间按一定的协议和规则进行互连互通，从而构成规模更大的计算机网络。

计算机网络一般定义为：计算机网络是利用通信线路将地理上分散且具有独立功能的多台计算机相互连接，按照网络协议进行数据通信以实现资源共享的信息系统。

根据目前计算机网络的发展水平和特点，计算机网络具有以下特征：

① 网络上各计算机分布在不同地理区域；

② 各计算机具有独立的功能；

③ 按照网络协议互相通信；

④ 以共享资源为主要目的。

（2）计算机网络的功能

计算机网络的主要功能如下：

① 通信或数据传送是计算机网络最基本的功能之一，可以实现计算机与计算机之间的信息传输；

② 资源共享是计算机网络具有吸引力的功能，资源共享包括共享软件资源、共享硬件资源（存储器，打印机）；

③ 提高了计算机的可靠性和可用性；

④ 便于进行分布式处理；

⑤ 综合信息服务。

2. 计算机网络分类

计算机网络按拓扑结构来划分，可以分为星型网、总线型网、环型网、网型网和树型网等；按传输介质来划分，可以分为有线网（双绞线网、同轴电缆网、光纤网）和无线网（微波网、卫星网）；按网络规模和作用范围来划分，可以分为局域网、城域网和广域网。

（1）局域网（LAN）

局域网一般指规模相对较小、计算机硬件不多、通信距离不长、作用范围或覆盖范围不大，通常安装在一座建筑物内或一个园区内的网络。常见的局域网类型有：以太网（Ethernet）、令牌环网（Token Ring）、光纤分布式数据接口（FDDI）、异步传送模式（ATM）等，其中最常用的是以太网。

（2）城域网（MAN）

城域网是指介于广域网和局域网之间，在城市与郊区范围内实现信息传输与交换的一种网络，其范围在 10km～100km 内。目前我国大多数城市建设了 IP 基础上的城域网即宽带 IP 城域网，它是现代传输技术、数据通信技术和接入网技术相融合的产物，是一种新型网络模式，以 IP 技术和 ATM 技术为骨干、采用光纤传输技术和宽带接入技术进行建设。

（3）广域网（WAN）

广域网是地理范围很大的网络，它由相距较远的局域网或城域网互连而成，通常除了计算机设备以外还需要电信网络，主要指数字数据网（DDN）、X.25 网、帧中继（FR)/ATM 网等基础数据网络和因特网。

因特网是目前世界上最大的国际计算机互联网，可以看作是世界上最大的广域网，它把世界各地的局域网或城域网全都连接在一起。

3．计算机网络组成

计算机网络由计算机软件、硬件和通信设备组成。

（1）服务器

服务器（Server）是指任何在网络上允许用户文件访问、打印、通信及其他服务的计算机。服务器一般拥有比单用户工作站更高的处理器，更大的存储空间，常配有大容量电源，UPS（不间断电源）采用了容错技术。作为服务器的计算机具有可管理性、高可靠性、可连接性、可扩充性等特点。

服务器是向其他计算机提供服务的计算机。因此，按其提供的服务内容可将服务器划分为以下 7 种。

① 文件服务器。在局域网中，所有用户都可访问的文件存储设备。文件服务器不仅要存储文件，而且还要在用户请求和改变文件时管理这些文件并保持这些文件的顺序。文件服务器包括处理器、控制软件、磁盘以及存储文件。文件服务器常常是一台专门用来管理共享文件的配有大硬盘的计算机。

② 应用服务器。它是客户机/服务器结构网络三层应用的一部分，这三层是图形用户界面服务器、应用服务器和数据库服务器。在浏览器/服务器结构中，第 1 层为基于浏览器的图形用户接口，中层是一系列应用程序，第 3 层是数据库服务器。应用服务器处于前端浏览器和后端数据库之间。在实际应用中，应用服务器和 Web 服务器成为一体或共同工作，它们一起称为 Web 应用服务器。

③ 数据库服务器。网络上用于存储数据或提供了访问共享数据库功能的网络节点或站点。

④ 打印服务器。它是网络上管理打印工作的计算机。打印服务器接受来自多个不同用户的打印工作，并且按序或按预先定义好的优先级对它们进行打印。

⑤ 通信服务器。它是一种网关，用于将局域网上的数据包转换成异步信号（例如：电

话线或 RS-232-C 串行通信中使用的信号），同时，它还允许局域网中的所有节点访问它的调制解调器或 RS-232-C 连接。

⑥ 传真服务器。它是带有传真设备、管理接收和发出传真的计算机。工作站用户不必架设办公室传真机线路，而只需从计算机向传真服务器发送传真，由传真服务器将传真通过与其连接的电话线发送出去。因为传真服务器可供多个用户共享，所以就不必在一个公司内安装那么多传真机了。

⑦ 代理服务器。它是一种代表客户机转送服务请求的服务器。在某些情况下，服务器允许客户机使用它本身不具有的应用程序（如 ARCHIE）。代理服务器也可通过在送出前审查包内容从而在因特网和专用网之间提供防火墙安全性。

（2）客户机

客户机（Client）是共享网络资源的计算机。每个客户机都运行在自己的、并为服务器认可的操作系统或环境之下。

（3）网络连接设备

计算机网络连接设备一般由同轴电缆、双绞线、光纤、网络接口卡、接口连接设备、收发器、中继器、网桥、集线器、网络交换机和路由器等组成。

（4）网络操作系统

网络操作系统目前主要有 UNIX、NetWare 和 Windows NT/2000。UNIX 是惟一跨微机、小型机和大型机的网络操作系统；Windows NT/2000 是运行在微机和工作站上的网络操作系统；NetWare 是面向微机的 Novell 网络操作系统。

4．计算机局域网

（1）计算机局域网的概念和特点

计算机局域网是指局部区域范围内的计算机网络，它将小区域内的计算机系统、外设、通信设备通过某种传输介质互连起来。IEEE 802 将局域网定义为一种特殊的数据通信系统，它可提供系统内各种独立的数据设备之间的相互通信。

局域网（LAN）具有以下特点：

① 地理范围小，覆盖直径一般为几百米到数千米；

② 一般为一个小区、单位或集团所共有，保密性能好，资源共享；

③ 数据传输速率较高，一般为 10Mbit/s～1000Mbit/s，且误码率较低，传输延迟小；

④ 支持多种传输介质，包括同轴电缆、双绞线、光纤和无线；

⑤ 拓扑结构灵活，便于扩展和重构系统，易于管理。

（2）计算机局域网的组成

计算机局域网是一种分布范围较小的计算机网络，一般由网络服务器、用户工作站、网络适配器（网卡）、传输介质、网络控制连接设备以及网络操作系统组成。计算机局域网的基本组成如图 3-1 所示。

常见的局域网物理层互连设备有集线器（Hub）和中继器等设备；数据链路层互连设备有网桥、交换机；网络层互连设备有路由器；应用层互连设备有网关设备。

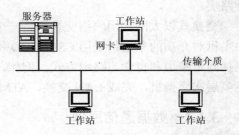

图 3-1　计算机局域网的基本组成

（3）IEEE 802 标准

局域网体系结构主要由网络拓扑结构、传输介质和介质访问控制方式确定，它们在很大程度上决定了传输数据类型、网络的响应时间、吞吐量、线路利用率和网络的业务应用等。局域网体系结构的标准采用 IEEE 802 标准，具体包括 11 个与局域网有关的标准：

IEEE 802.1 —— 体系结构、网络互连；

IEEE 802.2 —— 逻辑链路控制（LLC）；

IEEE 802.3 —— 以太网（带冲突检测的载波侦听多路访问 CSMA/CD）；

IEEE 802.4 —— 令牌总线局域网；

IEEE 802.5 —— 令牌环局域网；

IEEE 802.6 —— 城域网；

IEEE 802.7 —— 宽带局域网；

IEEE 802.8 —— 光纤局域网；

IEEE 802.9 —— ISDN 局域网；

IEEE 802.10 —— 网络安全；

IEEE 802.11 —— 无线局域网。

（4）以太网技术

以太网是目前使用最广泛的局域网，它的特点是多个数据终端共享传输总线。以太网采用载波侦听多路访问/冲突检测（CSMA/CD）技术来避免用户之间的冲突，确保同一时间只有一个用户收/发数据，它是以太网的核心技术，决定了以太网的主要网络性质。

以太网用户利用介质访问控制（MAC）地址和 IP 地址来标识。MAC 地址是物理地址，IP 地址是逻辑地址，对于某个以太网来说，MAC 地址和 IP 地址都是惟一的，地址解析协议（ARP）实现 IP 地址到 MAC 地址的转换。

以太网按传输速率可分为 10Mbit/s 以太网、100Mbit/s 以太网、1Gbit/s 以太网和 10Gbit/s 以太网等；以太网按传输介质可分为同轴电缆以太网、双绞线以太网和光纤以太网等。以太网是尽力而为的网络，随着以太网技术的发展，交换式、全双工、虚拟局域网（VLAN）、流量控制等机制的采用，不断改善了以太网的性能；光纤收发器的使用，大大扩展了光纤以太网的覆盖范围。在应用上，以太网已经从局限于企事业单位的局域网环境进入电信级接入网。

实现以太网互连的设备有中继器、集线器、网桥、路由器、网络交换机和网关。交换式集线器常称为以太网交换机，它是第 2 层交换机，实质上是一个多端口的网桥，工作在数据链路层。

交换式以太网利用网络交换机将一个共享型以太网分割成若干个网段，工作在每一网段中主机对介质的争用仍采用 CSMA/CD 机制，而连接各网段的网络交换机则采用路由机制，包括固定路由和自学习路由方式。例如，Cisco 公司的 Catalyst 5000 交换机可以配置为高性能多层次交换机，完成 LAN 交换、ATM 交换、路由和高性能第 3 层交换功能。

3.1.2 数据通信原理

（1）数据通信的概念

数据是具有某种含义的数字信号的组合，如字母、数字和符号等。数字信号是一种在时间上离散的信号，信息是由若干明确规定的离散值来代表的，它的某个特征量每次可取一个离散值。

数据通信是计算机技术和通信技术相结合而产生的一种通信方式，是建立计算机网络的基础。数据通信是指依照通信协议，利用数据传输技术在功能部件之间传递信息，则有用信息采用离散型数字信号（即数据）在电信网上传送的通信方式；数据传输是指通过电信手段，数据从一处发出、另一处接收的运送过程。

数据通信网是指为提供数据传输业务而建立和运营的网络，可分为公用数据网和专用数据网。公用数据网包括基础数据网、IP 网和增值业务平台。基础数据网有低速数据网（公众电报网、用户电报网）、分组交换（X.25）网、数字数据网（DDN）、帧中继（FR）网、异步传送模式（ATM）网；IP 网包括 IP 骨干网络和本地 IP 网络，其中本地 IP 网络由窄带拨号网络和宽带 IP 城域网两部分组成；增值业务平台有电子信箱（E-mail）、电子数据交换（EDI）、可视图文和传真存储转发业务等。

一般来说，数据通信具有如下特点：

① 计算机直接参与通信是数据通信的重要特征；

② 数据传输的准确性和可靠性要求高；

③ 允许收发双方具有不同数据传输速率；

④ 具有统计复用功能。

（2）数据通信系统的组成

数据通信系统由数据终端设备（DTE）、数据电路终接设备（DCE）、传输信道和计算机系统组成，如图 3-2 所示。

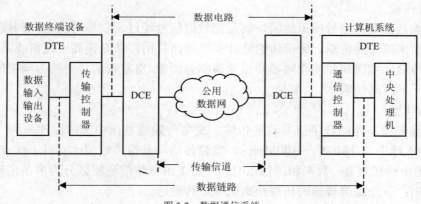

图 3-2　数据通信系统

DTE 的主要功能是将信息变为以数字代码表示的数据，并把这些数据传送到远端计算机系统，同时，可以接收远端计算机系统的处理结果，并将接收的数据变为直观的信息。DTE 一般指计算机或 I/O 设备。

DCE 是 DTE 与数据通信网的连接设备，主要完成适配和转换功能。DCE 可以是一台调制解调器或简单的线路驱动器，对模拟传输信道而言，DCE 为频带 Modem，主要完成数字信号和模拟信号的相互转换；对数字传输信道而言，DCE 为基带 Modem，主要完成时钟提取、码型转换及信道特性的均衡等。

传输信道按传送信号形式可分为模拟信道和数字信道；按连接方式可分为专用信道和交

换信道；按复用方式分为频分复用信道和时分复用信道。传输信道一般由通信子网提供，通信子网由节点交换机与连接它们的传输链路组成。

一般情况下，一次从主叫 DTE 到被叫 DTE 的连接，需要经过多个节点交换机才能完成。

（3）数据通信系统的主要性能指标

① 数据传送速率

数据传送速率是指在数据传输系统中，两个相应设备之间每单位时间通过的比特、字符或信息组的平均数。符号速率的单位是波特（Baud），表示单位时间通过的符号个数；信息传送速率（传信率）的单位是 bit/s，表示单位时间通过的比特数（二进制信息量）。

② 传输时延

分组交换：分组传输时延是指从一个分组的最后一个比特进入网络的源节点开始，到该分组的第一比特离开终点节点的时间。

帧中继：帧传输时延是指用户终端之间通过帧中继网传送信息所需的时间。

DDN：数据传输时间是指端到端单方向的数据传输时间，对 64kbit/s 的专用电路≤40ms。

③ 网络可用性

网络可用性是指端到端全网能提供无故障服务的时间占运行时间的百分比，$A=99.99\%$。

（4）数据传输的基本形式

① 基带传输

基带传输是指数字信号数字传输，所谓基带，就是电信号所固有的基本频带。数字信号的基本频带是从 0 开始。当利用数据传输系统直接传送基带信号，不经频谱变换时，称为基带传输，这种数据传输系统就是基带传输系统。基带传输用于短距离传输。

② 频带传输

频带传输是指数字信号模拟传输，就是把数据信号经过调制后再传送，到接收端又经过解调还原成原来信号的传输。频带传输能够实现多路复用，从而提高了通信线路的利用率。但是在频带传输的发送端和接收端都要设置调制解调器，将基带信号变换为频带信号再传输。频带传输用于远距离传输。

③ 宽带传输

宽带传输是指高速的数字信号数字传输。宽带传输通常指中继传输速率为 155Mbit/s～10Gbit/s，接入速率为 1Mbit/s～100Mbit/s。宽带传输与基带传输相比有以下优点：一是能在 1 个宽带信道中传送声音、数据和图像信息；二是 1 条宽带信道能划分为多条逻辑基带信道，实现多路复用；三是宽带传输的传输距离比基带传输远。

3.1.3　IP 网

IP 网是指用 IP 作为第 3 层协议的网络，它可以是因特网（Internet）、内联网（Intranet）和局域网。在 IP 网络中业务数据以 IP 包的形式经 IP 用户与 IP 服务提供者（ISP）之间的接口向用户传送，IP 传送能力从提供传统的尽力服务到区分服务乃至支持综合服务。

1．IP 网络结构

（1）因特网

因特网实际上是由全世界范围内的众多计算机网络连接而成的一个网络集合体。从网络技术的观点看，因特网是一个以 TCP/IP 连接各个国家、各个部门、各个机构的数据通信网；

从信息资源观点看，因特网是一个集各个领域、各个部门的各种信息资源为一体供网上用户共享的数据资源网。因特网骨干网由众多网络服务提供商（NSP）组成，当用户要连接到因特网骨干网时，首先需要与 ISP 连接，如图 3-3 所示。

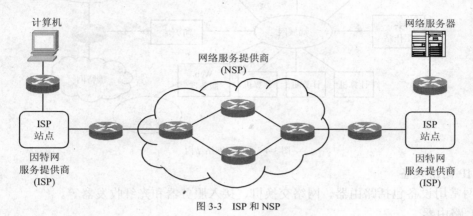

图 3-3　ISP 和 NSP

目前中国提供因特网服务的网络有中国公用计算机互联网（CHINANET）、中国公众多媒体通信网（CHINAINFO）、中国联通公用计算机互联网（CNUNINET）、中国网通公用计算机互联网（CNCNET）、中国移动互联网（CMNET）、中国科技网（CSTNET）、中国教育科研网（CERNET）等。

CHINANET 是基于因特网网络技术的中国公用计算机互联网，是中国因特网骨干网，也是国际因特网在中国的延伸，接入号是 16300。CHIANNET 由核心层和接入层组成，核心层主要提供国内高速率中继信道，构成 CHINANET 骨干网，并与国际因特网互连；接入层主要提供用户端口和各种资源服务器，并与公用电话交换网（PSTN）、中国公用分组交换网（CHINAPAC）、中国公用数字数据网（CHINADDN）、中国公用帧中继网（CHINAFRN）、中国公用电子信箱（CHINAMAIL）等互连。通过它不仅可以享用国内所有的信息资源和网上服务，而且可以访问整个因特网，国内用户可以通过电信运营商提供的因特网接入服务进入CHINANET，使用因特网业务。

目前由中国电信经营和管理的 CHINANET 网络结构正在扁平化，将由骨干网、省网、城域网 3 级结构调整为骨干网、城域网两级结构，全网全部采用 Cisco 高端路由器 12000 系列（GSR）。

（2）内联网

内联网就是建立在企业单位内部的因特网。内联网将因特网技术运用到企业内部信息系统中，目的是为了加快企业单位内部的数据信息的流动、促进内部沟通、提高工作效率，同时通过内联网站点有利于加强对外形象的宣传。内联网网络的基本组成如图 3-4 所示。

建立内联网一般需要：① 根据需求确定企业内联网规模；② 选择硬件、网络及软件平台；③ 建立内联网服务系统，包括 Web 系统和电子邮件系统等；④ 建立内联网信息安全系统，如防火墙系统；⑤ 编辑和发布企业单位信息、广告；⑥ 融合企业单位信息管理系统；⑦ 建立与因特网的物理连接。

内联网与因特网之间通过设置防火墙系统的安全性设施，既隔离了外部用户又保持了与因特网的连通性。

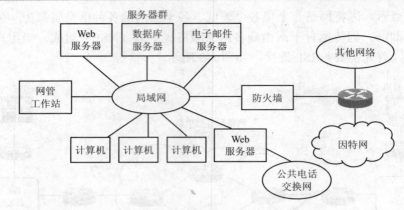

图 3-4 内联网网络结构

2. IP 网络设备

IP 网常用设备包括路由器、网络交换机、接入服务器和光纤收发器等。

（1）路由器

路由器是 IP 网的主要节点设备，构成因特网骨架，实现第 3 层（网络层）数据交换。路由器工作在 OSI 的下 3 层，通过统一的第 3 层（网络层）来屏蔽底下两层的不同，从而实现多个独立的异种网互连，并通过路由表完成寻径；路由器是一个存储—转发设备，可以实现包的过滤、优先、排队等流量管理。路由器由电源、内部总线、主存、闪存、处理器、操作系统和专用网卡等组成，按交换能力划分为高端路由器和低端路由器，通常高端路由器背板交换能力大于 50Gbit/s；按结构划分为模块化结构路由器和非模块化结构路由器，通常高端路由器为模块化结构。路由器在因特网中执行地址解析、选路和 IP 包转发等功能，主要工作就是为经过路由器的每个数据帧即 IP 分组寻找一条最佳传输路径，如图 3-5 所示。

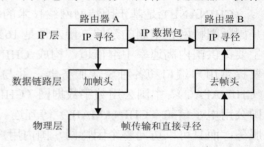

图 3-5 路由器工作原理

IP 路由器按应用性能划分为接入路由器、企业网或校园网用路由器和骨干路由器。IP 路由器一般由输入接口、输出接口、交换结构和路由处理器组成，其中输入接口执行链路层的打包、拆包功能，执行路由查找算法，提供 QoS 保障，运行网络协议；输出接口与其他传输设备连接，将存储的 IP 数据包在 DPT、PPP、FR 或 ATM 接口上传输；交换结构可采用总线交换、纵横交换和共享存储器等方式，IP 路由器交换结构的改进得益于 ATM 交换技术的进步，IP 高速路由器的交换矩阵将多个 ATM 交换矩阵按分段捆绑和模块重组的方法来构建；路由处理器专用于确定网络拓扑和在网络中计算最佳路径。

IP 网上运行的路由协议主要有路由信息协议（RIP）、开放式最短路径优先（OSPF）和边界网关协议（BGP）。RIP、OSPF 是内部网关协议，BGP 是外部网关路由协议，例如 CHINANET 与因特网节点之间采用 BGP，本地网网内采用的 IGP 动态路由协议为 OSPF。

【产品实例】 Cisco 12000 路由器系列

Cisco 12000 系列吉比特交换路由器（GSR）是 Cisco 公司为满足 IP 核心骨干网的高带宽、高性能、多业务和高可靠性要求而开发设计的高端路由器产品。Cisco 12000 路由器系列有 3

种型号：Cisco 12008、Cisco 12012 和 Cisco 12016。Cisco 12000 路由器由交换矩阵、路由处理器、线路卡、告警卡、维护总线、电源及冷却系统组成，背板交换能力可达 80Gbit/s，线路卡分为 DPT 接口、PoS 接口、ATM 接口和以太网接口等，既支持 IP over Optical，也支持 IP over ATM。

【产品实例】　Cisco 2500 路由器系列

Cisco 2500 路由器系列是 Cisco 公司生产的接入路由器，主要用于用户端至广域网的连接，是一种最常见的低端路由器，其中大多数是固定配置的非模块化结构。

（2）2/3 层交换机

3 层交换机是具有第 3 层路由功能的第 2 层交换机，简单地讲，3 层交换技术=2 层交换技术+3 层转发技术，但它不是简单第 2 层交换机叠加路由器，而是采用了不同的转发机制。3 层交换机的主要用途是代替传统路由器作为 IP 网络的核心，因此，凡是没有广域网连接要求，同时需要路由器的地方，都可以用 3 层交换机代替路由器。

3 层交换机与路由器比较如下：路由器的转发采用最长匹配的方式，实现复杂，通常使用软件来实现；3 层交换机的路由查找是针对流的，它利用 CACHE 技术，很容易采用 ASIC 实现，因此，可以大大的节约成本，并实现快速转发。

在实际应用中，一般将 3 层交换机放置在企业网和教学网的核心，利用 3 层交换机的千兆端口和百兆端口连接处于同一局域网中的各个子网或虚拟局域网（VLAN）。这样其网络结构相对简单，节点数相对较少，且不需要较多的控制功能，成本较低。

【产品实例】　Catalyst 6500 交换机系列

Catalyst 6500 交换机系列是 Cisco 公司生产的高性能、高接口密度和高可用性的 3 层交换机，背板交换能力为 32Gbit/s，可扩展到 256Gbit/s。

【产品实例】　Quidway S2403F 以太网交换机

Quidway S2403F 以太网交换机是华为公司生产的 2 层交换机，采用专用的 ASIC 芯片为核心，提供 10Mbit/s、100Mbit/s 的线速交换，通常作为宽带 IP 接入网的楼道交换机。

（3）接入服务器

接入服务器为拨打接入特服号或 PPPoE 虚拟拨号的用户提供集中接入；为用户提供 IP 地址分配；为用户提供本地认证计费或转发认证计费信息至认证计费服务器，如图 3-6 所示。

图 3-6　接入服务器

接入服务器按业务应用分为拨号接入服务器和宽带接入服务器，其中拨号接入服务器见第 4 章，宽带接入服务器见第 5 章。

DNS 服务器：为 IP 业务提供域名解析及反解析功能；

DHCP 服务器：为普通以太网用户（相对于 PPPoE 用户）以及采用 201+方式的 ADSL

用户提供基于 DHCP 的动态地址分配；

邮件服务器：为用户提供电子邮件箱，并采用简单的邮件传送协议（SMTP）来传送电子邮件；

认证服务器：目前窄带拨号和宽带拨号（虚拟拨号）用户都采用统一认证计费方式，即认证计费都集中统一进行。

（4）光纤收发器

IP over Optical 在城域网网和园区网应用中，其传输距离可能达到几千米至上百千米，所使用传输介质可能有多模光纤（短距离应用）、单模光纤（长距离应用），由于光信号的传输距离有限，因此，需要对光信号进行放大（增大传输距离）和光/电转换（便于使用），前者称为光纤收发器，后者称为光纤转换器。

在宽带 IP 城域网中利用光纤收发器来突破以太网电缆传输距离短（几百米）的限制，如图 3-7 所示。对多模光纤，光纤收发器可将网络延伸到 2km；对单模光纤，光纤收发器可将网络延伸到 20km～120km。光纤收发器也是光/电转换器件，如图 3-8 所示。

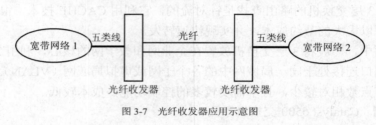

图 3-7　光纤收发器应用示意图

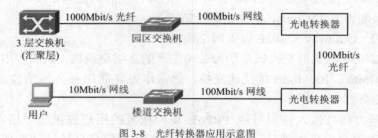

图 3-8　光纤转换器应用示意图

3.2　IP 接入网概念

3.2.1　引入 IP 接入网的原因

目前，基于 IP 业务的发展和电信网接入技术的多元化，引入 IP 接入网主要有以下两个原因：

（1）随着以 IP 为主的数据业务在传统的电信网环境接入的迅猛增长，以采用电路交换方式的程控交换机为主的传统 PSTN 对于因特网的接入，因上网占用时间较长，需要占用大量的中继线及交换机资源，使得传统 PSTN 数据负荷量很重，造成 PSTN 的网络拥塞。

（2）由于因特网的 IP 数据多为突发业务，平均负荷小，瞬时高，因此带宽利用率低，在传统的电信网上，解决 IP 业务接入的分流十分重要和迫切，目前国内不少公司的接入网设备具有分流 IP 数据的能力，这是向 IP 接入网演进的重要的一步。

随着因特网的发展和电信运营市场的日益开放，IP 业务迅猛增长，电信运营商都把建设面向 IP 业务的电信网作为网络建设重点，IP 化成为电信接入网的基本特征之一，IP 接入网应用越来越多，相对于传统的 PSTN 接入网，IP 接入网是无连接的网络，以路由器转发为中心。

3.2.2　IP 接入网的定义

ITU-T 在 Y.1231 建议中对 IP 接入网定义是：在 IP 用户和 IP 业务提供者（ISP）之间为提供所需的 IP 业务接入能力的网络实体的实现。IP 接入网的目标是为用户提供综合的 IP 业务接入，IP 接入网的位置如图 3-9 所示，IP 接入网的参考模型如图 3-10 所示。

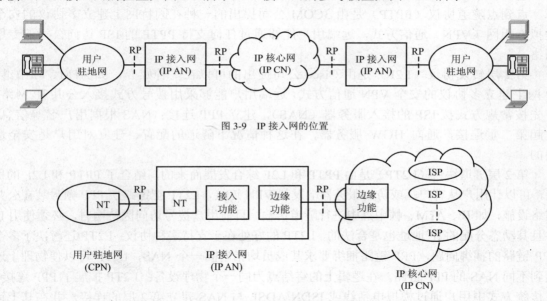

图 3-9　IP 接入网的位置

图 3-10　IP 接入网参考模型

IP 接入网与 PSTN 接入网的区别：

（1）IP 接入网位于 IP 核心网和用户驻地网之间，它由参考点（RP）来界定的，RP 是指逻辑上的参考连接；而 PSTN 接入网是由 UNI 和 SNI 来界定的，可见，IP 接入网与 PSTN 接入网的定界是不同的。

（2）G.902 定义的 PSTN 接入网包含交叉连接、复用和传输功能，一般不含交换功能，通过 V5 接口与交换机连接，可兼容任何类别的交换机；而 Y.1231 定义的 IP 接入网包含交换或选路功能等，并且 IP 接入网还可根据需要增加功能，如动态分配 IP 地址、地址翻译、计费和加密等。

3.2.3　IP 接入方式

IP 接入方式可分为直接接入方式、隧道方式、路由方式和 MPLS 方式。

（1）直接接入方式

直接接入方式是指用户直接接入 IP，此时 IP 接入网仅有两层，即 IP 接入网中仅有一些级联的传送系统，而没有 IP 和 PPP 等处理功能，这种 IP 接入方式简单，目前被广泛采用。

（2）隧道方式

隧道协议可分为第 2 层隧道协议（PPTP、L2F、L2TP）和第 3 层隧道协议（GRE、IPSec），它们的本质区别在于用户的数据包是被封装在哪种数据包中传输的。

采用隧道协议有很多好处，例如在拨号网络中，用户大都接受 ISP 动态分配的 IP 地址，而企业网一般均采用防火墙、NAT 等安全措施来保护自己的网络，企业员工通过 ISP 拨号上网时就不能穿过防火墙访问企业内部网络资源。采用隧道协议后，企业拨号用户就可以得到企业内部网 IP 地址，通过对 PPP 帧进行封装，用户数据包可以穿过防火墙到达企业内部网。

① PPP 隧道方式

点到点隧道协议（PPTP）是由 3COM 公司提出的一种在因特网上建立多协议的安全虚拟专用网（VPN）通信方式，远端用户能够通过任何支持 PPTP 的 ISP 访问公司的专用网络。

第 2 层转发协议（L2F）是由 Cisco 公司提出的可以在多种媒介，如 ATM、帧中继、IP 网上建立多协议的安全 VPN 通信方式，远端用户能够采用拨号方式接入公共 IP 网络，首先按常规方式拨 ISP 的接入服务器（NAS），建立 PPP 连接；NAS 根据用户名等信息，发起第二重连接，通向 HGW 服务器，在这种情况下隧道的配置、建立对用户是安全透明的。

第 2 层隧道协议（L2TP）是由 PPTP 和 L2F 综合发展而来的，结合了 PPTP 和 L2F 的优点，可以让用户从客户端或访问服务器端发起 VPN 连接，L2TP 把链路层 PPP 帧封装在公共网络设施，如 IP、ATM、帧中继中进行隧道传输。目前用户拨号访问因特网时，必须使用 IP 并且其动态分配的 IP 地址也是合法的，L2TP 的好处在于支持多种协议；L2TP 还解决了多个 PPP 链路的捆绑问题，PPP 链路捆绑要求其成员均指向同一个 NAS，L2TP 可以使物理上连接到不同 NAS 的 PPP 链路，在逻辑上的终结点为同一个物理设备；L2TP 扩展了 PPP 连接，在传统方式中用户通过模拟电话线或 ISDN/ADSL 与 NAS 建立第 2 层的连接，并在其上运行 PPP，其第 2 层连接的终结点和 PPP 会话的终结点在同一个设备上（如 NAS），L2TP 作为 PPP 的扩展提供更强的功能，第 2 层连接的终结点和 PPP 会话的终结点可以是不同的设备。L2TP 主要由 LAC(L2TP 访问集中器)和 LNS(L2TP 网络服务器)构成，其中，LAC 支持客户端的 L2TP，用于发起呼叫、接收呼叫和建立隧道；LNS(L2TP 网络服务器)是所有隧道的终点；在传统的 PPP 连接中，用户拨号连接的终点是 LAC，L2TP 使得 PPP 协议的终点延伸到 LNS。

L2TP 与 PPTP 和 L2F 相比，它的优点在于提供了差错和流量控制，作为 PPP 的扩展，L2TP 支持标准的安全特性 CHAP 和 PAP，可以进行用户身份认证，L2TP 定义了控制包的加密传输，对于每个被建立的隧道，生成一个惟一的随机密钥，以便抵抗欺骗性的攻击，但是对传输中的数据并不加密。目前，主要是基于 ADSL 的宽带接入方式，安装在 ISP 和用户的数据中心，主要由客户管理模块、业务管理模块和计费模块组成，并在 163/169 上网中应用。

② IP 隧道方式

通用路由封装（GRE）规定了怎样用一种网络层协议去封装另一种网络层协议的方法，GRE 的隧道由其源 IP 地址和目的 IP 地址来定义，它允许用户使用 IP 去封装 IP、IPX、AppleTalk，并支持全部的路由协议，如 RIP、OSPF、IGRP 和 EIGRP，通过 GRE 封装，用户可以利用公用 IP 网络去连接 IPX 网络、AppleTalk 网络，并可使用保留地址进行网络互连，或者对公网隐藏企业网的 IP 地址。GRE 只提供了数据包的封装，它没有加密功能来防止网络侦听和攻击，所以在实际环境中它常和 IPSec 在一起使用，由 IPSec 提供用户数据的加密，给用户提供更好的安全性。

IPSec 位于第 3 层，该规范在安全数据网络系统（SDNS）和 IEEE 802.10 局域网的安全标准中起重要作用，IPSec 规范中包括了 33 个草案及 7 个 RFC 中的内容，主要集中在以下 4 个领域：① 两个安全协议，即认证报头（AH）或封装安全有效负载（ESP）；② 安全关联，由启动和管理 AH 和 ESP 连接的必要信息组成；③ 密钥管理；④ 密码算法。

从用户终端至接入节点使用了 PPP 协议，而接入点至 ISP 使用 IPSec，从而在用户至 ISP 间构成一个 IP 层隧道，由于 IPSec 是从上层向下层扩展来实现 IP 接入的，其缺点是实现复杂，严密性差等。

（3）路由方式

接入点可以是一个第 3 层路由器或虚拟路由器，该路由器负责选择 IP 包的路径和转发下一跳。路由方式包括基于 ISDN 的连接和基于 FR 及租用专线的连接，支持 FR、IP/IPX、OSPF 等协议。

（4）MPLS 方式

接入点是一个 MPLS 的 ATM 交换机或具有 MPLS 功能的路由器。目前许多厂商已经开发了用于现有 ATM 交换机上实现 MPLS 功能的软件。

3.2.4　IP 接入业务

IP 业务通常指因特网业务，分为因特网接入业务和因特网应用服务业务。

因特网接入业务是指利用接入服务器和相应的软硬件资源建立业务节点，并利用公用电信基础设施将业务节点与因特网骨干网相连接，为各类用户提供接入因特网的服务。用户可以利用公用电话网或其他接入手段连接到其业务节点，并通过该节点接入因特网。

IP 接入业务主要有两种应用，一是为因特网内容提供者（ICP）即因特网信息服务业务经营者等利用因特网从事信息内容提供、网上交易、在线应用等提供接入因特网的服务；二是为普通上网用户等需要上网获得相关服务的用户提供接入因特网的服务。

IP 接入业务与 IP 信息服务业务密切相关，IP 信息服务业务即因特网应用服务业务是指向用户提供网上信息服务及网络增值平台，包括 ICP、IDC、电子商务、网上教学、娱乐/游戏、商业信息和定位信息等信息服务。

IP 接入业务按接入速率分为窄带 IP 接入和宽带 IP 接入，其中宽带 IP 接入根据接入技术不同分为 xDSL、FTTX+以太网、Cable Modem 等有线接入业务及 GPRS、CDMA 1X、WLAN 等无线接入业务。

随着 IP 接入技术的发展，特别是移动 IP 网络的建设，IP 接入市场呈现出多元化的竞争格局，宽带 IP 接入替代窄带拨号接入，无线 IP 接入替代有线 IP 接入。目前，IP 业务收入主要以 IP 接入业务收入为主，IP 信息服务业务还处于市场培育期。

3.3 宽带 IP 接入网

3.3.1 宽带 IP 城域网

1. 宽带 IP 城域网网络结构

宽带 IP 城域网是一个以 IP 和 ATM 技术为基础，集数据、语音和视频服务于一体的高带宽、多功能、多业务接入的多媒体通信网络。城域网是指介于广域网和局域网之间，在城市与郊区范围内实现信息传输与交换的一种网络，其范围在 10km～100km 内。

根据当前数据网络的现状，宽带 IP 城域网的定位是 IP 广域骨干网（CHINANET）在城市范围内的延伸，承载各种电信业务，汇聚宽带和窄带用户的接入，满足政府部门、企业和个人对各种带宽的、基于 IP 的多媒体业务的需求。

一个宽带 IP 城域网提供一条覆盖整个城市范围的城市信息高速公路，包括数据交换设备、城域传输设备、接入设备和业务平台设备等。宽带 IP 城域网的组网模式分为路由型城域网和交换型城域网，目前以路由型宽带 IP 城域网为主。

在宽带 IP 城域网中，采用 IP 路由技术、吉比特以太网技术构建城域核心网，采用以太网技术、xDSL 技术构建城域接入网，通过分层汇接的组网方式形成核心层、汇聚层和接入层的 3 层体系结构，如图 3-11 所示。

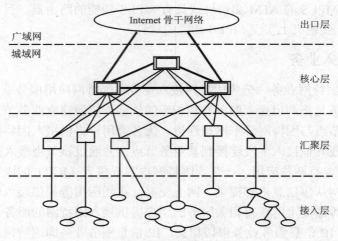

图 3-11 宽带 IP 城域网网络结构

（1）核心层

核心层负责进行数据的电信级 IP 快速转发，实现与 IP 广域骨干网的互连，提供城域网高速 IP 数据出口。其网络结构主要考虑可靠性和可扩展性，为了城域网出口的安全，每个城域网一般选择两个核心节点实现与 IP 广域骨干网路由器的连接。

核心层节点应设置在城区内，具体位置应考虑业务分布、机房条件和出局光纤布放情况，优先选择原有 IP 广域骨干节点设备所在局点。核心层节点数量不要过多，大城市控制在

3～6 个，普通城市控制在 2～4 个。核心层节点间原则上采用网状或半网状连接。

核心层节点设备采用以 IP 技术为核心的设备，包括高速路由器（如 Cisco 12000）和具有 3 层功能的高端网络交换机，并积极采用 MPLS 技术。核心层节点设备之间的接口有 2.5Gbit/s POS 接口和 GE 接口两种，通过裸光纤直连。

（2）汇聚层

汇聚层负责汇集分散的接入点，进行数据交换，提供流量控制和用户管理功能。具体来说，汇聚层节点实现如下功能：① 扩展核心层设备的端口密度和端口种类；② 扩大核心层的业务覆盖范围；③ 汇聚接入节点，解决接入节点到核心节点之间的光纤资源紧张问题；④ 实现接入用户的可管理性，当接入层节点设备不能用用户流量控制时，需要由汇聚层设备提供用户流量控制及其他策略管理功能。

汇聚层节点的数量和位置的选定应根据当时光纤和业务开展状况确定，在城市的远郊和所辖县城应设置汇聚层节点。汇聚层节点与核心层节点之间采用星形连接，在光纤可以保证的情况下，每个汇聚层节点与两个核心层节点相连。

汇聚层节点设备应具有 IP 路由功能，尽量采用以 IP 技术为核心的设备，包括二三层网络交换机（如 Cisco Catalyst 6509）和能提供 IP 路由功能的高端 ATM 设备。核心层与汇聚层节点设备之间的接口一般使用 GE 接口，个别情况可采用 POS 接口，通过裸光纤直连。核心层与接入层节点设备之间可使用多种接口，主要包括 GE、ATM 155Mbit/s 和 100Mbit/s 以太网接口。当核心层与接入层节点设备放置在同一局点时，GE 接口和 ATM 接口一般采用短矩光口，使用尾纤直连；100Mbit/s 以太网接口一般采用电接口，使用五类线直连。

（3）接入层

接入层对上连接至汇聚层和核心层，对下进行带宽和业务分配，实现各种类型用户的接入，且在必要时提供用户流量控制功能。接入层节点的设置主要是为了将不同地理分布的用户快速、有效地接入骨干网。接入层节点可以根据用户数量、距离和密度的不同，设置一级或级联接入。接入层是整个 IP 城域网建设中的重中之重，关系到用户群的覆盖效果，直接影响 IP 城域网运营的效益。

接入层节点与汇聚层节点之间的网络连接依据设备情况而定，例如，当接入层节点使用二三层交换机等设备时，一般采用星型连接，每个接入层节点与一个汇聚层节点相连；当接入层节点使用宽带/窄带综合接入环路设备时，采用环型连接，每个接入环上有一个节点与汇聚层节点相连；当接入层节点使用宽带 PON 设备时，采用树型连接，PON 局端设备与汇聚层设备相连。

接入层节点设备应提供丰富的用户接口、较高的端口密度，具有对用户节点进行流量控制及其他策略管理功能，同时，由于接入节点分布广、数量多，要求设备具有较低的价格。可根据终端用户需要的业务类型选择使用纯 IP 设备、IP/ATM 设备、宽带接入设备和宽窄带综合接入设备等。在采用 IP 设备时，使用二层交换机。接入节点应能提供 100Mbit/s 以上速率的接口与汇聚节点相连，远距离传输时使用光纤作为物理层介质。接入层节点设备可以设在大楼、集团用户和小区内。

接入层用户设备实现用户的最终接入，带宽可根据用户的需求灵活经济地调配，接入层用户设备主要包括用户驻地网设备、ADSL Modem、HFC Modem、各种用户终端（计算机、电话机、电视机）等。

2. 宽带 IP 城域网主要技术

（1）ATM 技术和 IP 技术

ATM 是面向连接的技术，具有网络资源的统计复用、快速分组交换、保证 QoS 等优点，缺点是协议较复杂、实现成本高。IP 是无连接技术，具有统一的 IP 层协议屏蔽各种物理层、灵活的路由建立机制等优点，缺点是时延长、缺乏流量控制、不能保证传输的可靠性即不保证 QoS 等。宽带城域网建设可选择 ATM 技术或 IP 技术作为宽带业务网的承载技术，ATM 技术和 IP 技术有各自的优点和缺点，都是很好的网络技术，甚至 ATM 技术更加完美一些，但市场最后选择了 IP 作为宽带业务网的承载技术，ITU-T 也调整了战略方向转向 IP，目前各通信运营商已经纷纷立项建设宽带 IP 城域网。

（2）光纤传输技术

光纤传输是指利用光导纤维（简称光纤）传输光波信号的方式，影响光纤传输质量主要是光纤的损耗特性和色散特性。光纤损耗主要包括吸收损耗和散射损耗；光纤色散主要包括材料色散、波导色散和模式色散，单模光纤以材料色散和波导色散为主，多模光纤以模式色散为主。光纤传输的基本特点是：① 传输频带宽、通信容量大；② 损耗低、中继距离长；③ 抗电磁干扰；④ 信道串扰小、保密性好；⑤ 线径细、重量轻、可绕性好；⑥ 材料资源丰富、价格低。

光纤通信系统设计主要是根据光纤的损耗特性和色散特性来设计通信系统传输的最大中继距离。根据侧重点不同，光纤通信系统分为损耗限制系统和色散限制系统。

为减小损耗和色散，目前常用 G.652 光纤，工作波长 1.31μm 且色散系数为零的单模光纤；G.655 光纤，零色散点位移到 1.55μm 处的单模光纤，工作波长 1.55μm 损耗最低，色散也相应减小，是 DWDM 系统首选的光纤。

光纤传输技术体制分为准同步数字体系（PDH）、同步数字体系（SDH）和波分复用（WDM）。PDH 是由脉冲编码调制（PCM）为基础构成的，我国采用 E 系列制式（1 次群 E1 的传输速率为 2.048Mbit/s），而北美、日本采用 T 系列制式（1 次群 T1 的传输速率为 1.544Mbit/s）。目前应用最广泛的是 SDH，SDH 网由一些 SDH 网元（NE）组成，是在光纤上进行同步信息传输、复用、分插和交叉连接的传送网络。SDH 网的基本特点是：① 统一的 NNI 接口。② 标准化的信息结构等级，称为同步运输模块 n(STM-n，n=1，4，16，64)。③ 块状帧结构、充分的开销比特。④ 灵活的复用结构、全面的兼容能力。

我国根据自己的实际情况对 ITU-T 在 G.707 建议中给出的 SDH 复用结构进行简化，主要有 3 种进入方式：C-12，C-3 和 C-4。我国采用的 SDH 复用结构如图 3-12 所示。

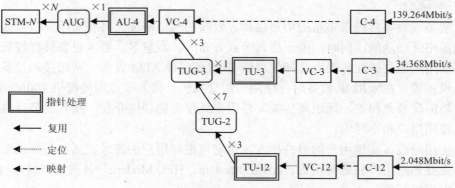

图 3-12　我国采用的 SDH 复用结构

　　光纤传输技术为宽带 IP 城域网提供了一个高负载能力和高扩充性能的信息承载通路。在宽带 IP 城域网中，IP 网络光纤传输技术主要有以下几种：

　　① IP over ATM。采用信元传输和交换技术，减少处理时延，保障业务质量，提供从 E1(2.048Mbit/s)到 STM-64(9953.280Mbit/s)的传输速率。

　　② IP over SDH 即 Packet over SDH，简称 POS 技术，是以 SDH 网作为 IP 数据包的物理传输网络，它将 IP 数据包直接封装在 SDH 帧中，以提高传输效率，用于提供纯 IP 业务的城域网，提供从 STM-1(155.520Mbit/s)到 STM-64(9953.280Mbit/s)的传输速率。

　　③ IP over WDM。也称光因特网，是以 WDM 网作为 IP 数据包的物理传输网络，它将 IP 数据包直接放在光路上进行传输，从而跳过 ATM、SDH 层，克服电的瓶颈，另外 WDM 可在一根光纤中传输波长不同的多路光信号，从而大大提高传输速率，城域网主要应用密集波分复用（DWDM）系统和稀疏波分复用（CWDM）系统。

　　④ 动态 IP 光纤传输（DPT）。DPT 是在光纤上直接传输 IP 数据包，动态使用带宽，以提供带宽利用率和网络传输效率。

　　（3）MPLS 技术

　　随着多协议标记交换（MPLS）技术的发展与完善，把最先进的 ATM 交换技术与最普及的 IP 路由技术融合起来，充分利用了 ATM 网络的各种资源，实现 IP 分组的快速交换。目前，在我国公用多媒体通信网和宽带 IP 城域网的建设中，各通信运营商积极采用 MPLS 技术。

　　（4）宽带 IP 接入技术

　　详见 3.3.2 小节。

　　3. 宽带 IP 城域网提供的业务

　　宽带 IP 城域网提供的业务着重于宽带化、综合化和差别化。满足大、中型集团用户高速接入因特网和组建虚拟专用网（VPN）的需要；满足居民和办公用户以共享 10Mbit/s 以太网或 100Mbit/s 以太网速率接入因特网的需求；满足集团用户（企业、政府、医院、学校等）利用公网实现网络互连的要求。宽带 IP 城域网提供的业务可具备一定的服务质量，具有更快、更好、更便宜的特点。

　　（1）高速上网业务

　　高速上网业务是指高速率的因特网访问和本地网络站点访问，它是宽带 IP 城域网提供的用户数量最多、业务量最大的一项业务。使用该电信业务的用户主要有两大类：居民用户和集团用户，采用的接入方式有 HTTX+LAN 接入、xDSL 接入和无线接入等。

　　（2）宽带 VPN 业务

　　宽带 VPN 业务是指为集团用户（企业、政府、医院、学校等）提供两个或多个节点之间的宽带 IP 数据传送通道，构建基于数据网的 IP VPN 和 MPLS VPN。

　　（3）视频业务

　　视频业务是指视频点播、远程监控、远程教学等交互视频服务。目前，主要以点到点方式提供视频流，从长远看，应采用组播方式提供视频流，有效利用网络带宽。

　　（4）窄带接入业务

　　窄带接入业务是指低速率的因特网访问，采用的接入方式有 163 拨号接入、N-ISDN 接入。其中，163 拨号接入分为注册拨号方式和主叫拨号方式（直通车方式）。

（5）带宽租用业务

带宽租用业务是指向用户提供 2Mbit/s～100Mbit/s 甚至更高速率的带宽租用，通过宽带 IP 城域网接入因特网。

（6）语音业务

语音业务是指利用电信网为用户实时传送双向语音信息以进行会话的电信业务。

3.3.2　宽带 IP 接入技术

IP 接入网可以选择多种技术，就目前的现状而言，IP 接入网的技术可以分为固定 IP 接入技术和移动 IP 接入技术。其中，固定 IP 接入技术是指以有线方式接入因特网技术，可分为窄带 IP 接入技术和宽带 IP 接入技术。

窄带 IP 接入技术包括 PSTN 拨号接入技术、N-ISDN 接入技术和 DDN 专线接入技术。其中窄带拨号接入技术是指利用公用电话交换网（PSTN）建设因特网公共拨号接入平台，通过 PSTN 的直达中继电路与拨号接入服务器连接，主要采用 No.7 信令方式完成呼叫的接续控制，通过以太网交换机的 100Mbit/s 端口和多级本地路由器与省干 IP 网络相连，向公众提供因特网拨号接入业务。窄带专线接入技术主要是指基于 DDN 的因特网专线接入技术，即企事业单位通过租用 64kbit/s～2.048Mbit/s 的 DDN 数字专用电路可以将其局域网接入 ISP 网络，实现与因特网的高速、稳定连接。N-ISDN 接入技术是指 ISDN 用户通过一对电话线连接到 ISDN 交换设备，不仅可建立电话连接，而且可接入 ISP 网络，实现与因特网的连接，中国电信称为"一线通"。

在宽带 IP 城域网中，宽带 IP 接入模式如图 3-13 所示。

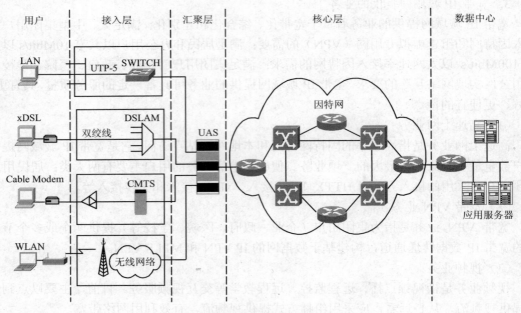

图 3-13　宽带 IP 接入模式

宽带 IP 接入技术有：

① HTTX+LAN，利用光纤传输介质，提供高带宽、高可靠性和高抗干扰性的数据传送。

② xDSL，它基于已有的电话网，主要技术有 ADSL、HDSL、VDSL 等。

③ Cable Modem，它是在传统同轴 CATV 技术基础上发展起来的，利用频分复用技术实现摸拟电视、数字电视、电话和数据同时传送。

④ LMDS/MMDS，主要应用于不便于铺设光纤，电话网基础不好的地区，利用无线信道实现高速数据、视频点播（VOD）和广播等；主要技术有本地多点分配业务（LMDS）和多信道多点分配业务（MMDS）。

⑤ WLAN，主要应用是作为 IP 接入网技术，提供高速因特网无线接入业务；支持具有一定移动性的终端的无线连接能力，是有线局域网的补充。

⑥ 3G，3G 无线网络本质就是一个宽带 IP 接入网络。

3.4　移动 IP 接入网

3.4.1　移动 IP 网

移动 IP 是移动通信技术和 IP 网络技术的融合，它将真正实现话音和数据的业务融合。移动 IP 的目标是将无线话音和无线数据综合到一个技术平台上传输，这一平台就是 IP。

中国移动互联网（CMNET）为宽带综合业务提供了宽带移动 IP 核心网络平台，中国移动 IP 网络采用 IP over SDH 技术组网，开放以下 9 类服务：① 无线拨号用户上网；② 固定拨号用户上网；③ 专线用户上网；④ IP 电话；⑤ 虚拟专用网；⑥ GPRS 骨干传输；⑦ IP 长途中继传输；⑧ 带宽批发；⑨ Internet 数据中心（IDC）。

目前，移动 IP 核心网络正从第二代移动通信（2G）的 GSM/CDMA 经过 2.5G 的 GPRS/CDMA 1X 向第三代移动通信（3G）的 WCDMA/CDMA 2000 方向发展。在移动 IP 接入网方面，移动无线网络本质就是一个接入网络，并积极采用了 LMDS、3.5G 等固定无线接入技术。

基于通用分组无线业务（GPRS）的移动 IP 网络示意图如图 3-14 所示。

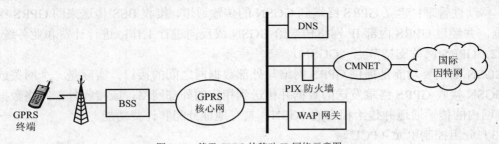

图 3-14　基于 GPRS 的移动 IP 网络示意图

3.4.2　移动 IP 接入技术

移动无线网络本质就是一个接入网络。移动 IP 的关键技术在于如何安全高效地将发送给用户的数据从归属的 IP 网络转发到用户当前接入的网络。

移动 IP 接入是指用户终端处于可移动情况下的无线接入因特网的方式。其用户终端有手持式、便携式和车载式电话等。移动 IP 接入的实现技术有 GPRS、CDMA 1X、WAP、3G、WLAN 等，可分为两大类，一是基于移动通信系统的移动 IP 接入技术；二是基于无线局域网的移动 IP 接入技术。在实际应用中，移动 IP 接入方式通常与固定 IP 接入方式相结合，以便灵活、有效地开展各种接入服务。

1. 基于 GPRS 的移动 IP 接入技术

GPRS 为 GSM 用户提供分组形式的数据业务。GPRS 网络是一个传输承载平台，提供端到端分组交换下数据的发送和接收。GPRS 是在 GSM 基础上发展的移动分组数据网，GPRS 的实现是在 GSM 核心网上增加分组数据设备，并对 GSM 无线网络设备进行升级，从而利用现有的 GSM 无线覆盖提供分组数据业务，基于 GPRS 的移动 IP 网络可实现 171.2kbit/s 的接入速率，如图 3-15 所示。

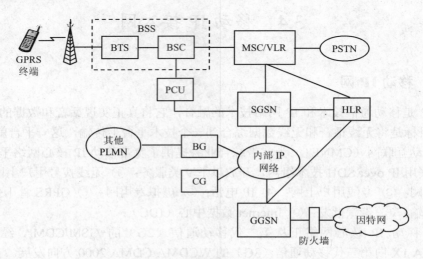

图 3-15 基于 GPRS 的移动 IP 接入

（1）GPRS 业务支持节点（SGSN）

SGSN 的主要功能是在 MSC 服务区内为移动用户 GPRS 服务。SGSN 对 GPRS 终端进行鉴权、移动性管理；建立 GPRS 终端到 GGSN 的传输通道，接收 BSS 传送来的 GPRS 终端分组数据，并经过 GPRS 内部 IP 网络传送给 GGSN 或反向进行工作；进行计费和业务统计。

（2）GPRS 网关支持节点（GGSN）

GGSN 的主要功能是提供 GPRS 网络与外部数据网之间的接口，实际是一个网关或路由器。GGSN 接收 GPRS 终端发送的数据并传送到相应的外部网络，或接收外部网络数据选择 GPRS 网内的传输通道并传给相应的 SGSN；具有地址分配和计费功能。

（3）分组控制单元（PCU）

PCU 负责完成 GPRS 空中信道的控制功能，将 BSC 中的分组信令和数据分离，在 BTS 与 SGSN 之间传送。在 3G 系统中，把 PCU 集成到 BSS 中，称为无线网络系统（RNS）。

（4）GPRS 终端

GPRS 终端（GPRS 手机）是新的 GPRS 移动台。GPRS 终端连接到网络可分为两个阶段：① 连接到 GPRS 网络，称为 GPRS 附着过程；② 连接到 IP 网络，为 GPRS 终端分配 IP 地址。

（5）其他网关设备

边界网关（BG）是 GPRS 与 PLMN 之间的互连设备。

2. 基于 WAP 的移动 IP 接入技术

无线应用协议（WAP）是一个面向移动终端提供接入因特网应用的全球性开放协议标准。WAP 与现在通行的互联网协议类似，是简化了的无线因特网，专为小屏幕、窄带的移动用户提供更简单快捷的网上内容和服务，可以直接使用手机访问 WAP 网站，享受各种应用。移动通信系统采用 WAP 协议可以方便地接入因特网，WAP 终端内置微浏览器，可以为移动用户提供安全、灵活、在线和交互式的服务，还可以在 WAP 终端的小屏幕上查阅各种信息，如图 3-16 所示。

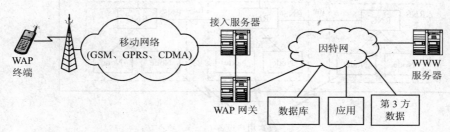

图 3-16　基于 WAP 的移动 IP 接入

（1）WAP 网关：也称为 WAP 代理服务器，它是 WAP 系统的关键设备，位于无线网络与 Internet/Intranet 之间，主要完成① WAP 协议与 WWW 协议之间转换；② 内容编解码；③ 用户认证、用户管理和计费功能。

（2）WAP 终端：WAP 终端要实现 WAP 业务，必须内置支持 WAP 协议的微浏览器，完成类似于 Web 浏览器的功能。

（3）应用服务器：应用服务器有 WAP 服务器、WWW 服务器、邮件服务器、FTP 服务器和信息内容服务器等。

（4）无线网络：支持 WAP 业务的无线网络有 GSM、CDMA、GPRS、3G 系统等。目前在 GSM 网中，基于 WAP 的移动 IP 网络局限于 9.6kbit/s 的接入速率。

3. 基于 3G 的移动 IP 接入技术

全球主流的 3G 制式有 WCDMA、CDMA2000、TD-SCDMA 3 种，CDMA2000、TD-SCDMA 与 WCDMA 网络结构类似（见第 9 章），由用户设备（UE）、无线接入网（RAN）和核心网（CN）组成。

3G 核心网的构建主要有两种观点。

第 1 种观点是基于现有的 GSM(GPRS)核心网和 CDMA(IS-41)核心网，从 2G 逐步演进到 3G，其中，GSM 可能演进的途径是 GSM→GPRS→WCDMA，CDMA 可能演进的途径是 CDMA(IS-95)→CDMA 1X→CDMA2000 3X。3G 核心网结构包括电路域核心网（CS）、分组域核心网（PS）、智能网和业务平台等子网。

第 2 种观点是从开始阶段就建设基于 B-ISDN 的核心网，直接采用 ATM/IP 技术，最终构建全 IP 核心网。

在演进过程中通过 GSM/GPRS 还可与无线局域网（WLAN）相配合提供移动 IP 接入业务，WLAN 对 3G 系统在 10Mbit/s 以上的高速接入起到一种很好的补充作用。

3G 移动通信业务是指利用第 3 代移动通信网络提供的话音、数据和视频图像等业务。3G 移动通信业务的主要特征是可提供移动宽带多媒体业务，其中高速移动环境下支持 144kbit/s 速率，步行和慢速移动环境下支持 384kbit/s 速率，室内环境支持 2Mbit/s 速率的数据传输，并保证高可靠的服务质量（QoS）。基于 3G 的移动 IP 接入如图 3-17 所示。

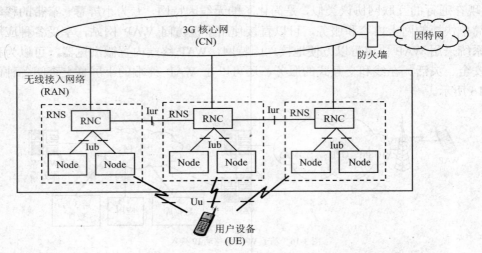

图 3-17　基于 3G 的移动 IP 接入

3.5　IP 接入网应用实例

华为 IP 接入网解决方案采用高密度商业通用硬件平台，实现融合话音、数据和多媒体等多种业务的统一接入，为运营商面向 IP 综合超市、小区、中小企业等应用场合提供一站式解决方案。

1. 系统结构

华为 IP 接入网系统由边缘中继网关（ETG）、接入媒体网关（AMG）/综合接入设备（IAD）、IP 承载网和统一的网管平台组成，如图 3-18 所示。

华为 IP 接入网提供系统化 IAD、AMG 接入设备，可实现话音、数据和多媒体视频业务的接入，可通过 MGCP 协议完成 TDM 语音到 IP 的转换。语音业务通过 ETG8000 设备汇聚，完成 IP 到 TDM 的转换，以标准的 V5 接口接入 PSTN 网络。数据和视频业务由业务分发网关完成业务的分流和管理。

华为 IP 接入网具有以下特点。

（1）综合业务接入

通过 1 根线入户，实现语音、数据和多媒体视频等业务；利用 IP 话务台可实现 IP 超市的精确计费和企业、酒店的自助管理；可为企业提供 Centrex（集中用户交换机）业务。

（2）系列化部件

ETG、AMG、IAD 均有系列化产品，其中 IAD 有 2/4/8/16/32 路系列 Ephone 话机，提供纯语音或语音数据综合的 IAD 系列产品，充分满足 IP 超市的应用需求。

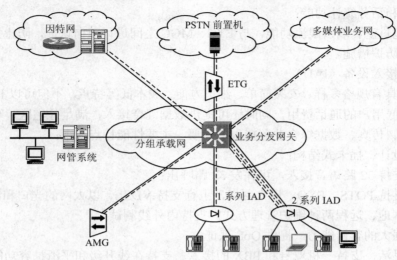

图 3-18　华为 IP 接入系统结构

（3）管理维护功能强

支持 PSTN 交换机、ETG、AMG、IAD 的统一网管；支持统一放号、统一计费、立即计费；具有技术成熟的 V5 接口应用。

2. 部件介绍

（1）边缘中继网关（ETG）

边缘中继网关 ETG8000 系列主要完成 IP 分组话音业务流和 PSTN 电路话音之间的编解码、打包/拆包、时延抖动滤除等功能，并提供标准 V5 接口和 PSTN 网络相连，同时支持内置信令网关，完成 No.7 信令和语音流的编解码功能，支持平滑升级到下一代网络（NGN），充分保护投资。主要性能特点如下：

① 分组侧提供 FE、GE、E1/V.35、155M ATM/POS、E3 接口；TDM 侧提供 E1 接口；

② 支持 MGCP/H.248/H.323 协议，支持 V5.1/V5.2 协议；

③ 采用标准 19 英寸机框，4 槽位一体化机箱，满配 32 个 E1，支持 960 路并发用户；

④ 电信级可靠性设计，关键板件支持热插和备份；

⑤ 可通过 AMG5000/IAD 接入普通用户电话，并支持用户传真、拨号上网等功能；

⑥ 采用先进的静音检测、背景噪声生成技术、高级的语音包处理机制、丢包补偿和回波抵消等技术，提供高质量的语音 QoS。

（2）接入媒体网关（AMG）

AMG5000 接入媒体网关设备可以实现大量终端用户集中接入，提供语音、数据业务综合接入，支持多种语音编码技术，大大提高语音质量，并通过丢包补偿、VLAN、语音数据业务优先级等多种手段提供语音的 QoS 保证。适用于用户量较大的小区或大楼集中接入语音业务，设备放置在机房，避免了楼道中人为破坏、停电等各类外界因素对业务的影响，维护、升级、扩容方便。主要性能特点如下：

① 电信级可靠性设计，所有单板支持热插拔、主控板热备份、电源双备份、上行路由端口备份；

② 提供 SNMP 网管、命令行、远程拨号等多种维护手段，提供用户线测试功能，提供

信令消息跟踪和话务统计功能；

③ 提供包过滤、端口限流功能，与 ETG、MGC 之间进行双向认证，防止身份仿冒或攻击等网络安全防护措施。

（3）综合接入设备（IAD）

IAD 设备具有规格多样、安装简单、维护方便、成本低等特点，不但可以 IP 的方式传输话音，大大降低用户的通话费用，同时还可提供数据混合接入，满足住宅区、写字楼、IP 超市等需要语音、传真、数据综合业务接入的需要。主要性能特点如下：

① 盒式设计、插卡式结构；

② 最大支持 32 路语音接入，可并发 32 路呼出；

③ 下行支持 POTS、FXO、以太网口，上行支持 VDSL、以太网的光口和电口；

④ 提供本地、远程两种维护管理方式，支持内外线测试；

⑤ 具有强大的容错能力，提供 QoS 保证；

⑥ 组网灵活，支持一机双号和 PBX 的接入，支持在线升级和平滑扩容功能；

⑦ 支持上行路由备份、温控降噪、流量控制等网络安全策略。

思考题与练习题

3-1　名词解释
　　① 以太网
　　② IEEE802 协议
　　③ WAP
　　④ GPRS

3-2　计算机网络是由哪几部分组成的？

3-3　比较局域网、城域网和广域网。

3-4　数据通信系统由哪些部分组成？并简述各部分的主要作用。

3-5　什么是 IP 网？IP 网络设备主要有哪些？

3-6　什么是 IP 接入网？IP 接入方式有哪几种？

3-7　描述宽带 IP 城域网结构。

3-8　画图说明我国采用的 SDH 复用结构。

3-9　影响光纤传输质量的光纤特性有哪些？

3-10　宽带 IP 接入技术主要有哪些？

3-11　描述移动 IP 核心网结构。

3-12　移动 IP 接入技术主要有哪些？

第4章

有线窄带接入技术

随着我国因特网业务的飞速发展，各个电信运营商组建了电信级的 IP 网络，包括骨干 IP 网络和本地 IP 网络。本地 IP 网络由窄带 IP 接入网和宽带 IP 城域网两个部分组成。窄带 IP 接入网包括窄带拨号接入网络和窄带专线接入网络，其中窄带拨号接入网络是指利用公用电话交换网（PSTN）建设因特网公共拨号接入平台，通过 PSTN 的直达中继电路与拨号接入服务器连接，主要采用 No.7 信令方式完成呼叫的接续控制，通过以太网交换机的 100Mbit/s 端口和多级本地路由器与省干 IP 网络相连，向公众提供因特网拨号接入业务。

4.1 PSTN 拨号接入技术

PSTN 拨号接入通常称为窄带拨号接入，如中国电信的 163 拨号上网、中国联通的 165 拨号上网，它是最简单的因特网接入方式，普通电话用户利用调制解调器（Modem）通过 PSTN 进行拨号接入因特网。PSTN 接入技术具有投资小、周期短、技术成熟和运营成本低等特点，在因特网业务发展初期被广大电信运营商所采用。现在，尽管存在多种接入技术，由于 PSTN 用户使用窄带拨号方式上网具有方便、快捷、可用性强等特点，在个人上网用户中应用仍然比较普遍，普通电话拨号上网的最高速率可达 56kbit/s。

4.1.1 PSTN 拨号接入方式

1. PSTN 拨号接入原理

PSTN 拨号接入是指利用普通电话 Modem 在 PSTN 的普通电话线上进行数据信号传送，当上网用户发送数据信号时，利用 Modem 将个人计算机的数字信号转化为模拟信号，通过公用电话网的电话线发送出去；当上网用户接收数据信号时，利用 Modem 将经电话线送来的模拟信号转化为数字信号提供给个人计算机。例如中国公用计算机互联网（CHINANET）统一使用 163 接入号码实现 PSTN 拨号接入，称为 163 拨号上网。

PSTN 用户拨号接入即 163 拨号上网的基本配置是 1 对电话线、1 台电脑和 1 个 Modem。用户使用 Modem 基于模拟用户电话线通过 PSTN 接入到因特网服务提供者（ISP）网络平台，在网络侧的拨号接入服务器上动态获取 IP 地址，从而接入因特网，这是目前大多数用户采用的一种简单、经济的接入方式，如图 4-1 所示。

由于 IP 地址是有限的资源，不可能给拨号用户的计算机分配一个永久性的、固定的 IP 地址，用户的计算机只有在拨号上网时会动态获得 IP 地址，实现的方法是在 ISP 的拨号服务器中储存了一定数量的空闲的 IP 地址，称为 IP 地址池，当用户拨通拨号服务器时，服务器就从

IP 地址池中选出一个 IP 地址分配给用户的计算机，这样 PSTN 拨号上网用户的计算机就有了全球惟一的 IP 地址，当用户下线后拨号服务器就收回这个 IP 地址，放回到 IP 地址池中。

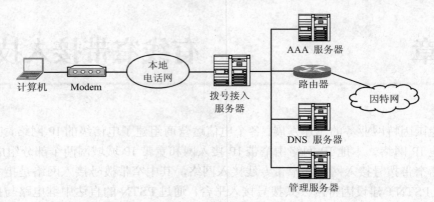

图 4-1 PSTN 拨号接入示意图

　　PSTN 拨号接入过程主要是认证过程和计费过程。用户的认证、鉴权和计费称为 AAA 功能，在拨号接入网络中，AAA 使用远程访问拨号用户服务（RADIUS）协议来实现拨号上网用户的身份验证和访问控制。RADIUS 协议是目前比较通用的拨号认证协议，是一种基于 UDP 协议的上层协议，以客户端/服务器模式工作，网络接入服务器（NAS）作为 RADIUS 服务器的客户端，负责将用户信息传送给指定的 RADIUS 服务器，然后再根据 RADIUS 服务器返回的响应报文作出相应的操作；RADIUS 服务器负责接受用户的连接请求，认证用户，并返回客户端所需的所有配置信息。

　　PSTN 拨号接入面向所有 PSTN 用户，当 PSTN 用户使用 Modem 接入到接入服务器时，接入服务器将与用户终端进行 PPP 协商，选择一个认证协议（PAP 协议或 CHAP 协议），然后进入认证阶段：通过与用户终端的交互，获取用户名和密码，交给接入服务器上的 RADIUS 客户端程序，RADIUS 客户端程序把用户名、密码、主叫号码、被叫号码、IP 地址以及用户接入的端口号等信息加密打包，并通过 UDP 协议传送给 RADIUS 服务器（AAA 服务器）认证，一旦通过认证，RADIUS 服务器将授权信息返回给接入服务器，由接入服务器向用户提供相应的网络服务，可见，PSTN/ISDN 窄带拨号接入的远程访问采用 RADIUS 服务器来进行用户认证和计费。

　　用户拨号入网方式主要有两种方式，即终端仿真方式和点对点协议/串行线路网际协议（PPP/SLIP）方式。终端仿真方式连接的计算机，一般采用 UNIX 操作系统；PPP/SLIP 方式连接的计算机直接连接在因特网上，用户计算机成为因特网的一个节点，PPP/SLIP 方式拨号入网的用户通常需要 Windows 界面下的拨号程序支持，同时需要 WWW 浏览器、FTP、E-mail 等应用程序，这种方式用户的界面比较友好，一般只需操作鼠标，PPP/SLIP 方式接入连接如图 4-2 所示。

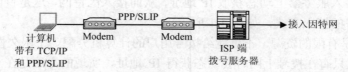

图 4-2 PPP/SLIP 方式接入示意图

2．PSTN 拨号接入方式

PSTN 拨号接入方式有注册账号方式、163 直通车方式和上网卡方式。

注册账号方式是指用户到电信公司申请一个注册账号（163 账号）和密码，通过电话拨号进行上网的方式，又称为 163 注册拨号方式。注册账号方式的用户初始密码由系统随机生成，账号开通后，用户可及时更改密码。注册账号方式上网费用一般包括开户费和网络使用费。在同一电话上使用多个账号上网者，将按每个账号产生的实际使用费用累加计费。

163 直通车方式是指用户无需到电信公司申请开户，只要在账号栏输入：16300，在密码栏输入：16300，即可方便地上 163 网的方式，又称为主叫拨号方式。163 上网直通车方式上网费用一般包括通信费和网络使用费。

上网卡方式是指持有上网卡的用户，只要在客户栏输入卡号，在密码栏输入上网卡封装的密码，即可方便地接入因特网。

3．PSTN 数据旁路技术

为了充分利用现有 PSTN 网络资源开展因特网接入业务，同时又要考虑减少拨号上网对传统电话网的冲击，在 PSTN 拨号接入网络建设中，积极采用数据旁路技术。根据数据旁路针对交换机的实施地点不同，可以将 PSTN 拨号接入的数据旁路技术分为前置旁路技术、内置旁路技术和后置旁路技术 3 类。

（1）前置旁路技术

前置旁路技术是指旁路点设置在用户线至交换机的用户模块之间即交换机前。前置旁路技术只利用了用户线，数据流量不进入交换机，目前主要应用有 ADSL 接入技术。

（2）内置旁路技术

内置旁路技术是指旁路点设置在交换机内的用户模块或入中继模块至数字交换网络之间，即交换机内。内置旁路与前置旁路不同，由于旁路点在交换机内部，不仅能利用交换机自身内在的能力，而且旁路设备与交换机的配合和技术实现简单，目前，主要应用有 S12 因特网接入系统，它与 S1240 交换机的内部结构有关。S12 因特网接入系统巧用了 S1240 交换机中数字交换网络（DSN）入口级的备用端口和无阻塞交换能力，实现因特网拨号上网业务，如图 4-3 所示。

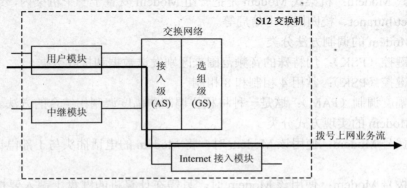

图 4-3　S12 因特网接入系统的旁路原理

S12 因特网接入系统的特点是，因特网拨号上网业务不再进入交换机的选组级交换网络，而是直接从交换机的入口级（用户接入级或入中继接入级）就旁路掉。

S12 因特网接入系统是通过在 S1240 交换机上增加因特网接入模块（IAM）完成。IAM 由拨号接入单元（IAUA）、拨号接入控制器（IAC）、IP 前转单元（IPFW）和连接它们的以太交换网（ESW）组成。

（3）后置旁路技术

后置旁路技术是指旁路点设置在市话端局或汇接局出中继至数据局之间，即交换机后。后置旁路是应用较早、技术成熟的数据旁路方式，大多数的数据设备生产商（如 Cisco、Ascend 等）和交换设备生产商（如华为、中兴、Lucent 等）都提供相应的拨号接入服务器。一般情况下，拨号接入服务器提供 E1 接口与交换机相连，也可提供 155Mbit/s 的 SDH 接口。

4.1.2　普通电话 Modem

普通电话 Modem 称为 PSTN Modem，它是一种利用电话线通过固定电话网接入因特网的技术。目前，我国固定电话网内的交换设备主要采用程控数字交换机，普通电话用户通过双绞铜线接入程控数字交换机的模拟用户模块，即普通电话入户信号基本上都是模拟信号，而计算机处理和传输的是数字化信息，因此，使用计算机上网时必须将数字信号转化为模拟信号及模拟信号转化为数字信号，前者称为调制，后者称为解调，把两种功能做在同一转换装置上，就是调制解调器即 Modem。

1．PSTN Modem 的分类

（1）按 Modem 的形态和安装方式分类

① 外置式 Modem：外置式 Modem 安置于电话用户上网使用计算机的机箱外，通过串行通信口与主机连接。这种 Modem 方便、易于安装和监视 Modem 工作情况，但外置式 Modem 需要使用额外的电源和电缆。

② 内置式 Modem：内置式 Modem 安置于电话用户上网使用计算机主板的扩展槽上，并且对中断和串行通信口进行设置。这种 Modem 价格便宜，不需要使用额外的电源和电缆，但在安装时需要拆开机箱，较为繁琐。

③ 插卡式 Modem：主要用于笔记本电脑，可以直接插在笔记本电脑的标准 PCMCIA 插槽中。

④ 机架式 Modem：机架式 Modem 是把一组 Modem 安置于一个机架内，统一供电。主要用于 Internet/Intranet、校园网和电信局等。

（2）按 Modem 的调制方法分类

① 频移键控（FSK）：用特殊的音频范围来区别发送数据和接收数据。

② 相移键控（PSK）：常用 4 相制和 8 相制。

③ 相位幅度调制（PAM）：这是一种将相位调制和幅度调制相结合的方法。

（3）按 Modem 的实现方式分类

① 手动拨号 Modem：使用该 Modem 时，将 Modem 的电话插头与 1 部电话机连接，用电话机拨号。

② 自动拨号 Modem：使用该 Modem 时，只需在计算机的键盘上键入要拨打的电话号码，Modem 就可以在一定的时间内，按照某种特定的顺序拨号。

③ 智能 Modem：计算机通过软件编程对这种 Modem 的工作参数进行设置，使其具有线路自适应能力、自动纠错和数据缓冲等功能，并且能够执行一些通信协议功能。

Modem 的传输速率是指 Modem 每秒钟传送的数据量的大小，以 bit/s 为单位，Modem 的传输速率由 Modem 所支持的调制协议决定。Modem 实际传输速率取决于以下几个因素：电话线路的质量、ISP 能否提供足够的带宽、对方 Modem 的速率等。PSTN Modem 的最高传输速率能达到 56kbit/s，但实际上由于线路条件的限制，一般能达到的速度为 50kbit/s 左右。

2. PSTN Modem 的结构和原理

调制解调器（Modem）是对信号进行调制和解调的功能部件。PSTN Modem 由发送、接收、控制、接口、操作面板以及电源部分等组成。数据终端设备（DTE）以二进制串行信号形式提供发送的数据，经接口转换为内部逻辑电平送入发送部分，经调制电路调制成传输线路要求的信号向线路发送；接收部分接收来自传输线路的信号，经滤波、解调、电平转换后还原成数字信号送入 DTE。

传输数据终端设备是产生数字信号的数据源或接收数字信号的数据宿，也可以是两者的结合，如计算机终端、打印机、传真机等；数据电路终接设备（DCE）是将 DTE 与模拟信道连接起来的设备，如 Modem。DCE 与 DTE 之间进行数据通信的接口标准采用 ITU-T 建议的 V 系列和 X 系列，这两类建议规定了 DCE 与 DTE 之间数据传输的电气、接口特性及规程，符合建议标准的设备才能互连和正常通信。其中，为了利用公用交换电话网（PSTN）进行数据通信提出 V 系列建议，为了利用公用数据网进行数据通信提出 X 系列建议。拨号 Modem 主要采用 V 系列建议。

Modem 的传输协议包括调制协议、差错控制协议、数据压缩协议和文件传输协议，其中，Modem 所支持的调制协议决定 Modem 的传输速率，目前，Modem 采用的调制协议主要是 ITU-T 所制定的，如 V.32 是同步式/非同步式 4.8kbit/s 或 9.6kbit/s 全双工标准协议；V.32bis 是 V.32 的增强版，支持 14.4kbit/s 的传输速率；V.34 是同步式 28.8kbit/s 全双工标准协议；V.34+ 是同步式 36.6kbit/s 全双工标准协议；V.90 是上行 36.6kbit/s，下行 56kbit/s 全双工标准协议。

（1）V.34 调制解调器

V.34 调制解调器是一种在公用交换电话网（PSTN）上进行全双工或半双工数据通信设备，它的数据传输速率为 36.6kbit/s。V.34 Modem 是全双工、对称式、拨号上网中速率较高的话路频带调制解调器，具有以下技术特点：① 采用自适应智能化技术，能够根据所用电话信道质量自适应地选取调制方式和线路补偿技术，提供最佳的性能；② 采用各种新技术来实现话路频带高比特率数据传输，包括正交调幅（QAM）技术，网格编码技术，壳状映射整形技术，预测均衡技术等；③ 采用不同速率发送和接收数据，能够选择最优载波频率，因而抗干扰能力强。

（2）V.90 调制解调器

V.90 调制解调器是一种在公用交换电话网（PSTN）上进行 56kbit/s 数据通信设备。V.90 Modem 连接技术使用一条双向通道：上行通道和下行通道。在对称传输方式下，相当于 36.6kbit/s 的拨号 Modem 通信；在非对称传输方式下，V.90 Modem 只进行 1 次模/数转换，因为下行传输时，在数/模转换过程中没有任何信息丢失，所以 V.90 Modem 的下行速率可以达到 56kbit/s；而上行传送用户数据时必须经过 1 次模/数转换，从而受限于 V.34 传输速率，即上行速率为 36.6kbit/s。

V.90 Modem 作为一种低成本的实现方式，已经把话路频带调制解调器的数据传输能力发挥到了最大限度。

V.92 是 ITU-T 新发布的拨号调制解调器物理层标准，技术上采用了新型数据调制技术，支持 48kbit/s 的上行速率，对应 V.92 标准采用了配套的 V.44 压缩技术。V.92 Modem 具有快速连接、保持在线连接等功能，该 Modem 使用保持在线连接功能时，允许用户通话，即用户在上网期间可以接听电话。

3. PSTN Modem 的安装

PSTN Modem 的安装过程包括硬件安装和软件安装。

（1）外置式 Modem 的安装步骤

① 连接计算机终端，关闭计算机电源，将 Modem 通过所配电缆（RS-232 串行口信号线）与计算机上的 COM 口连接。

② 连接电话线，把电话线的 RJ11 插头插入 Modem 的 Line 接口，再用电话线把电话机与 Modem 的 Phone 接口连接。

③ 接通 Modem 电源，打开 Modem 的电源开关。

④ 安装通信软件，在 Windows 操作环境下，利用 Modem 安装盘完成通信软件安装并设置参数。

⑤ 拨号网络配置，包括添加拨号网络适配器和 TCP/IP 协议。

（2）内置式 Modem 的安装步骤

① 设置好跳线，根据说明书的指示来完成。

② 关闭计算机电源并打开机箱，将 Modem 卡插入主板上任一空置的扩展槽中。

③ 连接电话线，并将接于电话机的电话线的 RJ11 插头插入计算机 Modem 卡的 Phone 接口连接。

④ 安装通信软件，在 Windows 操作环境下，利用 Modem 安装盘完成通信软件安装并设置参数。

⑤ 拨号网络配置，包括添加拨号网络适配器和 TCP/IP 协议。

4.1.3 拨号接入服务器

接入服务器按业务应用分为拨号接入服务器和宽带接入服务器，其中拨号接入服务器称为网络接入服务器（NAS）、远程接入服务器（RAS）。拨号接入服务器是位于 PSTN/ISDN 与 IP 网之间的一种远程访问接入设备，即用户可通过公用电话网拨号到接入服务器上接入 IP 网，实现远程接入因特网、拨号虚拟专网（VPDN）和构建企业内联网等网络应用。

1. 拨号接入服务器的功能

拨号接入服务器可以处理发向 ISP 路由器的认证、授权、计费（AAA）信息以及隧道 IP 分组信息，它与 Web 服务器、AAA 服务器、DNS 服务器、路由器及相关配套设备构成一个 ISP 本地服务站点。拨号接入服务器根据端口数分为小型接入服务器（60 端口以下）、中型接入服务器（480 端口以下）、大型接入服务器（2880 端口以下）和超大型接入服务器（2880 端口以上）。

（1）因特网接入服务

拨号接入是目前 PSTN/ISDN 用户中使用较为普遍的上网方式。企业用户可通过内部网利用电话线或专线上网，是接入服务器支持的重要应用，它提供包括 V.35 建议用于连接帧中继和专线的接口。

（2）支持多链路捆绑

多链路捆绑协议用在 PPP 中可以把多个物理链路捆绑起来，以提高和使用更高的带宽。多链路 PPP 协议是指对两个系统间同时存在的多条链路进行分割、按序传送和重组 PPP 分组的协议。

（3）提供 E1 接口

支持中国 1 号、No.7 信令，包括 TUP、ISUP、ISDN PRA 信令等多种局间中继信令。

（4）防火墙功能

接入服务器的防火墙功能可以采用 IP Filter 和 IP Pool 两种方式提供。

（5）接入认证、授权和计费功能

目前接入服务器支持的计费方式有按时长计费、按流量计费、包月限时、包月不限时和立即计费（卡式用户）等。

（6）网络管理功能

接入服务器接受 IP 网网管系统的管理，包括配置管理、性能管理、故障管理、安全管理和计费管理等。

（7）构建企业内联网

用户可以通过远程拨号或路由器访问接入服务器，通过 AAA 服务器的验证，实现对企业内部网的访问。

（8）数据旁路功能

（9）中继合群功能

中继合群接入功能是指拨号服务器到市话网的中继线是 PSTN 和 ISDN 合并在一起，如图 4-4 所示。它不仅给出中继合群示意图，而且也给出了 163、169 两网合网示意图。

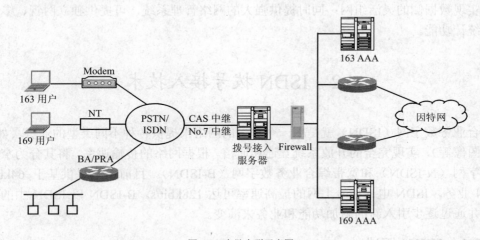

图 4-4　中继合群示意图

2．典型拨号接入服务器

拨号接入服务器是 PSTN/ISDN 用户远程访问因特网的接入设备。拨号接入服务器作为窄带接入设备的基本要求是：① 大容量、高密度；② 综合接入；③ 可增值业务；④ 系统的可运营和可管理；⑤ 具有向 3G 平滑过渡的能力。

我国电信网内拨号接入服务器设备目前主要有华为公司生产的 Quidway A8010 拨号接入

服务器、3Com 公司生产的 Total Control 系列拨号接入服务器、上海贝尔公司生产的 MATIX2000 拨号接入服务器和中兴公司生产的 ZX10A 拨号接入服务器等。

下面主要介绍华为 A8010 拨号接入服务器。

华为 A8010 拨号接入服务器是 PSTN/ISDN 拨号上网接入设备，它位于 PSTN/ISDN 与提供接入服务的城域网的接口处，将众多 PSTN/ISDN 拨号上网用户接入因特网。

A8010 拨号接入服务器可以完成远程接入，实现虚拟专用网（VPN）和构建企业内联网等网络应用。它与 Web 服务器、AAA 服务器、DNS 服务器、路由器及相关配套设备一起，构成一个 ISP 本地服务站点。

（1）系统结构

A8010 拨号接入服务器包括主控框、接入框、时钟框和后台管理模块等。A8010 拨号接入服务器的核心部分是接入模块，它由 RPU 板和 DMU 板组成。

A8010 拨号接入服务器有两种基本功能单元，即远程接入单元和 IP 电话单元。两种基本功能单元的槽位兼容，每个基本功能单元支持 2×E1/T1 数字中继接口；支持 1×10M/100Mbit/s 的以太网接口；支持 V.35/V.24 帧中继接口；支持 PPP/SLIP 接入；支持 L2TP 和 PPTP。

A8010 拨号接入服务器具有电信级、大容量、高密度的特点，它采用标准机架结构，最大容量为 11520 个 Modem/ISDN/IP 电话端口，最大支持 192 个基本功能单元，即最大支持 384 E1/T1 接口。

（2）系统性能

A8010 拨号接入服务器在 PSTN 侧采用了中继合群、混群接入、多链路捆绑和多中继路由方案，支持丰富的信令技术，提供精确的时钟系统和 155Mbit/s 光中继接口，实现 PSTN 侧的有效连接；在数据侧采用了路由引擎技术、端口批发技术、业务控制技术和 IP 地址管理技术，实现数据侧的灵活组网；同时提供强大的网络管理系统，可提供独立网管、多级网管和话务统计功能。

4.2 ISDN 拨号接入技术

综合业务数字网（ISDN）就是用一个单一的网络来提供各种不同类型的业务（如语音、数据和图像等），实现完全的开放系统互连和通信。根据网络的传输速率，将其分为窄带综合业务数字网（N-ISDN）和宽带综合业务数字网（B-ISDN）。目前主要提供基于 64kbit/s 的 N-ISDN 业务，ISDN 电话拨号上网的最高速率可达 128kbit/s。B-ISDN 以 ISDN 中的概念为基础，并通过逐步引入新的附加功能和业务来演变。

4.2.1 ISDN 概述

1. ISDN 的定义、特点

ITU-T 对 ISDN 定义是：ISDN 是以综合数字电话网（IDN）为基础发展而成的网络，支持包括话音和非话业务在内的多种业务，提供端到端的数字连接，用户可通过有限的一组标准化的多用途用户—网络接口接入网络。

ISDN 具有以下特点。

① 端到端的全数字连接：全数字化使得 ISDN 通信质量高、噪声低、串音小、失真小、速度快。

② 标准化的用户接口：ISDN 提供两种标准化的用户—网络接口，易于使各类业务终端接入。

③ 多种业务综合：ISDN 利用一对用户线可以提供电话、传真、可视图文及数据等多种业务。

ISDN 的基本功能结构包括 7 个主要的交换和信令功能，如图 4-5 所示。

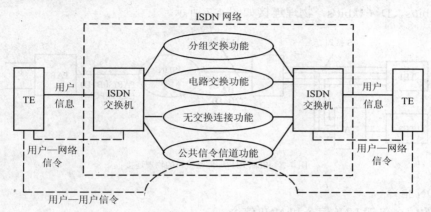

图 4-5　ISDN 的基本功能结构

① 本地连接功能，对应于本地交换机的功能，如用户—网络信令、计费等；

② 64kbit/s 电路交换功能；

③ 64kbit/s 非电路交换功能；

④ 分组交换功能；

⑤ 公共信道信令功能；

⑥ 大于 64kbit/s 电路交换功能；

⑦ 大于 64kbit/s 非电路交换功能。

64kbit/s 电路交换功能是 ISDN 的最基本的功能，是由程控数字交换机来完成的；64kbit/s 非电路交换功能是用户之间建立的半永久连接或永久性连接。

2. ISDN 的用户—网络接口

ISDN 用户—网络接口接入参考点如图 4-6 所示。

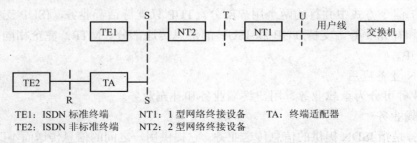

TE1：ISDN 标准终端　　　NT1：1 型网络终接设备　　　TA：终端适配器
TE2：ISDN 非标准终端　　NT2：2 型网络终接设备

图 4-6　ISDN 用户—网络接口接入参考点

ISDN 用户—网络接口定义了 3 类信道、两种标准接口。

（1）信道类型

① B 信道：64kbit/s，用于传送业务信息流；② D 信道：16kbit/s 或 64kbit/s，用于传送信令和少量分组数据；③ H 信道：用于传送高速业务信息流，H 信道有 3 种标准速率，即 H_0 为 384kbit/s，H_{11} 为 1.536Mbit/s，H_{12} 为 1.920Mbit/s。

（2）接口类型

① 基本速率接口：称为 BA 或 BRI，提供两个 B 信道和 1 个 D 信道，即 2B+D，其中 B=64kbit/s，D=16kbit/s；② 基群速率接口：称为 PRA 或 PRI，也称一次群速率接口，即 30B+D，其中 B=64kbit/s，D=64kbit/s，物理连接如图 4-7 所示。

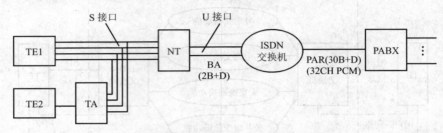

图 4-7 ISDN 用户—网络接口的物理连接

3．ISDN 信令

ISDN 的信令包括 UNI 信令和 NNI 信令。

（1）UNI 信令

ISDN 的 UNI 信令是 ISDN S/T 接口的信令协议，由 D 信道传送。它由物理层、数据链路层和呼叫处理层 3 层协议组成，统称为数字用户 1 号信令（DSS1）。第 1 层是物理层；U 接口为 2 线全双工，传输码型为 2B1Q，S 接口为 4 线全双工，传输码型为 AMI；第 2 层是数据链路层，采用 LAPD 协议，它是 HDLC 的子集，但 A 字段内容不同，协议标准为 Q.921 建议，称为 Q.921 信令；第 3 层是呼叫处理层，协议标准为 Q.931 建议，称为 Q.931 信令。

（2）NNI 信令

ISDN 的 NNI 信令就是 ISUP 信令协议。

ISDN 的信令在实际应用中通常称为 ISDN 用户线信令和 ISDN 中继线信令。ISDN 用户线信令即数字用户 1 号信令（DSS1）；ISDN 交换机中继线的 No.7 信令方式包括 ISDN 用户部分（ISUP）和信令连接控制部分（SCCP）。

目前我国通信网中局间 No.7 信令方式主要采用电话用户部分（TUP）和 ISUP，TUP 和 ISUP 是 No.7 信令方式中并行的两个用户部分。TUP 只支持话音业务，ISUP 支持话音业务、非话音业务和补充业务。支持 TUP 和 ISUP 的消息传递部分（MTP）完全相同，ISUP 正在逐步替代 TUP。

4．ISDN 业务应用

ISDN 业务可分为承载业务、用户终端业务和补充业务。

（1）承载业务

承载业务是指 ISDN 提供的信息传送业务，它提供用户之间的信息传送而不改变信息的内容。承载业务只说明了通信网的通信能力，而与终端类型无关，因此各种不同类型的终端可以使用相同的承载业务。承载业务分为 3 类，即电路交换方式的承载业务、分组交换方式的承载业务和帧方式的承载业务，例如 64kbit/s 语音信息传送业务，用户—用户信令承载业务。

（2）用户终端业务

用户终端业务是指 ISDN 用户通过终端间的通信所获得的业务，它包括了网络提供的通信能力和终端本身所具有的能力，例如电话业务，传真业务等。

（3）补充业务

补充业务是指 ISDN 用户在使用承载业务的基础上还可以要求网络提供额外的功能。补充业务不能独立向用户提供，它必须随基本业务一起提供，例如多用户号码（MSN），子地址，呼叫保持等。

ISDN 各种业务之间的关系：终端一次只能申请一种承载业务；一种承载业务可以附加多种补充业务；终端不能只申请补充业务而无承载业务。

中国电信把 N-ISDN 业务称为"一线通"业务，是在现有电话网上开发的一种集语音、数据和图像通信于一体的综合业务，N-ISDN 用户利用一条普通电话线即可得到综合电信服务，最多可接 8 个相同或不同终端，并允许两个终端同时通信，如边上网边打电话，还可提供多用户号码、用户子地址等补充业务。

"一线通"业务的用户设备配置：① 使用标准 ISDN 终端的用户有电话线，网络终端（如NT1），各类业务的专用终端（如数字话机、计算机）；② 使用非标准 ISDN 终端的用户有电话线，终端适配器（TA）或 ISDN 适配卡，网络终端（如 NT1），通用终端（如普通话机）。

4.2.2　ISDN 拨号接入方式

ISDN 拨号接入是窄带拨号接入技术，类似 PSTN 接入因特网，ISDN 用户利用终端适配器（TA）和网络终端（NT）通过 ISDN 进行拨号接入因特网。ISDN 接入与 PSTN 接入不同，ISDN 用户通过电话线连接到交换机的数字用户模块，在 ISDN 用户电话线上传输的是数字信号而不是模拟信号，而且 ISDN 接入通过 1 对电话线，就能为用户提供电话、数据、传真、图像和可视电话等多种业务。ISDN 能够在 1 对电话线上最多连接 8 个终端，ISDN 用户拨号上网的速率一般可达到 128kbit/s。

ISDN 用户拨号上网的基本配置为 1 对电话线、1 台电脑、1 个 NT。用户端硬件方面需要标准 ISDN 终端和网络终端，软件方面需要 TCP/IP 和因特网浏览器等相应软件，同时需要申请 1 条 ISDN 电话线路，ISP 局端需要支持 ISDN 接入的拨号接入服务器。ISDN 拨号接入因特网示意图如图 4-8 所示。

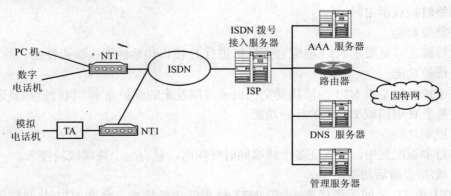

图 4-8　ISDN 拨号接入因特网示意图

4.2.3　ISDN NT

ISDN 网络终端有 1 类网络终端（NT1）和 2 类网络终端（NT2）。NT1 是 ISDN 应用中必不可少的标准设备，位于 U 接口和 S/T 接口之间，完成两种接口间的物理层转换功能。在实际应用中，NT1 装在用户所在地，一侧与来自 ISDN 交换机的普通双绞线相连（标准 RJ11 接口）；另一侧连接 ISDN 终端设备（如数字电话机、TA 等）。

上海贝尔 NT1(SBT6000)符合 NT1 国家标准，其传输性能满足美国标准及欧洲标准。

1. 接口特性

（1）U 接口性能

协议标准：符合 ANSI T1.601、ETSI ETR080 标准，ITU-T G.961 建议；

标准接口：RJ11；

传输方式：2 线全双工数字传输；

线路码型：2B1Q 码；

线路速度：80kbaud(160kbit/s)；

传输距离：大于 5.5km；

激活方式：冷启动或热启动。

（2）S/T 接口性能

协议标准：符合 ANSI T1.605、ETSI ETS300012 标准，ITU-T I.430 建议；

标准接口：RJ45；

传输方式：4 线全双工；

线路码型：AMI 码；

接口速度：192kbit/s；

用户接入：点对点，点对多点；

激活方式：由 LT(交换机)或 TE(终端)激活。

2. 主要功能

（1）传输功能

为数据传输提供透明的物理通路，具有 2B+D 的基本接入功能。完成 U 接口与 S/T 接口的转换功能。

（2）定时功能

从网络时钟获得定时。

（3）监控功能

性能检测主要是要求 NT1 能配合交换机进行 U 接口传输性能（误码性能）的监测。

（4）维护功能

线路维护功能是指 NT1 应能接受交换机或终端发来的维护命令，执行近端或远端、单个 B 通路、两个 B 通路或 2B+D 的环回功能。

（5）控制功能

在点对多点配置中，能保证多个终端同时呼叫时，总有一个终端成功接入。

（6）激活/去激活功能

当 NT1 和 TE 之间无通信需求时，NT1 处于低功耗状态。允许 NT1 从网络侧使 TE 激活/去激活，TE 从用户侧使 NT1 激活，但考虑接入的多终端性，不允许 TE 从用户侧使 NT1 去激活。

（7）供电功能

提供常态供电（本地 AC 供电）和受限供电（交换机供电）两种供电方式，两种供电方式在切换时不改变链路状态。根据 ITU-T I.430 建议，在本地市电正常时，NT1 向 S/T 接口供电的电能应优先取自市电，当本地供电丢失时，NT1 应能从 U 接口获得电能。

4.3　DDN 接入技术

数字数据网（DDN）是利用数字信道传输数据信号的数据传输网。DDN 向用户提供专用的数字数据传输信道或提供将用户接入公用数据交换网的接入信道，也可以为公用数据交换网提供交换节点之间用的数据传输信道。

4.3.1　DDN 概述

DDN 是以光纤为主体的数字电路，通过数字电路管理设备构成数据传输基础网络。DDN 是为用户提供数据专线服务的网络，基于时分多路复用（TDM）技术。DDN 向用户提供永久性和半永久性连接的数字数据传输信道。永久性连接的数字数据传输信道是指用户之间建立固定连接、传输速率不变的独占带宽电路；半永久性连接的数字数据传输信道是非交换型的，电信公司可根据用户申请的传输速率、传输数据目的地和传输路由进行修改。电信公司向用户提供各种速率的高质量数字专用电路出租业务和其他新业务，供各行业构成自己的专用网，满足用户多媒体通信和组建计算机通信网的需要。

DDN 具有以下特点。

（1）传输质量高、传输时延小

DDN 的中继信道主要是光纤传输系统，其传输质量主要决定于光纤系统的传输质量，一般数字信道传输比特差错率≤10^{-6}。DDN 用户之间专有固定连接，传输时延小，对于 64kbit/s 专用电路，DDN 节点数据传输时间≤0.5ms，端到端数据传输时间≤40ms。

（2）多种传输速率

DDN 提供的数据传输速率可在 200bit/s～2.048Mbit/s 范围内任选，主要向用户提供 2.4kbit/s、4.8kbit/s、9.6kbit/s、19.2kbit/s、$N \times 64$kbit/s(N=1～31)及 2Mbit/s 多种速率的数字数据专线。

（3）全透明传输网

DDN 为用户提供一条独享的端到端的透明传输信道，用户可在该通道上加载所需的各种高层业务，如语音、IP、ATM 和帧中继等。DDN 由智能化程度高的用户端设备来完成协议转换，本身不受任何规程的约束，是全透明网，面向各类数据用户，支持多种电信业务。

（4）安全可靠

由于 DDN 通道之间是完全隔离的，因此它具有很好的安全性。通过采用路由迂回和备用方式，使电路安全可靠，主要考虑到如果网络中任意一个 DDN 节点一旦遇到与它相邻节点相连接的一条数字信道发生故障时，该节点会自动通过迂回路由保持通信正常工作。

（5）网络运行管理方便

DDN 网管系统智能程度较高，采用网管中心（NMC）对网络业务进行调度监控，业务可以迅速生成。

（6）同步传输

DDN 是同步数据传输网，不具备交换功能，缺乏灵活性，但可根据用户需求，事先分配带宽和路由。

4.3.2 DDN 组成

1. DDN 基本组成

数字数据网（DDN）由数字通道、数字复用/交叉连接设备（DDN 节点机）、网管控制和用户接入设备组成，如图 4-9 所示。

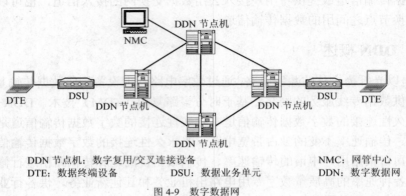

DDN 节点机：数字复用/交叉连接设备　　　　　　　　　NMC：网管中心
DTE：数据终端设备　　　　　DSU：数据业务单元　　　　DDN：数字数据网

图 4-9　数字数据网

用户接入设备包括用户设备、用户线和用户接入单元。数据终端设备（DTE）是接入 DDN 的用户端设备，如计算机、工作站，用户设备也可以是异步终端或图像设备及电话机、传真机等，DDN 向用户提供端到端的数字型传输信道，因此 DTE 与 DTE 之间是全数字、全透明传输；与 DTE 相连接的 DCE 一般是数据业务单元（DSU）、数据终端单元（DTU）等用户接入单元，如基带 Modem/基带传输设备、复用器及相应的接口单元等。

网管中心（NMC）是保证全网正常运行，DDN 设置多级 NMC，各级 NMC 负责各级 DDN 的管理与控制。主要功能包括：① 负责用户数据的生成，即用户接入管理；② 对网络结构和业务进行配置；③ 实时地监视网络运行情况；④ 对网络进行维护管理；⑤ 信息采集与统计。

DDN 节点可分为 2M 节点、接入节点和用户节点。用户节点一般只具有复用功能；接入节点和 2M 节点应具有复用功能和交叉连接功能。DDN 各节点的管理维护终端负责本节点的配置、运行状态的控制、业务情况的监视和维护测量。DDN 节点之间通过数字中继电路连接，构成网型拓扑结构，用户就近与 DDN 节点机连接。

DDN 是基于同步时分复用原理实现的，DDN 中的时分复用一般采用 2 级复用方式，即子速率复用和 $N \times 64\text{kbit/s}$ 复用。其中，子速率复用是指 DDN 节点设备将速率低于 64kbit/s 的用户数据信号复用为 64kbit/s 的数据信号；$N \times 64\text{kbit/s}$ 复用是指将多个 64kbit/s 的信号复用成数字信号一次群，在我国是指将 32 个 64kbit/s 的信号复用成 2.048Mbit/s 的信号。

DDN 的交叉连接功能是指在 DDN 节点内部，对相同速率的支路（或合路）通过交叉连接矩阵接通的功能。

2．DDN 层次结构

DDN 从功能结构上可分为传输层、接入层和用户层。

① 传输层负责传输从接入层来的数字数据信号，一般采用数字交叉连接（DXC）设备。

② 接入层采用带宽管理器实现用户的多种业务接入，提供数字交叉连接和复用功能具有 64kbit/s 和 $N\times64$kbit/s 速率的交叉连接能力和小于 64kbit/s 的零次群子速率交叉连接和复用能力。

③ 用户层为用户终端设备入网提供适配和转接功能，例如小容量时分复用设备。

3．中国公用数字数据网（CHINADDN）

中国公用数字数据网（CHINADDN）于 1994 年正式开通，是由中国电信经营、向社会各界提供服务的公共信息平台，目前已通达全国地市以上城市和部分经济发达县城。

CHINADDN 具有 E1 速率端口和其他速率端口，干线传输速率通常为 2.048Mbit/s(E1)和 34Mbit/s(E3)，干线最高传输速率可达 150Mbit/s。

CHINADDN 网络结构可分为国家 DDN、省 DDN 和本地 DDN。国家 DDN 主要功能是建立省际业务之间的逻辑路由，提供省际长途 DDN 业务以及国际出口；省 DDN 主要功能是建立本省各地市业务之间的逻辑路由，提供省内长途 DDN 业务和出入省的 DDN 业务；本地 DDN 主要功能是把各个中、低速率的用户数据信号复用起来进行业务的接入和接出，并建立彼此之间的逻辑路由。这样，国内、外用户就能通过 DDN 专线互相传递信息。

DDN 不提供网络交换功能，由网管中心分配接入用户的带宽，并对线路运行状况进行统一检测管理，所以网络维护比较统一，线路故障处理效率也很高，是现行接入方式中价格性能比较优的一种。但由于用户需求增长很快，而 DDN 网的原理是采用电路方式，使网络的带宽利用率不高，因此网络的带宽一直很紧张，成为用户接入的瓶颈。目前，部分省 DDN/FR/ATM 实施了优化整合工程，原省干 DDN 设备划入到本地 DDN 管理，地市之间通过省 FR/ATM 的电路仿真形式进行长途电路的连接，从而形成以 DDN 设备作为接入，以 FR/ATM 设备作为汇接收敛平台的格局。

DDN 的主要网元设备是 ALCATEL 公司生产的 DDN 系列产品，局端设备主要有 3600、3645、3630 等；网管设备主要有 4601、4602、46020。3600 带宽管理器用于一般规模节点的用户接入；3645 大规模带宽管理器用于大规模节点的用户接入，一个 3645 节点设备可以下挂 8 个 3600 节点；3630 智能复用器，小规模带宽管理器，用于边缘节点或县镇以下用户的接入。

4.3.3　DDN 用户接入方式

DDN 用户接入方式分为单点用户接入和网络用户接入两大类。根据我国 DDN 技术体制的要求，DDN 用户入网的基本方式用户终端直接接入、DTU 接入、Modem 接入、PCM 接入，HDSL 接入和光纤直接接入等，如图 4-10 所示。

① 用户终端直接接入：通过 DDN 提供的远程数据终端接入 DDN，无需增加单独的调制解调器，网管中心可对用户端放置的数据终端设备进行配置和维护。

② 通过频带 Modem 接入：其中 2 线频带 Modem 接入方式是指数据信号经过调制解调，采用频率分割、回波抵消技术来实现全双工数据传输，目前普遍采用这种接入方式；4 线频带 Modem 接入方式是指数据信号经过调制解调，使用 4 线是不同的线对将收、发信道分开，实现全双工数据传输，目前已较少采用这种接入方式。

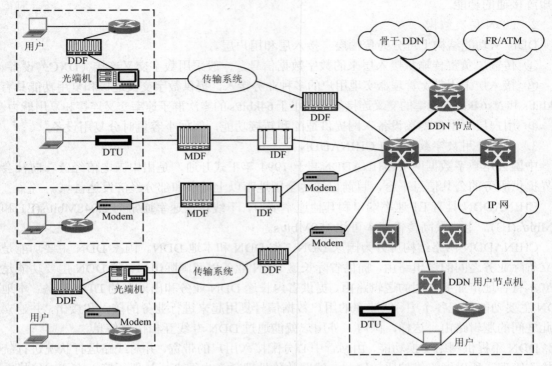

图 4-10　DDN 用户接入方式示意图

③ 通过基带 Modem 接入：2 线基带 Modem 接入方式是指数据信号不经过调制解调，采用回波抵消和差分 2 相编码技术，在用户线上直接传送数据基带信号，有 64kbit/s、768kbit/s 和 2.048Mbit/s 的 2 线基带 Modem，其中 64kbit/s 的 2 线基带 Modem 在线径为 0.4mm 的铜双绞线上的传输距离可达 4km 左右；4 线基带 Modem 接入方式是指数据信号不经过调制解调，采用 2 对铜双绞线实现全双工数据传输，不需要回波抵消，但多用 1 对铜双绞线。

④ DTU 接入方式：数据终端单元（DTU）采用 2B+D 即 144kbit/s 速率，2 线全双工数据传输，原用于 ISDN 的用户环路中，也可用于 DDN 用户接入，在线径为 0.5mm 的电缆上的传输距离可以达到 5km 左右。

⑤ PCM 接入方式：通过用户集中设备，在传输中加光端机采用数字传输方式接入 DDN 的 2Mbit/s 端口。

⑥ HDSL 接入方式：是一种新的 DDN 用户接入方式，通常采用 2 对线传送一次群速率数据信号，在线径为 0.4mm 的电缆上的传输距离可以达到 3.5km，在线径为 0.5mm 的电缆上的传输距离可以达到 4.5km。

⑦ DDN 用户节点机接入方式：适用于 DDN 用户专线较集中的位置，特别适用于集团用户中心节点，DDN 用户节点机可通过若干条数字中继从几方向接入 CHINADDN 网，确保集团用户中心节点的稳定性、可靠性、可用性及可扩展性。

⑧ 光纤直接接入方式：适用于光纤到户的 DDN 用户，主要是已实现接入光纤化的 DDN 集团用户。

4.3.4 DDN 设备

现有的 DDN 网络广泛使用了阿尔卡特 3600 和 3645 MainStreet 作为 DDN 节点机，与 DDN 骨干网的阿尔卡特 7470 多业务平台（MSP）或者 MainStreetXpress 36170 多业务交换机作为 ATM/FR 节点机相连接，这样将窄带数字数据网纳入宽带骨干网。

1. DDN 节点设备

3600 带宽管理器，用于一般规模节点的用户接入。3600 节点设备是 Alcatel 公司（原 NewBridge 公司已被 Alcatel 公司兼并）生产的一个灵活、智能化的 DDN 节点机，综合了集成式话音或数据多路复用器、帧中继与 X.25 交换机、低容量 ATM 接入节点、智能信道排与数字交叉连接等多种功能。3600 MainStreet 非常适用于支持多路 TDM 和分组/信元业务的接入网络。

3600 节点设备按机框类型分为单机框和双机框。其中单机框容量为 32Mbit/s(4Mbit/s/卡×8 卡)，双机框容量为 64Mbit/s(4Mbit/s/卡×8 卡×2 机框)。

3600 节点机的电路板包括公共控制卡、应用卡和数据接入卡。其中公共控制卡有 CTL、EXP、GFC 卡，应用卡有 DCP、FR 卡、DSP、DSP4 卡，数据接入卡有 DE1、E1、DNIC、2B1Q、V.35 DCC、RS232 DCC 卡。3600 节点设备结构如图 4-11 所示。

图 4-11 3600 节点设备

CTL 卡称为控制卡，负责节点控制和节点管理。主要功能：① 具有节点网管终端接口；② 存储着节点数据库；③ 系统时钟；④ 网络同步信号；⑤ 对系统软件的操作。CTL 卡只能安装在第 9 槽位，在没有 EXP 卡情况下可控制 6 个槽位（1~6 槽）的交叉连接。

EXP 卡称为扩展卡，用于扩展 3600 设备机框插槽的总带宽和控制卡的控制范围，提供更多的交叉连接芯片，扩大交换矩阵。若无 EXP 卡，仅可使用机框的 1~6 槽，7~8 槽不可用，且每槽的带宽为 2Mbit/s；若插有 EXP 卡后，可使用机框的 1~16 槽，且每槽带宽为 4Mbit/s。

DCP 卡称为数据通信处理卡，用于收集 CPSS 信息实现网络的全网管理，该卡上的 SP 口可接网管或计算机。每个 3600 的 CTL 卡上有 4 个专用的虚拟 CPSS 连接通道，每个通道可以配置为 9.6kbit/s～64kbit/s 的通道，可以连接到出口的 E1 中继上的时隙上，通过开放网内 DDN 电路，利于在节点之间建立点对点的 CPSS 通道，快速传递 CPSS 信息；DCP 卡上的 RJ-45 串行口可提供最高 19.2kbit/s 的 CPSS 通道，通过电缆连接到网管设备；SP 口提供最高速率为 9.6kbit/s 的 CPSS 通道接口，可以通过电缆直接接到网管设备。

FR 卡称为帧中继卡，插有此卡的 3600 设备将升级为 36120 设备，从而提供帧中继用户的接入。

DE1 卡/E1 卡称为双 E1 卡/单 E1 卡，一般用作节点互连 2Mbit/s 中继卡，也可作为用户接入卡。由内置的线路接口模块（LIM）决定 2Mbit/s 中继接口的阻抗（120Ω或 75Ω），1 块 LIM 支持一个 2Mbit/s，可以配置为 CAS、CCS 和 31Channel 方式。

DNIC 卡称为数据网络接口卡，有 12 个 2B+D 接口，采用 2 位线路编码，用户端必须配有 26XX 系列的 DTU(数据终端单元)，它可提供 RS232、X.21、V35 接口，可附加 DPM 模块提供子速率复用，用户线距≤3km，最好小于 2km。

2B1Q 卡有 6 个 2B+D 接口，采用 4 位线路编码，用户端使用的 DTU 是 27XX 系列，其传输距离、抗干扰性能均强于 DNIC，用户线距≤5km。

V.35 DCC 卡称为 V.35 直连卡，总带宽为 1920kbit/s，V.35 卡有 6 个 DCE 接口，可直接接用户 DTE 设备或用一对基带 Modem 实现远程接入。其中第 1、2 端口中的每个端口最大能开 30×64kbit/s，第 3、4 端口中的每个端口最大能开 8×64kbit/s，第 5、6 端口中的每个端口最大能开 14×64kbit/s；6 个端口速率之和最大为 31×64kbit/s，其中，第 3、5 端口速率之和最大为 16×64kbit/s，第 4、6 端口两个端口速率之和最大为 16×64kbit/s；由于各个端口最大速率不同，所以分配端口时要充分考虑到这一点，合理分配端口。

RS232 DCC 卡称为 V.24 直连卡。

阿尔卡特 3600 节点机容量可根据需要增加到 256 E1 或 16 E3。

3600+带宽管理器除具有 3600 带宽管理器的所有能力外，还提供光接口。

2. DDN 接入设备

（1）基带 Modem

RAD ASM-31 是 2 线多速率短程调制解调器，用于在 2 线双绞线上进行全双工操作，其内部有速率转换器，将所有的 DTE 数据速率均转换成 128kbit/s 的线路数据速率，可达到 3km，可选用 V.24/RS232、V.35、X.21 等接口，内置以太网桥、路由器。

ASM-10 是 4 线多速率短程调制解调器，数据速率为 1.2kbit/s～19.2kbit/s，可达到 8km，带有一个 V.24/RS232 接口。

HTU-2 是 N×64kbit/s(N=1～32)HDSL 接入单元，采用 HDSL 技术扩展数据传输范围，4 线上 N×64kbit/s 传输速率最高为 2.048Mbit/s，可达到 4.8km。

HTU-E1 是 HDSL 终结器，采用 HDSL 技术扩展普通 E1/T1 线路传输范围，4 线上 N×64kbit/s 传输速率最高为 2.048Mbit/s，可达到 4.8km。

（2）DTU

现在 DDN 用户大部分为银行、证券行业以及各分公司与其总部之间的通信线路，这些用户对网络的稳定性、高速性和安全性有很高的要求，由于 DDN 采用的是物理上的点对点数据链路，一旦开通，此链路即为该用户所独享，同时物理线路的单一性也保证了用户的安全性需求。目前，DDN 用户所采用的终端设备主要为 Newbridge 公司的 Mainstreet 系列 DTU，DTU 可以直接在铜双绞线上实现较远距离数据传送，常用的终端设备有 DTU2601、DTU2603、DTU2606、DTU2701、DTU2703 等。

DTU2601 提供 2 个同步或异步 V.24/RS232 接口，数据速率为 64kbit/s，可达到 3km。

DTU2603 提供 2 个独立的 V.35 接口，数据速率为 128kbit/s，可达到 3km。

DTU2606 提供 8 个同步或异步的 RS232 接口，数据速率为 64kbit/s，可达到 3km。

DTU2701 提供 2 个同步或异步 V.24/RS232 接口，数据速率为 64kbit/s，可达到 5km。

DTU2703 提供 2 个独立的 V.35 接口，数据速率为 128kbit/s，可达到 5km。

4.3.5　DDN 业务应用

随着社会信息化建设的需求，DDN 网透明传输、开销小、安全性高的优点逐渐被广大客户所认识，目前的 DDN 网已成为为证券、银行、保险等金融行业提供网点联网、远程连接的最大的专用网络。DDN 网络适宜于业务量一般，实时性要求高的客户，用户可以通过数据专线电路的方式接入网络,目前主要有双绞线接入(包括 DTU、HDSL Modem)和 PCM 2Mbit/s 接入。

1. DDN 提供的业务

DDN 提供的业务分为专用电路业务、帧中继业务和话音/G3 传真业务。DDN 数字专用电路业务属于基础电信业务;帧中继业务和话音/G3 传真业务均可看成是在专用电路业务基础上的增值电信业务。

(1)专用电路业务

DDN 为用户提供点对点、点对多点、全数字和全透明的高质量永久或半永久性电路,进网速率在 2Mbit/s 以下。

专用电路业务也称租用专线业务,用户之间以 TDM 方式建立连接,包括基本专用电路和多点专用电路。

① 基本专用电路向用户提供固定速率的点到点数字数据专线,两电信用户之间建立双向、对称的专用连接。

② 多点专用电路包括广播多点专用电路和双向多点专用电路,例如广播多点是一点对多点专用电路,可用于证券行情发布;双向多点专用电路可用于城市交通监控。

(2)帧中继业务

DDN 网络上可开放帧中继业务,用户之间以永久虚电路(PVC)方式建立连接。该业务是在 DDN 专用电路的基础上,通过引入帧中继服务模块(FRM)提供 PVC 连接的帧中继业务。

帧中继是一种快速分组交换技术,大大简化了通信协议,使分组传输时延很少,同时采用虚电路技术,能充分利用网络资源。帧中继提供 PVC 业务和交换虚电路(SVC)业务。

(3)压缩话音/G3 传真业务

在 DDN 上通过用户入网处设置话音服务模块(VSM)来提供压缩话音/G3 传真业务,用户之间以带信令传输能力的 TDM 方式建立连接,如图 4-12 所示。

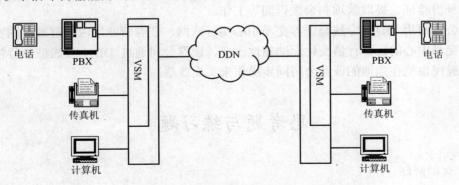

图 4-12 DDN 上的压缩话音/G3 传真业务

2. DDN 应用实例

DDN 是利用数字信道提供永久或半永久电路,以传输数据信号为主的数字传输网络,为用户提供接入因特网的服务,也可以为客户提供专用的点对点数字数据传输通道。

【应用实例】 基于 DDN 网络的因特网数字专线接入

企事业单位通过租用 DDN 数字专用电路可以将其局域网接入 ISP 网络,实现与因特网的高速、稳定的连接，并可自主建立自己的 Web 服务器、E-mail 服务器，进行数据传输等多种因特网功能。通过 DDN 数字专线接入因特网示意图如图 4-13 所示。

图 4-13　DDN 专线接入因特网示意图

基于 DDN 数字专线实现用户接入因特网的基本条件如下：

（1）硬件条件

① DDN 专线，64kbit/s～2.048Mbit/s；

② 一个基带 Modem 或 DDN 数据用户终端；

③ 一个路由器；

④ 局域网设备。

（2）软件条件

① TCP/IP 及相关通信软件；

② 各种因特网上的应用软件。

（3）其他条件

① 申请 IP 地址；

② 建立域名；

③ 配置路由器。

【应用实例】　DDN 在金融证券业的应用

银行一般租用 64kbit/s 的 DDN 专线把各个营业点的自动提款机（ATM）进行联网，并通过 DDN 将银行的自动提款机连接银行系统大型计算机主机，在用户提款时，银行主机对用户进行身份验证、提取款项和余额查询等工作。

证券公司租用 DDN 专线与证券交易中心实行联网，证券营业厅内大屏幕上的实时行情随着证券交易中心的证券行情变化而动态地改变，证券公司通过 DDN 发表证券行情，使远在异地的股民也能在当地的证券公司同步操作来买卖股票。

思考题与练习题

4-1　名词解释

　　① PSTN

　　② ISDN

　　③ DDN

　　④ DTU

4-2　比较 PSTN 接入网和 IP 接入网。

4-3　简述 PSTN 拨号接入方式。

4-4　什么叫 ISDN？它有什么特点？

4-5　ISDN 的接口有哪些，其接口结构和速率是多少？

4-6　N-ISDN 用户拨号上网如何实现？

4-7　DDN 的主要特点是什么？

4-8　描述 DDN 的网络结构。

4-9　DDN 的节点设备主要有哪些？

4-10　DDN 用户接入方式主要有哪几种？

4-11　DDN 的接入设备主要有哪些？

4-12　DDN 提供的业务有哪些？

第 5 章　　有线宽带接入技术——xDSL

5.1　xDSL 技术概述

数字用户环路（DSL）技术是一种利用普通铜质电话线路，实现高速数据传输的技术。数据传输的距离通常在 300m～7km 之间，数据传输的速率可达 1.5Mbit/s～52Mbit/s。

xDSL 是各种类型 DSL 的总称，包括 HDSL，SDSL，ADSL，RADSL，VDSL 和 IDSL 等。其中 "x" 由取代的字母而定。各种 DSL 技术的区别主要体现在信号传输速率和距离的不同，以及上行速率和下行速率是否具有对称性两个方面。

1. 高速率数字用户环路技术——HDSL

HDSL 是一种对称的高速数字用户环路技术，上行和下行速率相等，通过 2 对或 3 对铜双绞线，可实现速率为 1.544Mbit/s(T1)和 2.048Mbit/s(E1)的全双工数据传输。其特点如下：

① 利用两对双绞铜线传输双向速率对称信息；

② 支持 $N×64$kbit/s 各种速率，最高可达 E1 速率；

③ HDSL 是 E1/T1 的一种替代技术，主要用于数字交换机的连接、高带宽视频会议、远程教学、蜂窝电话基站连接和专用网络建立等；

④ 与传统的 E1/T1 技术相比，HDSL 具有价格便宜、容易安装的优点；

⑤ HDSL 适用于 80%的铜线，无中继传输距离根据线径不同约为 4km～7km。

2. 单线对数字用户环路技术——SDSL

SDSL 也是对称式数字用户环路技术，它使用一对铜双绞线实现全双工 T1/E1 速率的传输，是 HDSL 的一个分支。它可以提供高速可变速率的连接，传输速率从 160kbit/s～2Mbit/s，传输距离可达 7km 左右。SDSL 适用于企业点对点连接的应用，如文件传输、视频会议等收发数据量相当的应用。

3. 基于 ISDN 的数字用户环路技术——IDSL

IDSL 也是一种对称传输技术，与 HDSL 相同，它可以提供 ISDN 的基本速率（2B+D）或基群速率（30B+D）的双向业务。IDSL 通过在用户端使用 ISDN 终端适配器和在双绞线的另一端使用与 ISDN 兼容的接口卡，为用户提供基本速率为 128kbit/s 的 ISDN 业务，其传输距离可达 5km，主要应用于远程通信和远程办公室连接。

4. 非对称数字用户环路技术——ADSL

ADSL 是目前使用最多的一种接入方式，它是利用一对铜双绞线，实现上、下行速率不相等的非对称高速数据传输技术，是对 HDSL 技术的发展。

ADSL 接入系统的主要技术特点是：① 采用了适合用户接入业务的不对称传输结构，可为用户提供高速的数据传输信道；② 采用先进的线路编码和调制技术，具有较好的用户线路适应能力；③ 可同时支持话音和数据业务，并将数据和话音流量在网络结构的接入端实现分离；④ 可充分利用现有市话网络中大量的铜缆资源，并可与光纤接入网中的光缆铺设计划协调发展，从而为用户提供高质量的数据接入服务。它适用于个人用户宽带接入因特网、企业点对点连接和局域网互连等应用。

符合 ITU-T G.992.1 建议（G.dmt）的 ADSL 是在电话用户线上采用分离器技术，支持上行速率为 640kbit/s，最低下行速率为 6.144Mbit/s 的非对称高速数据传输，有效传输距离为 3km～5km。由于采用分离器，系统成本偏高，且需要派专业人员上门安装。

符合 ITU-T G.992.2 建议（G.Lite）的 ADSL 不用分离器技术，它是一种简化的 ADSL，最高下行速率为 1.536Mbit/s，上行速率为 512kbit/s，有效传输距离为 3km～5km。ADSL G.Lite 具有成本低，安装简便的优点，因此发展较快。

5. 速率自适应非对称数字用户环路技术——RADSL

RADSL 是在 ADSL 基础上发展起来的新一代接入技术，自动根据线路的质量和传输距离调整传输速率的技术。其下行速率最大可达 7Mbit/s～10Mbit/s，上行速率为 512kbit/s～900kbit/s。RADSL 的自适应特点，使其成为网上高速冲浪、视频点播和远程局域网接入的理想技术。

6. 甚高速率数字用户环路技术——VDSL

VDSL 是 ADSL 的发展方向，是目前最先进的数字用户环路技术。VDSL 在一对铜双绞线上既可实现对称传输，又可实现非对称传输，且传输速率和传输距离可变。其下行速率可达 13Mbit/s、26Mbit/s、52Mbit/s，上行速率可达 1.5Mbit/s～7Mbit/s，有效传输距离约为 200m～1.5km。由于 VDSL 的传输速率极高，而传输距离相对较近，因此 VDSL 通常应用于光纤传输的最后 1km 距离以内。VDSL 适用于下行数据量很大的因特网业务。

5.2　ADSL 技术

5.2.1　ADSL 主要技术

ADSL 中使用的主要技术是复用技术和调制技术，两种技术必须相结合才能获得完全双向的操作。

1. 复用技术

复用技术是为了建立多个信道，在同一对双绞线上实现话音信号和数据信号混合双向传输。ADSL 通常采用的复用技术有频分复用（FDM）和回波消除（EC）两种，这两种技术都是将双绞线 0～4kHz 的频带用来传输电话信号。而对剩余频带的处理，两种技术则各有不同。

FDM 技术将双绞线剩余频带划分为两个互不相交的频带，其中一个频带用于上行信道，另一个频带用于下行信道。下行信道由一个或多个高速信道加入一个或多个低速信道以时分多址复用方式组成；上行信道由相应的低速信道以时分复用方式组成。

EC 技术将双绞线剩余频带划分为两个相互重叠的频带，分别用于上行信道和下行信道，重叠的频带通过本地回波消除器将其分开。

频率越低，滤波器越难设计，因此上行信道的开始频率一般都选在 25kHz，带宽约为 135kHz。在 FDM 技术中，下行信道的开始频率一般在 240kHz，带宽则由线路特性、调制方式和传输速率决定。EC 技术由于上、下行信道频带重叠，使下行信道可利用频带增宽，大大提高了下行信道的性能。但这也增加了系统的复杂性，提高了价格。一般在使用 DMT 调制技术的系统才运用 EC 技术。FDM 与 EC 的复用示意图如图 5-1 所示。

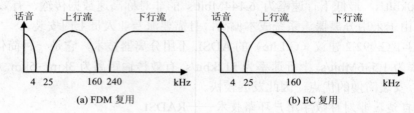

图 5-1 FDM 与 EC 复用示意图

2. 调制技术

目前，ADSL 产品中广泛采用的线路编码调制技术有 3 种：QAM、CAP、DMT。其中 DMT 调制技术已被 ITU-T 采用，定为 ADSL 的标准方式。

（1）QAM 调制技术

QAM 即正交幅度调制，是用两个独立的基带波形对两个相互正交的同频载波进行抑制载波的双边带调制，实现两路数字信息在同一频带内同时传输。QAM 调制系统原理框图如图 5-2 所示。

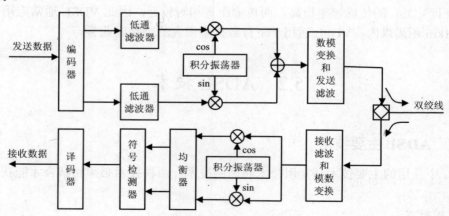

图 5-2 QAM 调制原理方框图

在发送端，发送数据在比特/符号编码器内被分成两路（速率各为原来的 1/2），分别与一对正交调制分量相乘（即调制），求和后经数/模变换、发送滤波器输出。在接收端，双绞线送来的信号经过接收滤波器、模/数变换后送至解调器，载波的正交性允许解调器对两路比特信息分别解调，符号检测器对均衡后的二维复用信号进行检测，最后将它们送译码器，还原为比特数据流。

与其他调制技术相比，QAM 具有能充分利用带宽、抗噪声能力强等优点。QAM 用于 ADSL 的主要问题，是如何适应性能差异较大的不同电话线路。为了获得较理想的工作特性，接收端需要一个与发送端具有相同的频谱和相位特性的输入信号用于译码，一般均采用自适应均衡器来补尝传输过程中信号产生的失真，这造成了系统的复杂性。

（2）CAP 调制技术

CAP（无载波幅度/相位调制）是以 QAM 调制技术为基础发展而来的，是 QAM 调制的一种变形。CAP 与 QAM 的差别仅在于实现方式上的不同，CAP 以数字方式实现，QAM 以模拟方式实现。CAP 调制是通过使用两个幅度特性相同、相位特性不同的数字滤波器完成的，而不是调制载波，它并不传送载波信号。由于采用数字调制，使调制解调器的成本大大降低。CAP 调制系统如图 5-3 所示。

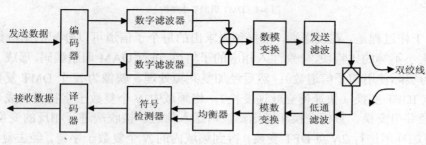

图 5-3　CAP 调制系统框图

CAP 技术用于 ADSL 的主要技术难点是要克服近端串音对信号的干扰。一般可以使用近端串音抵消器或近端串音均衡器来解决这一问题。CAP-ADSL 采用 0～4kHz 传送话音，25kHz～160kHz 作为上行信道，240kHz～1104kHz 作为下行信道。由于 CAP 技术具有简单、成熟的优点，目前应用较广泛。

（3）DMT 调制技术

DMT 即离散多音调制，是一种多载波调制技术，其基本原理是将整个通信信道在频域上划分为若干独立的、等宽的子信道，每个子信道根据各自频带的中心频率选取不同的载波频率，在不同的载波上分别进行 QAM 调制。

由于子信道间相互独立，DMT 可以根据各个子信道的瞬时特性（如信噪比、噪声、衰减等）动态地调整数据传输速率。在频率特性较好（低衰减、低噪声、高信噪比）的子信道，传输速率高些，一般为 10 比特/符号或更多；在频率特性较差的子信道，传输速率低些，一般为 4 比特/符号或更少。当有单频干扰时，可将被干扰的子信道关闭，而不会影响其他子信道的工作。

ANSI 的 ADSL 标准是将频带（0～1.104MHz）划分为 256 个子信道，每个子信道的带宽是 4.3125kHz，符号速率是 4000bauds，每个子信道在一个码元内每次可以分配 1～15bit，因此，子信道的最高码速率可以达到 60kbit/s。其中 1#子信道（0～4kHz）用于传输话音，低频一部分子信道用于传输上行数据（除 16#子信道外），其余子信道用于传输下行数据（除 64#子信道外）。上行调制频点在 69kHz，下行调制频点在 276kHz。因此，大多数 DMT 系统只使用 248 个子信道来传输信息。DMT 调制的基本结构如图 5-4 所示。

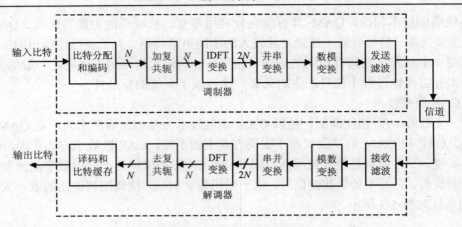

图 5-4   DMT 调制基本结构

DMT 的工作过程是，在发送端，根据预先求出的每个子信道可以分配的比特数，将输入信息拆分为大小不等的比特块，分别注入相应的子信道，进行 QAM 调制编码，形成 N 个 QAM 子字符（N 为实际使用的子信道数）；然后经加复共轭处理，映像为 N 个 DMT 复数子字符；再利用 2N 点 IDFT 变换（快速傅立叶逆变换），将频域中 N 个复数子字符变换成 2N 个时域样值，最后经并串变换、数模变换和发送滤波后送入信道。接收端进行相反的变换，对抽样后的 2N 个时域样值进行 2N 点 DFT 变换，得到频域内的 N 个复数子字符，经去复共轭处理、译码后恢复成原始输入比特流。

实际 ADSL 设备在进行信号处理时还采用了前向纠错、载波排序、比特交织、网格编码等技术，使传输时抗干扰能力更强。与 QAM、CAP 相比，DMT 还具有以下优点。

① 传输容量大。理论上，DMT 系统的上、下行传输速率可达 2Mbit/s 和 15Mbit/s。

② 频带利用率高。DMT 动态分配资料的技术可使频带的平均传送率大大提高。

③ 抗宽带冲激脉冲干扰能力强。由于 DMT 是多载波并行传输，每个子信道的符号速率非常低，符号周期较长，可以抵抗宽带的冲激脉冲干扰（通常来自雷电、静电、汽车和电器等）。

④ 抗窄带射频干扰能力强。在 DMT 方式下，如果线路中出现窄带射频干扰，可以直接关闭被干扰覆盖的几个子信道，系统传输性能不会受到太大影响。

⑤ 可实现动态分配带宽。DMT 技术将总的传输频带分成了大量子信道，这就可以根据特定业务的带宽需求，灵活地选取子信道的数目，达到按需分配带宽的目的。

DMT 技术除具有上述优点外，还存在一些问题，如 DMT 对某个子信道的比特率进行调整时，会对相邻的子信道产生干扰；实现技术复杂，时延长，启动时间长，不利于对时延敏感的业务传输；线路的驱动功率大，线路间串扰大等等。为使 DMT 技术得到广泛的应用，应努力解决 DMT 存在的问题，充分发挥其优势。

5.2.2   ADSL 接入模型

ADSL 接入系统基本结构由局端设备和用户端设备组成，局端设备包括在中心机房的 ADSL Modem（即 ATU-C 局端收发模块）、DSL 接入多路复用器（DSLAM）和局端分离器。用户端设备包括用户 ADSL Modem（即 ATU-R 用户端收发模块）和 POTS 分离器。目前 ADSL

系统有两种传送模式,一种是基于 ATM 传送方式的 ADSL 系统,另一种是基于 IP 和 Ethernet 包传送方式的 ADSL 系统。对于第 1 种方式的 ADSL 系统,局端设备一般通过 34Mbit/s 或 155Mbit/s ATM 接口和 ATM 交换机相连;对于第 2 种方式的 ADSL 系统,局端设备一般通过 100Base-T 或 10Base-T 接口与路由器或接入服务器相连。ADSL 接入模型如图 5-5 所示。

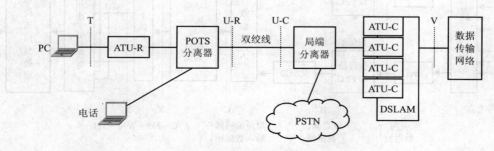

图 5-5　ADSL 接入模型

　　DSLAM 的功能是对多条 ADSL 线路进行复用,并以高速接口接入高速数据网,能与多种数据网相连,接口速率支持 155Mbit/s、100Mbit/s、45Mbit/s 和 10Mbit/s。ADSL 网络管理平台能灵活地对 ADSL 线路进行配置、监测和管理,允许采用多种计费方式。

　　信号分离器是一个 3 端口器件,由一个双向低通滤波器和一个双向高通滤波器组合而成,如图 5-6 所示。信号分离器在一个方向上组合两种信号,而在另一个方向上则将这两种信号分离。其中低通滤波器用于传输语音信号,抑制数据信号传输的干扰;高通滤波器用于传

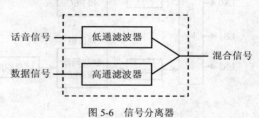

图 5-6　信号分离器

输数据信号,抑制语音信号传输的干扰。为了使语音信号和数据信号能同时在一条双绞线上传输,在双绞线的两端都需要有一个信号分离器。

1. ADSL 系统的承载信道

　　ADSL 系统的承载信道是指由 ADSL 系统透明传送的载有承载业务的特定速率的用户数据流的信道。ADSL 系统最多可以同时传送 7 个承载信道,每个承载信道的数据速率均可通过程序定为 32kbit/s 的整数倍。最多有 4 个独立的下行单工信道 AS0～AS3 和最多 3 个双向双工信道 LS0～LS3,其中 AS0 子信道、LS0 控制信道要求必须支持,AS1、AS2、AS3 和 LS1、LS2 为可选信道。ADSL 也允许不是 32kbit/s 整数倍的速率,但受到 ADSL 同步开销的限制。

　　AS0 支持的速率:$n_0 \times 2048$kbit/s,$n_0 = 0,1,2,3$ 或 4

　　AS1 支持的速率:$n_1 \times 2048$kbit/s,$n_1 = 0,1,2$ 或 3

　　AS2 支持的速率:$n_2 \times 2048$kbit/s,$n_2 = 0,1$ 或 2

　　AS3 支持的速率:$n_3 \times 2048$kbit/s,$n_3 = 0$ 或 1

　　LS0 支持的速率:160kbit/s 或 64kbit/s

　　LS1 支持的速率:160kbit/s

　　LS2 支持的速率:384kbit/s 或 576kbit/s

2. ADSL 信号流程

ATU-C 发送器参考模型如图 5-7 所示，ATU-C 接收器参考模型如图 5-8 所示。

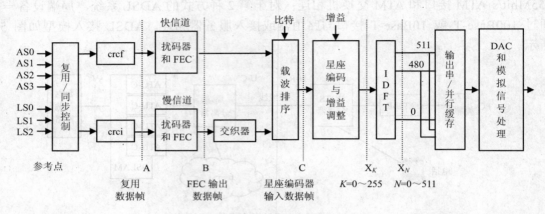

图 5-7　ATU-C 发送器参考模型

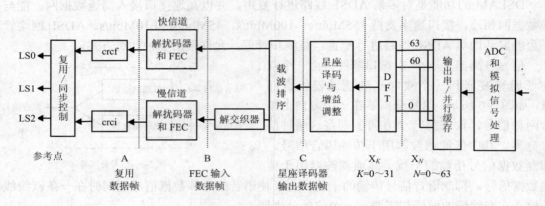

图 5-8　ATU-C 接收器参考模型

ATU-R 发送器参考模型如图 5-9 所示，ATU-R 接收器参考模型如图 5-10 所示。

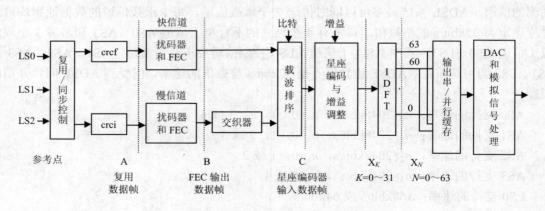

图 5-9　ATU-R 发送器参考模型

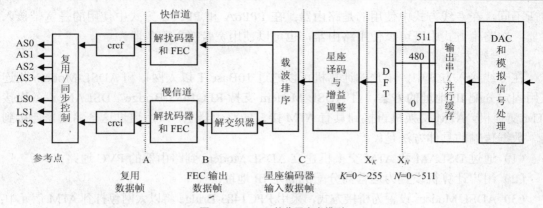

图 5-10　ATU-R 接收器参考模型

下面以下行信号的发射和接收过程为例，分析 ADSL 信号在整个系统中的流程。

（1）信号发送流程

来自骨干网络的不同应用数据通过 DSLAM 送给 ATU-C 发送器，根据应用和业务量的不同，这些数据被分配在 7 个下行信道中。这 7 个信道的数据流在复用/同步控制模块中复接为一路高速数据流，并加入相应的标志位和同步字符；再根据系统配置分为两路数据流输出，分别通过快信道和慢信道传输。

快慢信道的两路数据流都要经过 CRC 编码器、扰码器和 FEC 模块。CRC 编码主要是为了接收端进行误码监测；加扰可以使数据中的 0、1 分布均匀，有利于接收端的同步；FFC 对数据进行纠错编码，可以纠正一些随机错误。慢信道的数据还要经过交织器，根据应用的要求，使用一定的交织深度来改变数据的发送顺序，可以将一段较长时间的突发错误分散到几个 FEC 帧中，使每个 FEC 帧中的码元错误数在可纠正的错误数之内。

两路数据都输入到载波排序模块，根据子载波信噪比的不同，进行比特加载，形成星座编码输入数据帧，再送入星座编码模块，对每个子载波的比特进行星座编码，将原来的多比特变为具有一定相位和一定幅度的向量信号在频谱上顺序排列；之后，经过 IDFT 变换，得到对应的时域波形序列；进行并串转换后送给 DAC 和模拟信号处理模块，形成模拟信号并进行滤波、线路驱动等处理后，送到双绞线传输。

（2）信号接收流程

经双绞线传送来的模拟信号到达 ATU-R 后，先经过信号分离器将 ADSL 信号和话音信号分离。ADSL 信号通过带通滤波、回声抵消、放大和自动增益控制等模拟信号处理后，送到 ADC 进行采样，得到时域波形的时间序列。经 DEF 处理，得到其离散的频谱信息，然后对每路子载波的频谱值进行星座译码，恢复出比特序列。将所有子载波的比特序列的数据组合起来，可形成星座译码输出数据帧；经载波排序分解为快信道和慢信道数据，再分别经过反交织、FEC 译码、解扰和 CRC 校验，得到复用帧结构。最后，根据复用帧结构的同步信号和应用要求，将复用帧的数据分配到各个接收信道上，传递给用户网络。

5.2.3　ADSL 接入方式

根据设备的具体配置以及业务类型，ADSL 接入方式有 4 种类型，即专线方式、PPPoA 方式、PPPoE 方式和路由方式。这 4 种接入方式只是在 ATM 交换机和 163 网之间的设备上有所不同，在专线方式中使用的是路由器；在 PPPoA 和 PPPoE 方式中使用的是宽带接入服务器；在路由方式中既可以使用路由器，也可以使用宽带接入服务器。

1. 专线方式

在专线接入方式中，用户的计算机可以通过 10Base-T 以太网口和 ADSL-Modem 相连，采用固定分配 IP 地址的方案，且 ADSL-Modem 支持 RFC1483-Bridge。DSLAM 设备先接到 ATM 交换机，ATM 交换机再接到具有 ATM 接口的路由器上，最后通过这个路由器连接到公网。数据传输的具体方法是：

（1）通过 DSLAM 和 ATM 交换机建立 ADSL Modem 到路由器的 PVC 通路；

（2）用户计算机设置为运营商分配的固定 IP 地址；

（3）ADSL Modem 设置为桥接方式，采用 RFC1483-Bridge 将以太网包打到 ATM 信元中；

（4）DSLAM 和 ATM 交换机透明传输 ATM 信元；

（5）路由器端接 RFC1483-Bridge 和以太网包，取出 IP 包，然后将数据转发到公网。

可见，ADSL Modem、DSLAM、ATM 交换机之间只提供了两层信道，并不处理用户计算机的 IP 地址。需要注意的是，在给计算机设置 IP 地址时，连接在路由器一个 ATM 接口下的所有用户要在同一网段上，从而便于路由器转发数据。局域网接入时，为保证网络安全以及减少局端路由设备的操作，需在用户接入端加路由设备。这种接入方式无法实现动态的 IP 地址分配，IP 地址资源利用率很低。

2. PPPoA 方式

在 PPPoA 方式中，PPP 呼叫可以由客户端计算机发起，也可以由 ADSL-Modem 发起，需要有宽带服务器支持。

当 PPP 呼叫由用户计算机发起时，需用 RJ45 头通过五类线，将 ATU-R 的 25.6Mbit/s ATM 端口和用户计算机相连；用户计算机需插 ATM 网卡，并安装客户软件。用户侧的 ATM25 网卡在收到上层的 PPP 包后，根据 RFC-2364 封装标准对 PPP 包进行 AAL5 层封装处理形成 ATM 信元。ATM 信元通过 ATU-R 和 DSLAM 传送到网络侧的宽带接入服务器上，完成授权、认证、分配 IP 地址和计费等一系列 PPP 接入过程，在 ATM 网卡和宽带接入服务器之间建立 PVC 连接。目前，由于 ATM-25 网卡自身的局限性，PPPoA 的接入方式无法实现多个用户同时接入，且 ATM 网卡价格高等原因，阻碍了 PPPoA 接入方式的大规模推广应用。

当 PPP 呼叫由 ADSL-Modem 发起时，ADSL-Modem 需支持 PPPoA，用户计算机不必安装客户端软件和 ATM 网卡，可以通过 10Base-T 以太网口和 ATU-R 相连。DSLAM 先接到 ATM 交换机，ATM 交换机接到宽带接入服务器，再连接到公网。ATU-R 在接收到来自客户端的数据时，会向宽带接入服务器发起 PPP 呼叫；宽带接入服务器在接收到 PPP 呼叫后，可以对 ATU-R 进行合法性确认，然后向 ATU-R 分配 IP 地址；ATU-R 通过 NAT(地址转换)功能允许用户计算机接入。通过 DSLAM 和 ATM 交换机在 ATU-R 和宽带接入服务器之间只建立 PVC 连接，此时 ADSL-Modem 实际起到了 PPP 代理的作用。可见，这种方式，客户端计算机并没有进行 PPP 的认证，也没有通过 PPP 从接入服务器获得 IP 地址，而是通过静态分配获得 IP 地址。从客户端看，PPPoA 方式和专线接入方式没有区别。因此，实际中很少使用。

3. PPPoE 方式

在 PPPoE 方式中，利用以太网的工作机理，将 ATU-R 的 10Base-T 以太网接口与内部以太网络互连，在 ATU-R 中采用 RFC1483 的桥接封装方式对终端发出的 PPP 包进行 LLC/SNAP

封装后，通过连接两端的 PVC 在 ATU-R 与网络侧的宽带接入服务器之间建立连接，实现 PPP 的动态接入。PPPoE 接入利用在网络侧和 ATU-R 之间的一条 PVC 就可以完成以太网上多用户的共同接入，它实用方便、实际组网方式也很简单，大大降低了网络的复杂程度。

4. 路由方式

路由方式需要 ADSL-Modem 具有路由功能，安装配置较复杂，但可以节省客户端接入投资。这种方式可以简单地理解为专线+路由器，因此这种方式特别适合局域网用户接入。在 ADSL-Modem 和宽带接入服务器或接入路由器之间建立 PVC 连接，先在 ADSL-Modem 上配置 1483-Bridge 和网络地址，再配置局域网 IP 地址就可上网。

5.3 ADSL 宽带接入网

5.3.1 ADSL 网络结构

ADSL 网络的总体结构分为用户端、接入层、汇聚层和核心层 4 个层次。用户通过 ADSL Modem 连接到 DSLAM，DSLAM 通过 STM-1 与 ATM 相连，或者通过 10/100Mbit/s 以太网连接到城域网，ATM 网和城域网均连接到宽带接入服务器，完成对用户 PPPoE 呼叫的终结。ADSL 基本网络结构如图 5-11 所示。

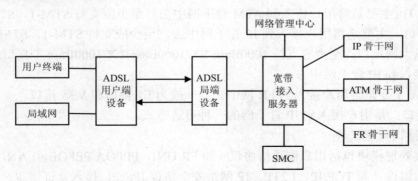

图 5-11 ADSL 基本网络结构

ADSL 作为一种物理层的点对点的数据传输技术，可以支持多种网络协议，提供宽带业务和应用，如视频点播（VOD）、远程医疗、远程教学等。

ADSL 的网络结构可有多种，这取决于具体的应用和所提供的宽带业务类型，如利用 ADSL 提供因特网接入的 IP 方式，利用 ADSL 提供 ATM 信元传输的 ATM 方式及利用 ADSL 实现传统租用线业务的电路交换方式等。

5.3.2 宽带接入服务器

宽带接入服务器位于骨干网的边缘层，作为用户接入网和骨干网之间的网关，对用户接入进行处理，把来自于多用户或多虚通道的业务集中至一个连向 ISP 或公司网络的虚通道，连接 163 骨干网。同时，它也执行协议转换的功能，使数据以正确的格式前转至主数据网络。宽带接入服务器处理所有的缓冲、流量控制和封装功能，与 RADIUS 服务器配合对用户进行认证、鉴权等工作。宽带接入服务器按功能分类有五大功能模块：接入功能模块、通信协议处理模块、网络安全模块、业务管理模块和网络管理模块等。

1. 接入功能模块

接入功能模块包括用户侧的接口模块和网络侧的接口模块。

（1）宽带接入服务器在用户侧有以下功能接口：

ATM 接口：主要指与 xDSL 接入设备的接口，功能是终结或中继 xDSL 用户的 PPP 连接。xDSL 接口的物理层接口应支持 STM-1 接口。

10/100Base-T 以太网接口：主要指与 Cabel Modem 接入的 CMTS 的接口，功能是终结 Cabel Modem 用户的 PPP 连接。以太网口也可以和 PSTN/ISDN 拨号用户的远程接入服务器相连，转发拨号用户的 IP 数据流。

E1 接口：主要是与 FR 复接设备、远程接入服务器及无线接入的局端设备相连的接口，功能是将 FR 用户的 PVC/专线连接在宽带接入服务器处终结；或将 PSTN/ISDN 拨号用户的远程接入服务器的 IP 数据流中继到宽带接入服务器，然后通过宽带接入服务器将 IP 数据流转发到 IP 业务网中去；或将移动数据用户的 PPP 连接在宽带接入服务器处终结或中继。

同步串行接口（如 V.35 接口）：主要是与 DDN 数据网络连接的接口，具有高可靠的连接性，支持比异步接口更长的传输距离和更高的数据率，广泛用于多媒体视频终端、路由器和数据采集系统。

（2）宽带接入服务器在网络侧有以下功能接口：

ATM 接口：主要是将用户接入到 ATM 骨干网中去，至少应支持 STM-1、STM-4 接口。

POTS 接口：主要是将用户接入到 IP 骨干网中去，至少应支持 STM-1、STM-4 接口。

千兆位以太网接口：至少应支持 1000Base-SX/1000Base-LX/1000Base-T 接口的一种，主要是将用户接入到 IP 骨干网中去。

FR 接口：主要是将用户接入到 FR 网中去，一般为 E1 接口和 V.35 接口。

WDM 接口：是用户接入到 IP 骨干网的一种可选方式。

2. 通信协议处理模块

通信协议处理模块包括用户侧通信协议（如 FR UNI，PPPOA/PPPOE，LAN，RFC1483）和网络侧通信协议（如 TCP/IP、L2TP、IP 网络安全协议 IPSec，接入认证协议、网管协议、LAN 协议 IEEE8023.3z、IPoverSDH/IPoverWDM）等处理模块。宽带接入服务器面向不同类型接入设备，是一种能提供端到端宽带连接的新型网络路由设备，终结或中继来自用户的各种连接，包括基于 PPP 的会话和采用不同封装形式的 PVC 连接。

3. 网络安全模块

网络安全模块包括 IP VPN 模块和防火墙模块。

IP VPN 模块：支持基于 IPSec 方式在 IP 网络上生成安全隧道，为用户提供在 IP 网络或因特网上建立安全的点对点连接。宽带接入服务器应具备开启和终结 IP 隧道的功能，支持公共密钥系统认证。

防火墙模块：防火墙功能可以采用 IP Filter 和 IP Pool 两种方式提供。IP Filter 方式是指宽带接入服务器提供 IP 包的过滤功能，向不同权限的用户提供不同层次的 IP 包过滤功能，实现不同的用户有不同的接入能力。IP Pool 方式是指根据用户的授权从不同的 IP Pool 中读取 IP 地址给相应的用户，作为用户的主叫 IP 地址，在相应的路由器中设定对不同主叫 IP 地址的不同 IP 包的过滤能力，从而实现不同用户有不同的接入能力。

4．业务管理模块

业务管理模块包括网络接入认证与授权模块、计费模块和统计模块。

宽带接入服务器由于接入的用户种类不同，用户的业务需求也不同，要求其能对不同的用户连接采取不同的集中接入认证与授权、计费、信息统计等策略，如 xDSL 用户可采取虚拟拨号方式进行类似接入服务器中的拨号用户的 AAA 服务，对 FR/DDN 用户可采用端口出租，收月租的方式进行计费服务。

5．网络管理模块

网络管理模块包括网管代理功能模块、Telnet 服务器功能模块和设备监控功能模块。通过这三种模块，对宽带接入服务器进行配置、控制和管理。

宽带接入服务器接受 IP/ATM 业务网网管的管理，通过内置网管代理功能模块实现与网管的通信、采集系统的信息并维护 MIB 库。

网管对用户 PPP 呼叫次数、PPP 呼叫不能连接次数、用户访问的平均时长、用户访问的平均费用、闲时概率、忙时概率、日均用户曲线、月均用户曲线设备元素、故障概率、无法拆线次数、ATM/FR PVC 的吞吐量、ATM/FR PVC 的差错率、异常终止原因及出现的频率等进行统计，采用的管理协议为 SNMP。

Telnet 服务器功能模块实现配置管理。

设备监控功能模块提供远程拨号接入监控功能和本地控制台管理功能。远程拨号终端或本地控制台可以在宽带接入服务器故障恢复后重启动；可以修改用户账单，增添或撤销用户账单；可以实现设备安全控制管理，修改用户身份码，强制拆除连接；可以实现设备的故障定位，确定故障的 Modem，并停止使用，从而实现对宽带接入服务器的维护和监控功能。

5.3.3　ADSL Modem

ADSL Modem 包括局端 ADSL Modem(即 ATU-C)和用户 ADSL Modem(即 ATU-R)，其功能是对用户的数据包进行调制和解调，并提供数据传输接口。

局端 ADSL Modem 通常是多个 ATU-C 模块集成在 DSLAM 设备中的一张线路卡内成为 ATU-C 局端卡，不同的局端卡与网管卡可以同时插入到 DSLAM 接入平台上。

用户 ADSL Modem 有多种类型，常见的 ADSL Modem 分为外置式 ADSL Modem、ADSL 路由器、内置式 PCI 接口式 ADSL Modem 及 USB 接口的 ADSL Modem 4 种类型。具体选择哪种类型，用户可根据自己的需求而定。

1．外置式 ADSL Modem

这种 Modem 通过以太网接口或 ATM 接口与计算机终端相连，可用于单台计算机，局域网或 SOHO 与广域网的连接。其特点是：用户安装使用较为方便，无需软件安装即能实现上网，升级方便，自主开发软件，安全可靠，但价格稍贵。若外置的 ADSL Modem 使用以太网接口，则用户主机要配置以太网卡，如华为 SmartAX MT800；若外置的 ADSL Modem 是 ATM 接口，则要求用户主机配置 ATM25.6 网卡，价格较贵。其技术指标如表 5-1 所示。

2．ADSL 路由器

ADSL 路由器也是外置式 Modem，但是其具备路由处理的网关功能，通过以太网接口与计算机终端相连，可用于局域网或 SOHO 与广域网的相连。其特点是安全可靠，升级方便，具备代理服务及安全网关等功能，价格稍高，适用于企事业单位局域网或特殊家庭的小网与广域网的连接。其技术指标同表 5-1。

表 5-1 外置式 ADSL 系统 Modem 技术指标

标准（ADSL 模式）	ANSI T1.413, ITU-T G992.1(Gdmt), ITU-T G992.2(G.lite)
传输协议	RFC2364/RFC2516:PPPoA/PPPoE, RFC1577:IP&ARPoA, RFC1483:MPoA
性能	下行速率：最高 8Mbit/s 上行速率：最高 800kbit/s
ATM 特性	支持 ATM PVC 模式 8bitPVI 和 16bitVCI
接口	10Base-T 接口
接入方式	专线方式、拨号方式
传输距离	最远可达 19 000 英尺

3. 内置 PCI 接口式 ADSL Modem

这种 Modem 适用于普通家庭用户上网或单个计算机上网。其特点是即插即用，用户无需技术支持即可安装、设置和监控网卡性能，经济实用，占用系统资源少，功耗低，上网快。其技术指标如表 5-2 所示。

表 5-2 内置式 ADSL 系统 Modem 技术指标

标准（ADSL 模式）	ANSI T1.413, ITU-T G992.1(Gdmt), ITU-T G992.2(G.lite)
传输协议	RFC2364/RFC2516:PPPoA/PPPoE, RFC1577:IP&ARPoA, RFC1483:MPoA
性能	下行速率：最高 8Mbit/s, 上行速率：最高 800kbit/s
ATM 特性	支持 ATM PVC 模式 8bitPVI 和 16bitVCI
接口	兼容 PCI2.2 规范
接入方式	专线方式、拨号方式
传输距离	最远可达 20 000 英尺

4. USB 接口的 ADSL Modem

这种 Modem 具备 USB 接口通用优点，安装方便，支持热插拔，接口速度快，驱动程序安装简单和无需外置电源等特点。当用户主机机箱内部设备较多，已无多余 PCI 插槽时，可考虑 USB 的 ADSL Modem。

5.3.4 ADSL 用户管理中心

用户管理中心（SMC）从纵横两个层面出发，在网络的各个层面服务于运营商、服务商，提供综合的管理功能，构造出一个通用的业务管理平台，实现可操作的运营环境。作为一个通用管理平台，SMC 将连接网络的多个层次，取得业务信息，最终实现从用户管理、网络资源管理到计费、出账、结算、催费、付费和信息源管理等全业务流程管理。SMC 是面向多种接入方式、面向多种业务的管理平台，在网络的接入层，SMC 提供 ADSL 接入、窄带拨号接入、移动/无线数据接入以及其他宽带接入方式的业务管理功能，并通过增值的代理服务模块在现有的网络设备上实现虚拟网功能，为网络运营实现多种增值业务提供可能。另外，在网络上层的应用中，SMC 将同视频点播（VOD）配合，实现视频点播业务管理。SMC 结合接入设备，提供 IP 电话业务管理功能，以及各种专线接入的业务管理功能。

SMC 采用模块化结构和应用接口，保证良好的伸缩性和可移植性。主要功能有用户管理、业务管理、网络资源管理、计费出账、接入节点和系统管理等。

SMC 的系统管理员、网络管理员以及业务节点等各个等级操作员界面均采用浏览界面，易于安装和操作。而最终的上网用户也可以通过网页查询其在一定时间内的网络使用信息和账务清单。

1. 用户管理

在用户管理部分，终端用户信息统一存储于中心数据库中，分散于各处的业务受理点可以通过图形界面非常方便、安全地实现远程操作，包括开户、销户、锁户、恢户等日常业务操作。ADSL 各种业务受理过程分别如图 5-12 至图 5-20 所示。

（1）新装 ADSL 电话

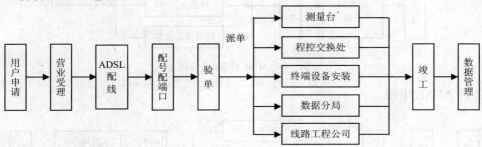

图 5-12　新装 ADSL 电话流程

（2）ADSL 电话改单机

图 5-13　ADSL 电话改单机业务流程新装 ADSL

（3）新装 ADSL

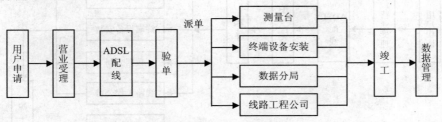

图 5-14　新装 ADSL 业务流程

（4）单机改 ADSL 电话

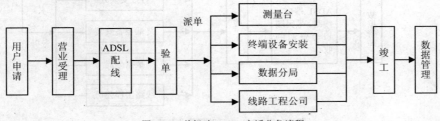

图 5-15　单机改 ADSL 电话业务流程

（5）ADSL 换号

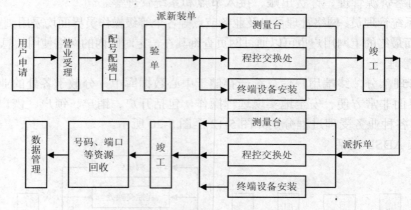

图 5-16　ADSL 换号业务流程

（6）拆 ADSL 电话

图 5-17　拆 ADSL 电话业务流程

（7）ADSL 电话跨局移机

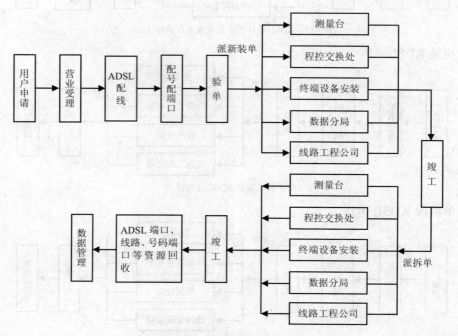

图 5-18　ADSL 电话跨局移业务流程

（8）ADSL 电话外移

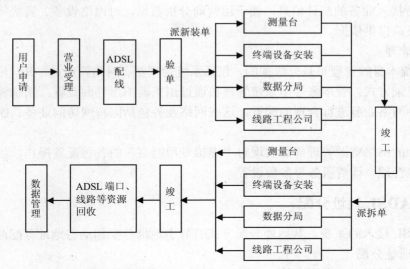

图 5-19　ADSL 电话外移业务流程

（9）拆 ADSL

图 5-20　拆 ADSL 业务流程

如同程控中的号线系统，电子工单自始至终贯穿用户受理、端口配置、线路勘察、拆机停机全过程。主要包含工单处理、工单查询、用户查询、取单派单等功能。

工单查询可以进行工单回笼、按申请单号查询、按端口号查询、按流水号查询和工单历史查询等。

接收用户的申请后，在用户的物理线路已经具备的情况下，由用户端口管理来进行端口开启与路由配置功能，确定用户与网络主干连接的路由。端口管理包括端口配置与端口信息查询统计。

端口配置：根据用户的受理情况停/开客户端交换机的端口。

端口查询统计：查看端口的分布与使用情况，随时监控端口密度与各地区端口的分布状况。

2. 计费管理

计费出账提供实时的计费功能，系统可从硬件接入设备处实时采集并记录用户与网络连接的各种参数，并根据用户所选择的业务按一定的费率模式实时计算资费；计费系统有着强大的费率引擎可以让管理员灵活地进行资费管理和费率设计；然后，通过出账系统提供账单。同时对用户进行跟踪，对未按时交费的用户自动锁户，交费后自动恢户。对于预付费用户，通过实时的计费功能，系统可实时记录用户上网费用，并根据费率模式实时计算网络使用费和用户的欠费或余额。

SMC 提供收费统计功能和账务统计功能。通过对计费信息的分析提取，USMS 可以提供对 ADSL 宽带接入业务的统计信息，便于运营商分析数据，对网络设备、资费等作出策略性的调整，为决策提供依据。

3. 系统管理

SMC 系统本身的管理员是分级别的，包括系统管理员、网络管理员、开户注册员，采用统一的信息纪录方式。管理账号由系统管理员通过浏览器图形界面设置。系统管理员和网络管理员对多种网络业务进行合理的配置，这些网络业务包括因特网访问业务、USMS 系统本身的管理等。

在 SMC 的网络资源管理部分实现对"虚拟专用网络"的各种配置操作，包括创建、删除、地址资源管理、计费服务等参数设置。

5.3.5　ADSL 地址分配

采用 ADSL 接入的系统，其地址分配方式有静态地址分配和动态地址分配两种。

1. 静态地址分配

此方式给上网用户分配固定的 IP 地址、屏蔽及其默认网关，通过 ATU-R 提供的以太网口上网。该方式的特点是：

① 用户上网方便，效率高，且与因特网一直在线连接，类似于传统的专线上网；

② 运营商向用户提供的收费方式比较简单，一般仅限于包月制；

③ 由于 IP 资源有限，限制了用户的数量；

④ 运营商无法对上网用户的业务进行有效的管理；

⑤ 用户上网权限的保密性差；

⑥ 用户局域网网络接入时需要自己配置 IP 地址及屏蔽。

2. 动态地址分配

这种方式是用户通过虚拟拨号技术动态获得 IP 地址来开展上网业务，此方式一般对应需要认证的用户。该技术采用的核心协议是 PPPoE，当用户开始通信时，由计算机发起 PPPoE 连接，由位于骨干网边缘层的宽带接入服务器终结 PPPoE 连接或将其进行续传。宽带接入服务器再与 RADIUS 服务器配合，利用 PAP、CHAP 等协议对 PPP 用户进行识别、鉴权后，通过 DHCP 协议给用户分配一个动态 IP 地址，用户终止通信后则收回，供其他用户连接使用。动态地址分配的优点是 IP 地址利用率高，缺点是配置复杂，需要使用多种协议。动态地址分配时也必须注意防止用户 IP 地址被盗用等问题。

5.3.6　ADSL 接入设备选用原则

选用接入设备时应注意的主要问题有设备价格、设备功能、设备性能以及设备和网络方案的集成性等，具体如下。

① ADSL 接入设备必须符合中国国家标准，包括《接入网技术要求——不对称数字用户线 ADSL》和相关的设备测试规范。

② ADSL 设备必须支持 DMT 调制，DSLAM 应具有良好的兼容性，能够与第三方厂家设备互连互通。

③ ADSL 设备必须支持至少两种服务质量等级的业务（CBR 和 UBR），支持 VPN 业务。

④ 选用的 ADSL 设备性能指标不应受语音业务的影响，传输速率应具有自适应能力。

⑤ DSLAM 应具有良好的可扩展性和灵活性，其上行接口必须有 ATM 接口和/或以太网接口。对于 ATM 接口，必须支持 UNI3.1 或 UNI4.0 信令；同一个 DSLAM 设备应具备支持全速率 ADSL 和 G.lite 的 ADSL 能力，应具有进一步扩展支持 VDSL 等高速接入的能力。

⑥ DSLAM 应具有一定的环回测试能力。

⑦ ADSL 设备应能够提供 10/100Base-T 或 25Mbit/s ATM 接口，支持 PPPoE 和 PPPoA 功能；至少支持 4 个以上 PVC 信道连接。

⑧ 选用的 ADSL 设备必须提供相应的性能指标，至少包括调制方式、线径—距离—速率关系说明、接口标准和工作原理等；提供对汇接层设备接口和协议支持的要求。

5.3.7 ADSL 接入设备安装

由于 ATU-C 通常集成在 DSLAM 设备的一张线路卡内，卡又被集成到搁板上安装于机架中，因此 ADSL 接入设备的安装主要是指 DSLAM 设备、局端分离器、用户端分离器和用户 ADSL Modem 的安装。

1. 局端设备安装

DSLAM 设备可以放在中心局端的机房中，也可以放在同一栋建筑物的不同楼层中，或者放在附近的建筑物中。一般来说，DSLAM 与中心机房的距离越近越好。在我国，电信公司既是为用户提供接入的网络接入提供商（NAP），又是为用户提供各种服务的网络服务提供商（NSP）。因此，DSLAM 放置在 NAP 的中心机房中。

局端的 POTS 分离器可以位于 ATU-C 中，同 ATU-C 结合起来，也可以在靠近 ATU-C 的地方，比如将它们安装在同一个机架上。这两种安装方式中，它们基本上放置在同一位置，与 MDF 架有一段距离，因此它们不仅可以放在与 MDF 位置相同的建筑物中的不同楼层、不同房间中，还可以放在一定距离内的不同建筑物中。

与 ATU-C 分离的局端 POTS 分离器，也可以单独放在 MDF 架中。ATU-C 和 PSTN 交换机都与 MDF 有一段相当大的距离。此时，ATU-C 通过线缆连接到 MDF 中分离器上，PSTN 通过线缆连接到 MDF 终端块上。这种方式中 POTS 分离器的数目和尺寸受 MDF 限制。

局端 POTS 分离器，还可以放在靠近 MDF 架的地方。此时，POTS 分离器边接至 ADSL 接入回路，ATU-C 和 PSTN 都通过线缆连接到 MDF 终端块上。

DSLAM 设备的安装，一般要满足如下要求。

① 环境要求：设备必须安装在室内，原则上安装在机架内。

② 供电和接地：设备要求使用交流 220V 电源或直流–48V 电源供电，根据具体情况安装后备电源。安装一组保护接地，接地电阻应≤4Ω。采用直流供电的设备，其工作地线可与保护地线共享一组，接地电阻≤1Ω。设备外壳和电缆屏蔽层均按有关规范接地。

③ 传输和接口：DSLAM 对上级设备的接口为单模光接口，可以采用 STM-1 或 STM-4；对于级联方式，原则上以光接口直连。

④ DSLAM 与电话交换机通过测量台配线架连接，原则上不变更电话交换机到测量台配线架的连接。

⑤ ADSL 远程设备和 DSLAM 设备之间的实际线路有效长度原则上不能超过 2km，线径不小于 0.4mm。

2. 用户端设备安装

现存的用户环路主要由非屏蔽双绞线（UTP）组成。UTP 对信号的衰减主要与传输距离和信号的频率有关，如果信号传输超过一定距离，信号的传输质量将难以保证。同时，线路上的桥接抽头也将增加对信号的衰减。因此，线路衰减是影响 ADSL 性能的主要因素。因为家庭电话线路未做专业的预埋，或分机过多，成为影响线路的主要环节。为减少室内部分对线路的影响，一般要求使用分离器。

（1）POTS 分离器的安装

对于独立于 ATU-R 的用户端 POTS 分离器，一般安装于靠近网络接口设备（NID）的地方；ATU-R 位于易安装的地方，通常比较靠近用户终端。POTS 分离器到 ATU-R 可以使用原有的线路或铺设新的线路。POTS 分离器的接法有两种，如图 5-21 所示。

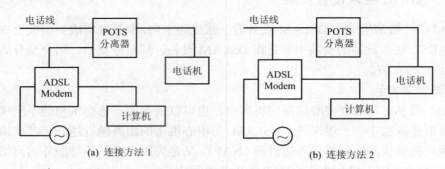

图 5-21　POTS 分离器的连接方法

方法 1：POTS 分离器的 Line 口与电话线的入屋总线相连，Phone 口连接电话机（可以接分线盒带多台电话），Modem 口跟 ADSL Modem 的 Line 口连接起来。

方法 2：入屋总线通过分线器连接到 ADSL Modem 的 Line 口和 POTS 分离器的 Line 口，POTS 分离器的 Phone 口连接到电话机（该分离器也可以换用低通滤波器）。

对于内置 POTS 分离器的 ATU-R，如果安装在靠近 NID 处，ADSL 信号不必通过原有的用户端线路，但在 ATU-R 到用户终端之间需要架设一条较长的新线路，施工比较复杂；若安装在靠近终端设备（TE）的地方，则用户的电话必须同原有的电话线路断开，重新接到 ATU-R。

（2）外置 ADSL Modem 的安装

外置 ADSL Modem 的安装分为计算机网卡安装、ADSL Modem 安装和软件配置 3 步。

① 网卡安装

网卡是专门用来连接 ADSL Modem 的，以便在计算机和调制解调器间建立一条高速传输数据通道。网卡可以是 ATM 网卡或以太网卡，安装时，首先关闭电脑电源，拔去电源插头，打开机箱盖。找到没有使用的 PCI 槽，去掉防尘板，在 PCI 槽中插入 ADSL 卡。拧紧螺丝，将 ADSL 卡固定。

② ADSL Modem 安装

先用具有 RJ11 插头的电话线将 POTS 分离器和 ADSL Modem 连接起来，再用具有 RJ45 插头的网线将 ADSL Modem 和计算机连接起来，打开计算机和 ADSL Modem 的电源，如果两边连接网线的插孔所对应的 LED 灯都亮了，则硬件安装就成功了，如图 5-22 所示。

注意：ADSL Modem 到计算机网卡的连线一般为交叉网线，而不是常用的直连网线。如果使用多个 POTS 分离器串接，可连接多部电话。

③ 软件配置

对于专线上网的用户，需要特别注意 TCP/IP 协议特性，必须准确进行配置。配置步骤如下：首先进入系统的"控制面板"，选择"网络"图标双击，再选"TCP/IP"项，双击"属性"；在"IP 地

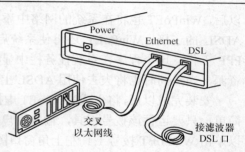

图 5-22 ADSL Modem 安装

址"属性栏中选择"指定 IP 地址（S）"项，配置 IP 地址和子网掩码；在"网关"属性栏中添加网关地址；在"DNS"属性栏中选择"启用 DNS(E)"项，输入主机名、域名并添加 DNS 服务器地址即可。

对于虚拟拨号的用户，则采用默认设置，所有的设置都从拨号服务器端获得，用户只要安装 PPPoE 虚拟拨号软件即可上网。

目前最常用的基于 Windows 操作系统的 PPPoE 软件有 Enternet 300、WinPoET 和 RASPPPoE。其中 Enternet 300 软件具有独立的 PPP，可以不依赖操作系统，是目前最通用和流行的软件。WinPoET 软件需要通过操作系统自身的 PPP 拨号协议来支持完成 PPPoE 的连接，也是使用较多的软件。RASPPPoE 软件小巧精干，没有自己的界面和连接程序，只是一个协议驱动程序，完全依靠标准的拨号网络合作工作来连接 ISP。

- Enternet 300 软件安装

在安装向导的指导下可以很快地完成安装工作，它将在系统的网络中添加一块虚拟的 PPPoE 网络适配器以完成网卡和 ADSL ISP 的连接。运行程序根据向导方便地建立自己的上网文件（Create New Profile）。向导首先需要用户输入上网文件的名称，方便区分所使用的服务项目，然后输入登录账号和密码。需要注意的是在输入用户名的时候，由于 ADSL 技术的特殊性需要指定登录和使用的服务项目，所以用户名格式一般使用以下格式：用户账号@服务项目名称（ISP 不同可能与此有差别），单击"下一步"按钮，可以看到 ISP 提供的服务项目列表，可根据需要进行选择。服务项目列表都是在硬件安装正确，ADSL 已经同步进入 ISP 的网络以后 Enternet 程序自动获取的。具体步骤如下：

双击桌面上的"EnterNet 300"→双击其"Create New Profile"图标→在出现的"Connection Name"对话框中输入连接的标识名称，如"163"，单击"下一步"→在出现的"User Name and Password"对话框中输入连接的用户名和口令→在下一步中选择连接 ADSL 的网卡→单击"下一步"，此时拨号网络的设置便完成了。

建立完成后直接运行建立好的上网文件即可进入因特网。在连线状态，Enternet 会在系统任务栏中显示一个和普通拨号网络连接以后类似的小图标，通过鼠标右键可以了解当前 ADSL 在网络中的多种网络参数信息。如果需要改变 ADSL 连接的网络属性，例如在系统中安装有多块网卡，需要改变 ADSL Modem 和哪一块网卡连接，可以对进入上网文件属性中的相应控制面板进行更改。

- WinPoET 软件安装

在安装 WinPoET 之前，需要安装 Windows 的拨号网络，可以进入系统控制面板，在"添加/删除程序"的 Windows 安装程序中进行安装。然后运行 WinPoET 的安装程序，安装完成

以后，WinPoET 也将在系统的网络中添加一块虚拟 iVasion PoET 的网络适配器以实现网卡和 ADSL 的连接。WinPoET 还将使系统启动以后自动运行一个后台 PPPoE 程序协调拨号网络 PPP 工作，这个程序在系统任务栏中显示有图标，当确实不需要的时候可以将其关闭以节省资源，当然同时也将失去使用 ADSL 上网的能力。

安装完成以后，将生成 WinPoET 虚拟拨号工具的快捷方式。WinPoET 的使用相对 Enternet 简单，只要运行该拨号工具，输入用户名和密码即可。如果不清楚 ISP 提供了哪些服务，可以单击 WinPoET 拨号工具左上角窗口图标处进入 Preference 设置，选中 Enable Service Names 项目，当拨号器拨号以后就会列出 ISP 的服务项目。首次使用拨号器以后，WinPoET 就自动在拨号网络中建立名为 WinPoET 的一个连接，以后也可以使用这个连接虚拟拨号上网。WinPoET 由于使用系统的拨号网络来虚拟拨号上网，所以上网以后的各项网络参数信息都是由拨号网络来提供，用户完全和使用普通 Modem 上网一样。

- RASPPPoE 软件安装

由于 RASPPPoE 完全按照网络协议来安装使用，没有安装程序，所以安装过程与上面的不同，并且安装方法在 Windows 98 和 Windows 2000 下也略有不同。

第一，Windows 98 下的安装

需要注意的是安装 RASPPPoE 软件之前必须彻底卸载原来安装过的任何 PPPoE 相关软件，并且在操作系统中安装了微软的拨号网络组件，通过网上邻居或者控制面板进行安装。在网络"属性"设置窗口中，选择"添加"，然后选择"协议"，当出现选择何种协议窗口的时候，选择从"磁盘安装"，然后定位到 RASPPPoE 的所在文件夹，安装 PPP over Ethernet Protocol，安装完成以后需要重新启动系统。

启动完成后，再次进入"网络"属性窗口，可以检查是否正确安装了 RASPPPoE，正常情况应该有以下几个项目被添加和绑定在网卡上面：PPP over Ethernet Miniport→PPP over Ethernet Protocol，NDISWAN→PPP over Ethernet Miniport，PPP over Ethernet Protocol→(计算机所装网卡的名称)。

如果计算机中安装有多个网卡，则这些协议都会绑定其上，在确定了连接 ADSL 的那块网卡以后，可以通过"删除"把其他不需要的网卡去掉。协议安装绑定检查无误以后就可建立虚拟拨号连接。

进入 RASPPPoE 安装文件所在文件夹，执行 RASPPPOE.EXE，如果系统有多个网卡，可能需要选择"Query available PPP over Ethernet Services through Adapter"项目中用于连接 ADSL 的网卡，通常情况下该项目不需要设置，然后单击 Query Available Services 按钮，列出 ISP 所提供的服务项目，并选择所需要的服务，选择好服务项目以后单击 Create a Dial－Up Connection for the selected Service 按钮，RASPPPoE 就自动产生一个拨号连接，以后使用的时候直接单击该拨号连接，输入用户名和密码即可，完全和使用普通 Modem 的拨号连接相同。

第二，Windows 2000 下的安装

打开网上邻居，选择网卡上连接了 ADSL 设备的"本地连接"，右键进入属性面板，选择"安装"，然后选择"协议"，当出现选择何种协议口的时候，选择从"磁盘安装"，然后定位到 RASPPPoE 所在文件夹进行安装，安装过程中 Windows 2000 将会多次提示"没有数字签名"，用户不用理会。安装完成系统重新启动以后，与在 Windows 98 安装一样，检查是否

正确安装了所需项目并绑定在网卡上面。建立虚拟拨号工作过程和 Windows 98 相同，这里就不赘述。

RASPPPoE 和 WinPoET 一样，上网以后的各项网络信息都是由拨号网络来提供，用法和普通 Modem 上网完全相同。

如果使用 RASPPPoE 或者 WinPoET 上网，那么拨号网络报告上显示的连接速度可高达 10Mbit/s，但实际速度达不到，这个值是网卡和 ADSL Modem 之间的速度，它们之间使用 10Base-T 局域网协议，具体速度还是由 ISP 提供的速度决定。

上面介绍的 3 个 PPPoE 软件各有千秋，Enternet 设置项目较多，WinPoET 和 RASPPPoE 使用起来更熟悉和习惯。经过测试，它们对系统资源的占用也差不多，上网的实际速度也没有差别，只是 Entenet 和 WinPoET 是商品软件只随 ISP 提供给用户，RASPPPoE 则是免费自由软件可以随意下载使用。

（3）内置卡式 ADSL Modem 硬件的安装及参数配置

类似于内置网卡，在将内置卡插入到主板对应的槽路中后，按提示安装驱动程序，在系统的网络适配器中可以看到内置卡项，表示安装完毕。

内置卡安装好后，在屏幕右下角出现连接图标，双击图标出现状态框。单击图标再单击鼠标右键后，选择 configration 项，再选择 ITU G.992.1 Annex A(G.dmt)项，单击 PVC Table，再单击 Edit 项，最后将 Vpi/Vci 的值更改为 0/32，其他选项使用默认设置。在安装虚拟拨号软件后，即可正常上网。

（4）USB Modem 的安装

将 Modem 的 USB 连线接到计算机的 USB 接口，系统提示找到新硬件，按提示安装驱动程序安装。需要提到的是，一般的 USB 设备驱动都提供 WAN 和 LAN 两种驱动程序。它们的区别是：WAN 方式的驱动，不需要第三方的虚拟拨号程序，而使用微软 Windows 操作系统的拨号连接，可以在拨号连接内建立连接；LAN 方式的驱动，需要使用 Enternet 300 等虚拟拨号软件。

5.3.8　ADSL 测试

1．测试项目

测试项目主要有 ADSL 系统的接口性能和传输性能的测试。

UNI 接口测试：用示波器观察 25.6Mbit/s 电接口输出波形，10Base-T 接口、通用串行总线 USB 接口、PCI 总线接口只进行功能性测试，只要能与用户终端正常通信即可。

传输性能测试：ADSL 系统传输性能测试的目的是检查 ADSL 设备在标准的测试环路上，在规定的噪声、串扰和其他干扰的影响下，实际能够达到的性能；其主要的性能指标是传输速率和误码率等。

下面以加拿大 Consultronics 公司生产的 COLT-250 ADSL 测试仪为例，来说明 ADSL 测试的主要内容及测试方法。

2．COLT-250 ADSL 测试仪

COLT-250 ADSL 测试仪是一个手持式便携测试仪，它适用于 ADSL 服务的安装与维护，可以确认用户是否得到 ADSL 服务及用户线路能否实现所承诺的服务。COLT-250 ADSL 测试仪如图 5-23 所示。

它有一对电源开关，按 ON 键，即开机自验（显示：selt Test）；按 OFF 键，则关机。COLT-250 有节电自动关机功能，当 1 分钟时间不进行按键时，即自动关机。

它还有 4 个箭头操作键，上、下箭头滚动选择菜单；右箭头为运行或展开菜单选项；左箭头为停止运行或返回主菜单。

COLT-250 的主要特点：① 小巧、经济、使用简单；② 使用连线夹、RJ11 或 RJ45 接口；③ 可以在用户线路的任何位置快速、准确、可靠地进行测试；④ 节省时间，提高

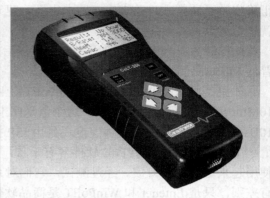

图 5-23　COLT-250 ADSL 测试仪

ADSL 安装效率；⑤ 存储测试结果，便于分析；⑥ 可通过内置 V.24/RS232 接口升级软件，下载及分析数据，打印结果等；⑦ 4 行大屏 LCD 显示，每行 16 字符。

COLT-250 的主菜单内容如下。

Main Menu B：电池电量显示，当低于 40%时建议更换新电池。

* Run Test：运行 G.DMT 模式时

Run G.Lite：运行 G.Lite 模式时（上行 512kbit/s，下行 1.5Mbit/s）

Set up：设置测试握手时间 Negotiated(20s～100s)

　　　　　测试连接时间 Connected(20s～100s)

View Result：查看已存储的测试结果（可存储 12 个结果），按右箭头→浏览打开

System Config：App1.Ver.C1.32 本仪表的版本，Modem Ver3.6.70 所用套片的版本

* 为选中当前菜单

COLT-250 的测试项目：

最大比特率 kbit/s(Up 上行、Dwn 下行)——Maximun Bitrates

快速码平均比特率 kbit/s(Up 上行、Dwn 下行)——Fast Bitrates

交错码平均比特率 kbit/s(Up 上行、Dwn 下行)——Interleaved Bitrates

带宽利用率（相对比值）——Relative Capacity

噪声容限 dB——Noise Margin

输出功率 dB——Out Power

衰减 dB——Attenuation

3. 测试过程

① 接线：位置可在 DSLAM 下边的任何一点配线架、接线盒或用户终端处。用测试夹或 RJ11 或 RJ45 接至 COLT-250。

② 选择 ADSL 模式：在 G.DMT 模式时选 Run Test；在 G.Lite 模式时选 Run G.Lite；按右箭头→开始测试。

③ 存储结果：→To Save

通常可以将测试仪与计算机相连，利用 COLT-250 附带的 COLT-VIEW 软件，在计算机上观察数字和图形表示的测试结果，观察相关的参数和载波负载数据。同时可以将测试结果保存到磁盘上以备将来分析或转换成表格形式来保存，而且测试结果也可以打印。

4. 测试结果分析

① 在 2.5M 的局端测量室测试的典型结果如表 5-3 所示。

表 5-3　　　　　　　　　　　在局端测量室测试的典型结果

	Result	Dwn(下行)	Up(上行)
最大比特率（kbit/s）	Max B/R	2432	901
快速码平均比特率（kbit/s）	B/Rate	2432	640
交错码平均比特率（kbit/s）	IntB/R	0	0
带宽利用率（相对比值）	Capac	100%	71%
噪声容限（dB）	Nse.M	5.0	15.0
输出功率（dB）	Power	17.5	12.0
衰减（dB）	Atten	42.5	24.8

② 在距端口 2km 处的用户终端测试的典型结果如表 5-4 所示。

表 5-4　　　　　　　　　　　在用户终端处测试的典型结果

	Result	Dwn(下行)	Up(上行)
最大比特率（kbit/s）	Max B/R	8258	941
快速码平均比特率（kbit/s）	B/Rate	2560	640
交错码平均比特率（kbit/s）	IntB/R	0	0
带宽利用率（相对比值）	Capac	31%	68%
噪声容限（dB）	Nse.M	28.0	17.0
输出功率（dB）	Power	13.5	12.0
衰减（dB）	Atten	5.0	6.0

一般速率平均值越接近与用户承诺的开通值越好（快速码或交错码二选一）；最大速率、带宽利用率、噪声容限值越大越好（噪声容限最小值为 4.5dB）；衰减值越小越好（一般测量室为 6dB 以内，用户处为 20dB～30dB）。

5.4　VDSL 技术及应用

5.4.1　VDSL 接入系统结构

VDSL 技术来源于 ADSL 技术，在各种数字用户线路（DSL）技术中，VDSL 技术的传输速率最高，但是传输距离最短，而且传输速率与传输距离成反比。当 VDSL 达到最高传输速率时，其传输距离只有 300m。由于传输距离短，VDSL 系统不是用双绞线将用户端直接连到局端，而是只连接到离用户住宅 1km～3km 的光网络单元（ONU）处。与 ADSL 一样，VDSL 也必须和现有的窄带业务共存。VDSL 接入系统结构如图 5-24 所示。

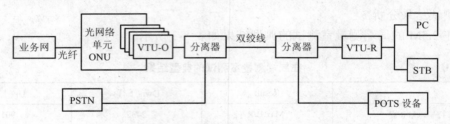

图 5-24　VDSL 接入系统结构

图中，VTU-O 表示 VDSL 在网络侧的收发单元，相当于 ADSL 中的局端 ATU-C；VTU-R 表示 VDSL 在用户端的收发单元，相当于 ADSL 中的用户端 ATU-R。VTU-O 与 VTU-R 之间是 VDSL 链路，使用双绞线连接。在用户端和局端各设置一个分离器，分离器的结构和功能与 ADSL 中的分离器类似，也是一个低通和高通滤波器组。在频域上实现高频的 VDSL 信号与低频的话音及 ISDN 信号的混合与分离功能。

5.4.2　VDSL 主要技术

VDSL 与其他 DSL 不同，它既支持对称传输，又支持非对称传输，其关键技术如下。

1. 复用技术

为了支持全双工操作，VDSL 必须同时支持上行和下行信道。早期非对称传输的 VDSL 产品使用频分复用（FDM）技术将上、下行信道分开，并将此两者同基本电话业务和 ISDN 业务分开。因采用简单的 POTS 分离器来分离业务，所以最低数据信道与 POTS 信道必须保持适当的间隔，一般信道分配情况如图 5-25 所示。

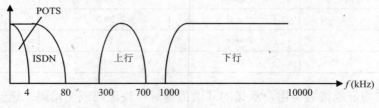

图 5-25　VDSL 的信道分配

通常，下行信道总是位于上行信道之上，当然也有例外的情况，DAVIC 规范改变了这种分配关系，以便适合于同轴电缆组成的系统。

对于对称业务，为了支持任意的上行应用和全双工操作，可以采用频分双工（FDD）和时分双工（TDD）两种技术。

① 频分复用——频分双工（FDD）

FDD 系统有两个或多个信道，其性能的关键是信道的带宽和上、下行信道频带的位置。带宽的选择取决于所要达到的数据速率和下行与上行数据速率的比例关系。上、下行信道带宽的分配与数据传输方式、实际应用中的线路长度、信噪比及有效频带宽度等有关。为了支持一个较宽范围的数据速率和双向传输时下行与上行数据速率比值，FDD 系统必须提供带宽可变的上、下行信道。

采用 DMT 方案的 FDD 系统，通过在每个方向上提供一个全带宽系列的子信道集来允许任意的上、下行子信道分配，每个子信道既可用于上行传输，也可用于下行传输，子信道由防护频带分离。这种技术要求在所有的调制解调器中具有两个方向的 DFT 单元,增加了系统数字部分的复杂度。但它会降低对模拟部分的要求,并在 FDD 频带分配中提供极大的灵活性。

② 时分复用——时分双工(TDD)

与频分复用不同,时分复用系统是在单个频带内不同的时间段实现上、下行数据的传送。TDD 系统对时间共享信道带宽的使用是通过使用超帧来协调的,一个超帧包括下行数据传送时隙、静寂时隙、上行数据传送时隙和另一个静寂时隙,时隙宽度是 DMT 符号周期的整数倍。超帧可以表示为 A-Q-B-Q,其中 A、B 分别表示分配给下行和上行数据传送的符号周期的数目,A、B 的值可根据系统要求的下行与上行数据速率的比值来确定;Q 代表静寂时隙,用来消除信道的传播延迟以及在发送和接收时隙之间的回声响应。如以 20 个符号周期的超帧为例,A 和 B 占 18 个符号周期,Q 占两个符号周期。

以 DMT 为基础的 TDD 系统,其发送和接收功能在本质上是相同的,都需要使用 FFT 来实现 DFT 运算,可共享发送器和接收器的部分硬件来降低复杂度。由于使用 TDD,解调器可以在任何时间段进行发送或接收,因此,每个调制解调器只需要一个可计算 FFT 的硬件结构,这个 FFT 横跨整个系统带宽,并且在超帧内除静寂时隙之外的时间段一直处于工作状态。同样的频带可以既发送又接收,这样省去了附加的模拟硬件,并且没有使用的路径可被关闭,以降低功耗。

TDD 系统提供了一个灵活的、低功率的解决方案。但 TDD 的主要问题是要求在同一复用集中,所有接收与发送的调制解调器都同步到一个共同的标准超帧时钟上,即时钟严格同步,以使系统避免 NEXT 的影响。在多供应商产品兼容的系统中,标准超帧时钟严格同步将十分困难,目前,ITU-T 已选择了 FDD 作为双工技术。

③ 上行信道的复用

在 VDSL 系统中,上行数据复用是一个较为复杂的问题,采用的网络终端配置方式不同,复用的方式也不同。目前,网络终端的配置方式主要有两种:有源网络终端(ANT)和无源网络终端(PNT)。

如果用户端的 VDSL 单元包含了有源网络终端,那么系统用一个逻辑分离的集线器(Hub)解决上行信道数据复用的问题,每个 CPE 呈星状连接到这个交换式或多路复用式的 Hub 接口,使用以太网或者 ATM 协议进行复用。VDSL 单元只是简单地向两个方向送出原始数据流。

在采用 PNT 方式的 VDSL 系统中,每个 CPE 都有一个相关的 VDSL 单元,各个上行数据流共享同一条公共传输线。因此,必须使用多路复用技术来解决每个 CPE 的上行信道共享公共线路的问题,通常有两种复用方式:TDMA 和 FDM。当采用 TDMA 方式时,依照一种信元授权协议,在 ONU 发送的下行数据帧中包含几个授权比特,允许某个被指定的 CPE 在规定的时段内接入网络。在接收到下行帧之后,这个被允许接入的 CPE 在规定的时间内可以发送一些上行数据。采用这种复用方式时,要考虑前后两个 CPE 使用共同信道时,要等信道上前一个 CPE 传送的信号完全消失,以免造成相互干扰,同时这种方式可能会授权给一个并没有任何东西要发送的 CPE。

当采用 FDM 方式时,将上行信道分为若干子信道,每个 CPE 分配一个专用信道,不使用 MAC 协议,这种方法的优点是避免了任何媒体接入控制协议,但缺点是必须将一个多路复用器集成在 ONU 中,这样限制了提供给每个 CPE 的数据速率。因此,可以采用一种动态反向复用方案，即每个 CPE 根据所要传送的数据量大小，动态地申请所需要的带宽。

2. 线路编码技术

VDSL 目前仍处于标准制订阶段，采用哪种编码调制方式是争论的焦点之一。最初为 VDSL 推荐了 4 种不同的线路编码方式。

（1）无载波调幅调相技术（CAP）

原理同前。对于 PNT 结构，CAP 将对上行数据采用 QPSK 编码方式，并使用 TDMA 技术进行复用。当然，CAP 并不排除使用 FDM 方式复用上行数据的可能；在 VDSL 中具有多个传输频带，在每个频带上都要有一组 CAP 调制解调器，每个 CAP 调制的载波频率均为 33.75kHz 的整数倍。这种方式的优点是调制、频带分配、管理都比较简单；对模拟前端要求不高，芯片的体积小。缺点是由于 CAP 的调制载波频率固定，因此抗干扰能力差，多个 CAP 调制解调器在不同的载频上工作，信道之间需要保护带隔离，频带利用率低。

（2）离散多音频技术（DMT）

原理同前，是将整个频带划分为 512～4096 个子载波，相邻子载波的频率间隔是 4.3125kHz。对于 PNT 结构，DMT 对上行数据使用 FDM 复用技术，当然，DMT 并不排除使用 TDMA 方式复用上行数据的可能；由于 DMT 将信道划分为多个子载波，提供了更好的灵活性和性能：首先，DMT 可以选择不同的传输子频带，避免射频干扰的影响。其次，DMT 可以在多个子频带上有效地进行功率控制。最后，由于不使用实际载波，所以 DMT 不需要保护带，可以提高频带利用率。DMT 的主要缺点是多个子频带增大了管理的难度和系统的复杂性，也使模拟前端的实现更加复杂。

（3）离散子波多音频技术（DWMT）

这是一种使用离散子波变换进行调制和解调的多载波系统，DWMT 也使用 FDM 或 TDMA 方式复用上行数据。

（4）简单线路码（SLC）

这是一种四电平的基带传输技术，经过基带滤波后送给接收端，并恢复出基带信号。对于 PNT 结构，SLC 多用 TDMA 作为上行复用方法，也有可能使用 FDM 作为上行复用方法。

目前，DWDM 和 SLC 方式已经被排除，只有 DMT 和 CAP 作为可行的线路码仍然处于争论之中，正在制定中的 VDSL 标准采用了这两种线路码。

5.4.3　VDSL 业务应用

VDSL 技术完全可以提供传统的 xDSL 的所有通用业务。

① 通过高速数据接入业务功能，用户可以快速地浏览因特网上的信息，收发电子邮件，上传下载文件。

② 通过视频点播业务功能，用户可以在线收看影视，收听音乐，同时还可以进行交换式的在线游戏点播。尤其是视像业务功能，将是有线电视的强有力的挑战者，因为用户只会选择物美价廉的方案，所以 VDSL 技术将会是其首选。

③ 通过家庭办公业务功能，用户可以高速接入公司的内部网络，查阅公司的信息，参加公司内部会议，完成工作。由于上、下行的速率很快，所以用户根本不用担心耽误工作业务。

④ 通过远程业务功能，用户可以通过网络接收异地实时教学，医院可以通过网络完成异地医疗会诊，用户也可以通过网络完成购物等。

5.4.4　VDSL 接入设备选用原则

对于 VDSL 产品在安全性方面的要求非常高,特别是将 VDSL 产品应用在宽带接入领域的时候。首先 VDSL 产品要能够实现端口的隔离,同时要能够划分 VLAN,要支持 IEEE802.1Q 协议或者是依据端口的 VLAN。为了防止非法用户盗用别人的账户、利用别人的端口进入网络中, VDSL 交换机应该支持端口防盗用,将合法用户的 MAC 地址或者 IP 地址等信息与交换机的物理端口绑定在一起。另一方面是该类交换机需要支持多种的安全认证手段,比如说支持DHCP、Web 的认证方式。另外最重要的是对 IEEE 802.1x 协议的支持,要支持 IEEE 802.1x EAP 报文的透传,有的交换机还能够实现 IEEE 802.1x EAP 报文的终结。

另外, VDSL 交换机要能支持端口聚集,当设备提供多个 100M 上联以太网接口时,建议支持端口聚集功能,支持 IEEE 802.1ad。另外 VDSL 交换机应该支持流量控制功能。VDSL 交换机还需要对广播、组播、单播和非法帧进行过滤。设备支持其他方式的二层包过滤功能,如基于源 MAC 地址、设备端口等。另外设备需要支持抑制的功能,可以设置多种抑制策略,如广播抑制、组播抑制等。

对于视频的支持也非常重要, VDSL 交换机应该支持组播功能,在拓扑相对复杂的城域网中对生成树的支持也非常重要。同时还要考虑以下几个方面:① 局端设备应具备最佳的性能;② 局端设备应具有多重的冗余备份确保高可靠性;③ 局端设备应具有最低的功耗;④ 设备应具有灵活配置的特点;⑤ 设备应具有卓越的可扩展性。

5.4.5　VDSL 接入设备安装

VDSL 技术仍旧在一对铜质双绞线上实现信号传输,无需铺设新线路或对现有网络进行改造。用户一侧的安装也比较简单,只要用分离器将 VDSL 信号和语音信号分开,或者在电话前加装滤波器就能够使用。

1. 用户线路开通 VDSL 业务的条件

(1) 对用户线路的基本要求

① 要求用户线路不另加电感线圈,用户线路加感线圈的做法在国内很少见;

② 用户线路使用双绞线,如果入户线采用四芯线,建议采用四芯双绞线,最好不要使用四芯平行线,对于四芯平行线建议采用其中的一对;

③ 对用户线路的屏蔽没有特殊要求,不允许使用有桥接抽头的用户线路;

④ 推荐小区用户使用,建议不在工厂、公路边等干扰较大的场合使用;

⑤ 如果用户线中存在平行线、铁线或铝线,其长度不应超过 20m。

(2) 对用户线路电气参数的要求

① 断开交换机与外线配线架的连线后, AB 线间、AB 线对地交/直流电压应大约为 0V,用万用表或 112 测量台测试时,结果在 1V 以下属于正常;

② AB 线间电容满足 $C_{a-b}<50nF$,特殊情况最大不能超过 55nF,A、B 线对地电容容差值不大于 5%;

③ AB 线间绝缘电阻,以及 AB 线对地绝缘电阻应大于 5MΩ;

④ 用户线路为 0.4mm 线径时, AB 线间的环路电阻小于 290Ω。

用户线路的长度基本可以按照线间电容 50nF/km 进行估算,或按照环路电阻进行估算。

常见线路的直流环路电阻参考值如下：32mm 线径直流环路电阻为 470Ω/km；4mm 线径直流环路电阻为 290Ω/km；5mm 线径直流环路电阻为 190Ω/km。

当测量结果满足以上条件时，基本可以保证 VDSL 信号的高速传输要求，否则可能会出现传输速度下降，甚至 VDSL 链接无法建立等情况。

2. 用户端分离器的安装位置

用户端分离器必须置于所有的音频设备之前使用，否则，务必在每个音频设备前安装分离器，正确的安装方法如图 5-26 所示。

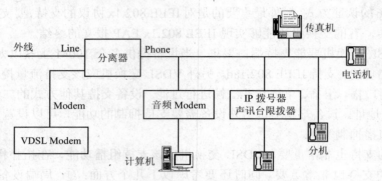

图 5-26　用户端分离器的安装方法

3. 网吧组网应用

建议采用代理服务器组网方式进行网吧组网，使用配置较高的计算机作为代理服务器，其他计算机通过代理服务器上网，如果采用小型路由器，效果更好。同时，建议采用专业的代理服务器软件，实际应用中，代理软件的不当使用是导致异常情况出现的重要环节。

5.5　xDSL 接入网系统设计

xDSL 接入网系统设计包括接入层设计、汇聚层设计、核心层设计、链路容量的计算、网络安全和网络管理等几个方面。

1. 接入层设计

接入层设计的重点在如下的 3 个方面。

（1）设备选型

有了良好的 DSLAM 设备，才能为构建一个良好的 ADSL 网络打下坚实的基础。大型本地网使用的 DSLAM 设备应控制在三家厂商以下，中等本地网应控制在两家以下。设备选型主要考虑的因素包括：① 高密度、低功耗；② 高扩展性，一是本地扩展（同机房内级联），二是远程扩展（不同机房之间设备的级联）；③ 具备二三层功能，上行方式灵活，DSLAM 设备具备二三层功能，优选支持 ADSL、VDSL 和 SHDSL 同框混插的设备；④ 支持 VLAN 功能，支持基于 SNMP 协议的端口配置和管理，支持基于端口的流量控制，支持 802.1p 等功能；⑤ 尽量选择能同时提供 IP 和 ATM 两种上联接口的 DSLAM 设备，IP 口主要用于宽带接入，ATM 口主要用于专线。

（2）局点选择，容量规划

合理分散、就近用户：大中城市对宽带接入的需求大，为了减少线间干扰，建议采用合理分散、就近用户的形式设置节点，尤其是对经济形势较好的地区，建议接入网实现 ADSL 全覆盖，在接入网规划建设的同时考虑 ADSL 的规划建设，以便运营企业在提供电话业务的同时也能提供 ADSL 业务。

规划周期：在规划 ADSL 的容量时，尽量以满足未来一年的需求为宜，时间太短易造成容量紧缺，工程建设频繁，网络规划混乱；时间太长则易因为需求预测不准确而导致资源空闲或短缺。

子框配满用户电缆：工程建设时建议对 DSLAM 设备采取"子框配满用户电缆"的原则，一方面可以减少设备扩容时的工程量，另一方面方便优化人员根据市场需求的变化，灵活地在现有网络容量上进行资源调配。

（3）接入层组网方式

接入层的网络结构可采用星型、链型或环型结构，结合设备特性、传输网络结构具体选择，以节约投资。部分 DSLAM 设备本身具备本地扩展和远程级联相结合的组网方式。

本地扩展是指在同一机房多个 DSLAM 设备之间通过高速连接电缆或尾纤直接相连，多个设备组成一个网元，共用一条链路上连汇聚层节点。本地扩展的设备组网方式可以有效地减少光纤资源的占用，降低成本，还可以大大降低网元数，减轻网络管理的压力。

远程级联是指多个远端的 R-DSLAM 网元用 ATM STM-1 或 $N×E1$ ATM 以星型连接中心局的 CO-DSLAM 网元，中心局的 CO-DSLAM 网元采用 STM-1 或 FE/GE 连接到 ATM/MAN 网络上。远程级联能有效地降低汇聚层设备（ATM 交换机或城域网以太网交换机）的端口占用。对于 ATM 上行的节点，尽量采用 DSLAM 网元级联的方式，中心局的 CO-DSLAM 网元容量不宜过大；避免单个较小容量的 DSLAM 网元单独占用 ATM 端口。IP 城域网接入层端口资源比较丰富，对于 IP 上行的节点，采用就近接入 IP 城域网的方式。

2. 汇聚层设计

ATM 本地网的定位，主要是为 2Mbit/s 以上带宽需求的大客户提供综合接入，同时作为本地高质量的 xDSL、DDN 以及其他窄带业务的综合承载平台，所以在此不主张对 ATM 网络进行大规模的扩容，各地区可利用已建成的 ATM 网络资源（但端口资源相对有限）。IP 城域网的定位是为本地宽带、窄带等多业务搭建承载平台，运营企业应加大网络的建设和优化力度，使端口资源丰富。原则上新建的 ADSL 网络都采用 IP 上行方式，即以 IP 城域网作为汇聚层的承载媒体。汇聚层网络拓扑结构可采用网状网或部分网状网结构。

3. 核心层设计

核心层节点宜控制在 4～6 个之间，个别的大城市可达 8 个。核心层节点宜采用网状网或部分网状网互连的形式。核心层应选择两个节点与因特网骨干网互连。

大城市核心层设备宜以高速路由器作为节点设备，中等城市业务量亦可采用低速路由器或高速二三层 LAN 交换机为核心组建城域网。

BRAS 的集中放置和分布放置是相对的，应该以用户数量、网络结构、承诺带宽等为依据，采用相对集中的方式设置 BRAS。BRAS 用户数量配置不宜太小，避免 BRAS 设备的数量过多、太分散，否则会增加维护管理的难度；BRAS 用户数量配置也不宜太大，否则会增加单点故障的影响和设备的负担，尤其是容易扩大二层网络的规模。目前高性能的 BRAS 支持在线用户数 4000 左右，建议优化人员按照 1：3 或 1：4 设置用户，保证每个在线用户 200kbit/s 的带宽。另外，根据网络的拓扑和业务发展的需要，优化人员可以选择中等性能的 BRAS，分散布置于城域网的汇接层。

用户认证主要包括 PPPoE、DHCP+Web、IEEE802.1x 等，这几种方式各有优缺点。从技术的成熟性和设备的经济性考虑，现阶段用户认证仍以 PPPoE 为主，DHCP+Web 方式为辅。各种宽带接入方式都应考虑支持基于 MAC 地址、基于 IP 地址、基于 TCP/UDP 端口号或基于 VLAN 的流过滤功能，以确保用户的管理和控制以及计费信息的采集和安全。

为便于开展业务，BRAS 应能够支持多种接入方式，同时支持 PPPoE 和 DHCP+Web 接入方式，支持 DHCP Relay 和 DHCP Proxy 的功能。

宽带接入 IP 地址按接入方式不同，可以分为静态分配 IP 地址和动态分配 IP 地址两类。静态分配 IP 地址，主要采用 ADSL 专线方式接入和局域网 VLAN 接入方式；动态分配 IP 地址，是指采用 ADSL 或局域网 PPPoE 方式接入的方式。在这两种不同的情况下，IP 地址的分配和认证服务器都有不同的要求。第一种情况其 IP 地址是静态配置的，在进行 IP 地址的规划时一般根据每个节点这类用户的数量和未来一定时间内的发展趋势，为每个节点一次性申请一段地址，每次有新的用户时，从这段地址内进行分配即可。第二种情况下，采用在接入服务器上配置 IP POOL 的方式，每次用户通过客户端的软件拨号，然后在经过 RADIUS 认证后由接入服务器在 IP POOL 中动态地分配 IP 地址。IP 地址池中数量的配置要根据每个节点的用户数量和用户拨号上网的具体情况而定，一般 IP POOL 中地址的数量是注册用户数量的 1/4。在统计用户数量时同时要考虑到一段时间内注册用户的增长的需求，以避免因地址池太小而导致用户无法上网。

4. 链路容量计算

随着业务的发展，用户对带宽的要求将越来越高。DSLAM 设备和 ATM 网互连带宽需求的计算方法为：假设每个用户平均分配带宽为 512kbit/s，并发用户上网率为 50%，网络使用时间占线的百分比为 25%，则 1 个节点上行带宽为 155Mbit/s 时，所带用户数为(155×1024)/(512×50%×25%)=2480。

BRAS 设备和 ATM 网互连带宽需求的计算方法为：假设并发用户上网率为 50%，同时需要认证的用户数百分比为 25%，又因为 BRAS 各自均具备支持 PPP 并发连接的用户数为 10000 用户，所需带宽=10000×50%×25%×512kbit/s=640Mbit/s，即 BRAS 与 ATM 网的连接只需用 4 个 155Mbit/s 的传输线路即可，与 IP 网的连接采用 1 个吉比特以太网接口就能满足要求。

5. 网络安全

ADSL 网络安全重点在汇聚层和核心层，制定网络安全方案时应考虑几个原则。

① 保证网络的可用性，这是网络的第一安全因素，优化人员在网络设计时充分考虑链路和设备的故障冗余。

② 加强网络设备安全，增加网络设备（路由器、交换机、接入服务器等）的口令强度，采用 RADIUS 服务器实行集中式口令管理和操作记录管理。针对设备操作系统的安全漏洞，及时升级设备操作系统，并关闭设备中不必要的服务功能。

③ 加强网络路由安全，防止网络的配置失误影响路由稳定性。

④ 加强网络流量攻击的防范，减少网络中流量攻击。加强网络流量的管理，通过流量

预警机制，及时发现因拒绝服务攻击等产生的异常流量情况，并通过快速部署控制策略，减小异常流量对网络资源的消耗。

6. 网络管理

网络管理包括接入层 DSLAM 管理、光电转换设备管理、传送层（ATM/IP 城域网）管理。对于大中城市，DSLAM 设备网元数量庞大，为提高安全性、可靠性和可管理性，宜采用分区管理，在网管中心设置网管服务器，各个区放置网管客户端，各个区的终端只能管理所属区域的设备。

由于现有的 IP 上行的 DSLAM 几乎都采用电接口，需要经由光电转换设备转换为光接口上连汇聚层节点。大量采用 IP 上行方式随之带来的是光电转换设备的管理。光电转换设备宜采用具有网管功能的设备，在城域网节点机房，光电转换器的网管卡直接连接城域网，在 IP-DSLAM 机房，光电转换器的网管卡连接 IP-DSLAM 的网管端口。

网络层管理应该加强网络的全程全网监控，加强故障报警、分析和处理能力，加强网络流量流向的采集、监视和分析，加强端到端路由的优化和分析，加强网络整体性能和端到端性能的分析和优化，加强网络资源管理。

业务层管理包括业务的开通、修改、控制和报表等，实现端到端业务的开通、监视和故障分析处理。

目前，很多地市的业务开通采用的是人工或者半自动的业务开通模式，开通周期长，出错概率高，修改复杂，网络管理系统应开发业务自动开通功能，实现业务的自动开通、暂停和复通。

思考题与练习题

5-1　什么是 DSL 技术，目前已提出的种类有哪些？

5-2　在 DSL 技术中，传输速率最快的是哪种？

5-3　ADSL 的复用技术有哪两种，它们之间有哪些异同点？

5-4　ADSL 的调制技术有哪几种？

5-5　什么是 QAM 调制技术？

5-6　CAP 调制与 QAM 调制相比有什么不同？

5-7　简述 DMT 的基本原理。

5-8　DMT 调制技术有哪些优点？

5-9　ADSL 的接入方式有哪几种？

5-10　ADSL 的传送模式有几种？

5-11　画出 ADSL 接入模型。

5-12　DSLAM 的功能是什么？

5-13　宽带接入服务器的主要功能是什么，包括哪些功能模块？

5-14　ADSL Modem 的主要功能是什么，常用的 Modem 有几种？

5-15　ADSL 用户管理中心的功能是什么？

5-16　ADSL 的地址分配方式有哪几种，各有何特点？

5-17 简述 ADSL 设备选择原则。

5-18 ADSL 测试项目有哪些?

5-19 画出 VDSL 系统结构图,简述各部分作用。

5-20 简述 VDSL 的主要应用。

5-21 简述 VDSL 接入设备的选择原则。

5-22 XDSL 接入系统设计包括哪些方面?

第6章 有线宽带接入技术——FTTX+LAN

6.1 OAN 接入技术

6.1.1 OAN 概述

所谓光接入网（OAN）就是指在接入网中采用光纤作为主要传输媒质来实现信息传送的网络形式。接入网中的光区段可以是点到点、点到多点的结构。根据接入网室外传输设施中是否含有源设备，OAN 可以分为无源光网络（PON）和有源光网络（AON）。

PON 主要采用无源光功率分配器（耦合器）将信息送至各客户端。由于采用了光功率分配器，使功率降低，因此较适合短距离使用；若传输距离较长，或用户较多，可采用光纤放大器（EDFA）来增加功率。PON 系统具有易于扩容和展开业务、组网灵活、设备简单、体积小、安装维护费用较低、初期投资不高等优点，但其对光器件要求较高，且需要较为复杂的多址接入协议。

AON 采用有源的电复用器分路，将信息送给用户。其主要优点是传输距离远、传输容量大、用户信息隔离度好、易于扩展带宽、网络规划和运行的灵活性大。不足之处是有源设备成本比较高，且需要机房、供电和维护等。

1. 光接入网的参考配置

光接入网的参考配置如图 6-1 所示。

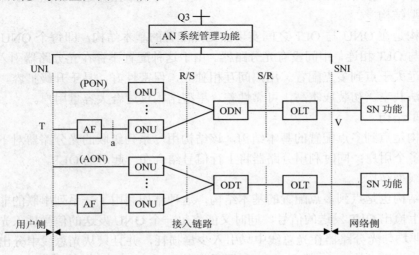

图 6-1 光接入网的参考配置

其中，SNI 为业务节点接口，UNI 为用户网络接口，Q3 为网络管理接口；S 为光发送参考点，与 ONU/OLT 光发送端相邻；R 为光接收参考点，与 ONU/OLT 光接入端相邻；V 为业务网络接口参考点；T 为用户网络接口参考点；a 为 AF 与 ONU 间的参考点。

由图 6-1 可知，光接入网一般是一个点到多点的光传输系统，主要由光网络单元（ONU）、光线路终端（OLT）、光配线网络(ODN)/光远程终端（ODT）和适配功能块（AF）等组成。

① 光网络单元（ONU）：ONU 位于用户和 ODN 之间，实现 OAN 的用户接入，为用户提供通往 ODN 的光接口。ONU 主要由核心部分、业务部分和公共部分组成。核心部分用于处理和分配与 ONU 相关的信息，提供一系列物理光接口与 ODN 相连，并完成光/电和电/光转换。业务部分主要是提供用户端口功能，将用户信息适配为 64kbit/s 或 $n\times64kbit/s$ 的形式，并提供信令转换。该部分可为一个或若干个用户提供用户端口。公共部分功能包括供电功能和 OAM 功能。供电功能用于将外部供电电源转变为内部所需的数值。OAM 功能是通过相应的接口实现对所有功能块的运行、管理与维护及与上层网络管理的连接。

② 光线路终端（OLT）：位于 ODN 与核心网之间，实现核心网与用户间不同业务的传递功能，它可以区分交换和非交换业务，管理来自 ONU 的信令和监控信息，同一个 OLT 可连接若干个 ODN。OLT 在分配侧提供与 ODN 相连的光接口，在网络侧通过标准 SNI 接口连接到业务网络，可设置在本地交换局或远程。

③ 光配线网络（ODN）：位于 ONU 和 OLT 之间，为多个 ONU 到 OLT 的物理连接提供光传输媒质，完成光信号的传输和功率分配任务。通常 ODN 是由光连接器、光分路器、波分复用器、光衰减器、光滤波器和光纤光缆等无源光器件组成的无源光分配网。

④ 光远程终端（ODT）：由光有源设备组成，用在有源光网络中，与 ODN 在网络中的位置、作用一样。

⑤ 适配功能块（AF）：为 ONU 和用户设备提供适配功能。它可以包含在 ONU 内，也可完全独立。

2. 光接入网的拓扑结构

光接入网的拓扑结构取决于 ODN 结构，ODN 一般是点到多点结构。按照 ODN 连接方式不同光接入网可分为星型、树型、总线型和环型 4 种基本拓扑结，如图 6-2 所示。

（1）星型结构

星型结构是在 ONU 与 OLT 之间实现点到点配置的基本结构，即每个 ONU 经一根或一对光纤直接与 OLT 相连，中间没有光分路器。由于这种配置不存在光分路器引入的损耗，因此传输距离远大于点到多点配置。用户间互相独立，保密性好，易于升级扩容。缺点是光纤和光设备无法共享，初装成本高，可靠性差。星型结构仅适合大容量用户。

（2）树型结构

树型结构是点到多点配置的基本结构，该结构用一系列级联的光分路器对下行信号进行分路，传给多个用户；同时利用分路器将上行信号结合在一起送给 OLT。

（3）总线型结构

总线型结构也是点到多点配置的基本结构，这种结构利用了一系列串联的非均匀光分路器，从总线上检出 OLT 发送的信号，同时又能将每一个 ONU 发送的信号插入光总线送回给 OLT。这种非均匀光分路器在光总线中只引入少量损耗，并且只从光总线中分出少量的光功率。其分路比由最大的 ONU 数量、ONU 所需的最小输入光功率等具体要求确定。这种结构非常适合于沿街道、公路线状分布的用户环境。

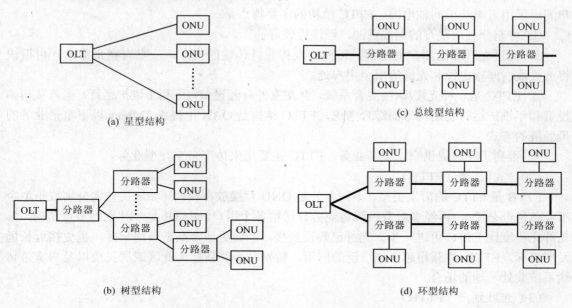

(a) 星型结构

(c) 总线型结构

(b) 树型结构

(d) 环型结构

图 6-2　光接入网中的拓扑结构

（4）环型结构

环型结构也是点到多点配置的基本结构。这种结构可看作是总线结构的一种特例，是一种闭合的总线结构，其信号传输方式和所用器件与总线型结构差不多。由于每个光分路器可从两个不同的方向通到 OLT，因此其可靠性大大提高。

实际中，选择光接入网的拓扑结构时应考虑多种因素，如用户所在地的分布、OLT 和 ONU 的距离、不同业务的光信道、可用的技术、光功率预算、波长分配、升级要求、可靠性和有效性、操作管理和维护、ONU 供电、安全和光缆容量等。上述的任何一种结构均不能完全适用于所有的实际情况，光接入网的拓扑结构一般是由几种基本结构组合而成的。

3. 光接入网的应用类型

根据光网络单元放置的具体位置不同，光接入网可分为光纤到路边（FTTC）、光纤到楼（FTTB）、光纤到户（FTTH）和光纤到办公室（FTTO）4 种基本应用类型，如图 6-3 所示。

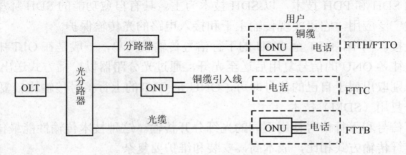

图 6-3　光接入网的应用类型

（1）光纤到路边（FTTC）

在 FTTC 结构中，ONU 可设置在路边的人孔或电线杆上的分线盒处，也可设置在交接箱处。传送窄带业务时，ONU 到各用户间采用普通双绞线铜缆；传送宽带业务时，ONU 到用户间可采用五类线或同轴电缆。FTTC 结构的主要特点是：

① 可充分利用现有的铜缆资源，经济性较好；

② 促进光纤靠近用户的进程，可充分发挥光纤传输的优点，一旦有宽带需求，可很快将五类线、同轴电缆和光纤等引至用户处；

③ FTTC 是一种光缆/铜缆混合系统，存在室外有源设备，不利于维护运行，但若从初始投资和年维护运行费用两方面综合考虑，FTTC 结构是 OAN 中提供 2Mbit/s 以下窄带业务的最经济的方式；

④ 不利于同时提供窄、宽带业务，FTTC 主要用来传窄带交互型业务。

（2）光纤到楼（FTTB）

FTTB 是 FTTC 的衍生类型，不同之处是 ONU 直接放在楼内（如居民住宅公寓或小型企事业单位办公楼），再经多对双绞线将业务分送给各个用户。FTTB 是一种点到多点结构，其光纤化程度比 FTTC 更进一步，光纤已敷设到楼，因而更适合高密度用户区，也更接近长远发展目标。FTTB 将获得越来越广泛的应用，特别是那些新建工业区或居民楼以及与宽带传输系统共处一地的场合。

（3）光纤到户（FTTH）

FTTH 结构是将 FTTC 结构中设置在路边的 ONU 换成无源光分路器，然后将 ONU 移到用户家中。FTTH 用于居民住宅用户，业务量需求很小，其经济结构是点到多点方式。FTTH 接入网是全透明的光网络，对传输制式、带宽、波长和传输技术没有任何限制，适于引入新业务，是一种最理想的网络，是光接入网发展的长远目标。

（4）光纤到办公室（FTTO）

FTTO 结构与 FTTH 结构类似，不同之处是将 ONU 放在大企事业用户（公司、大学、科研究所和政府机关等）终端设备处，并能提供一定范围的灵活业务。由于大企事业单位所需业务量较大，因而 FTTO 适合于点到点或环型结构。FTTO 也是一种纯光纤连接网络，可将其归入与 FTTH 同类的结构中。但要注意两者的应用场合不同，结构特点也不同。

4. 光接入网的传输技术

光接入网的传输技术主要负责在 OLT 和多个 ONU 之间，实现上行信号和下行信号的正确传输。在有源光接入网中，OLT 与 ONU 之间通过有源传输设备相连，传输技术是骨干网中大量采用的 SDH 和 PDH 技术，以 SDH 技术为主。具有自愈功能的 SDH 环型网将在有源光接入网中被广泛应用，它可实现传输主干和接入电路的光传输保护。

在无源光接入网中，OLT 至 ONU 的下行信号传输较简单，一般是在 OLT 中采用时分复用方式，将送往各 ONU 的信号复用后送至光纤，通过光分路器以广播方式送出，各个 ONU 收到信号后分别取出属于自己的信号即可，ONU 至 OLT 的上行信号传输比较复杂。

（1）空分复用（SDM）技术

是指上行信号和下行信号使用不同的光纤分开传输。这种技术传输性能最佳，实现也最简单，但与单纤传输方式相比，成本高，安装和维护要复杂。

（2）时分复用(TDM)/时分多址（TDMA）技术

是指在同一个光载波波长上，将时间分割成周期性的帧，每帧再分割成若干个时隙，按一定的时隙分配原则，使每个 ONU 在指定时隙内以分组方式向 OLT 发送信号，如图 6-4 所示。

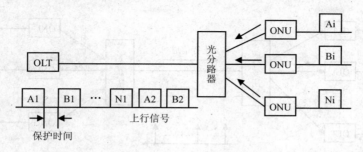

图 6-4　TDM/TDMA-PON 原理示意图

这种技术所用器件相对简单，技术上也相对成熟。但在实际组网时，由于各个 ONU 与 OLT 之间的距离不同，上行传输时必然引起各 ONU 信号到达光分路器和 OLT 的相位及幅度不同。为此要求 OLT 必须具备一整套完善的测距系统，以防止信号在光分路器处出现碰撞；必须具有快速比特同步电路，保证 OLT 在每个分组信号开始的几个比特时间内迅速建立比特同步；采用突发模式的光接收机，才能根据每一个分组信号开始的几个比特信号幅度大小迅速建立合理的判决门限，正确还原出该组信号。

（3）时间压缩复用(TCM)/时间压缩多址（TCMA）技术

是指利用一根光纤，传输时不断改变收、发方向，使两个方向的信号以脉冲串的形式轮流在同一根光纤中传输。其工作原理是 OLT 将下行信号先经过时分复用技术形成下行脉冲串，再放入发送缓存器中进行时间压缩，最后在规定时间内送到光纤上传输。经光分路器后以广播方式送给 ONU，各个 ONU 依次取出属于自己的信号。在随后的时间段内，各 ONU 依次在属于自己的时隙内以突发方式向 OLT 发送信号，形成上行脉冲串。待其发送完毕，OLT 又开始发送下一个下行脉冲串，如此循环下去，如图 6-5 所示。

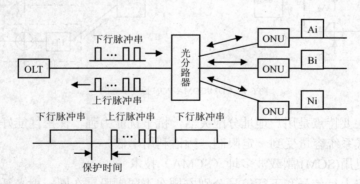

图 6-5　TCM/TCMA-PON 示意图

这技术的特点是用一根光纤实现双向传输，节约了光纤、光分路器和活动连接器等，网管系统判断故障比较容易；但 OLT 和 ONU 的电路较复杂，传输速率不能太高。

（4）波分复用(WDM)/波分多址（WDMA）技术

是指在同一根光纤上，上行信号和下行信号分别使用不同波长的光信号传输，如采用 1310nm 波长传送上行信号，采用 1550nm 波长传送下行信号，上行和下行信道完全透明。且不同 ONU 采用不同的波长，每个方向的传输信号再由波分复用器分开。如图 6-6 所示。

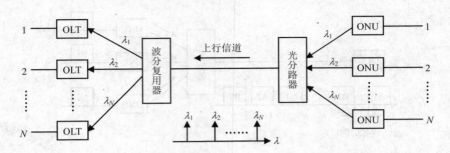

图 6-6　WDM/WDMA-PON 原理示意图

这种技术的主要缺点是对光源的波长稳定度要求很高，上行信道数受到限制，不能共享 OLT 设备，成本较高等。

（5）码分复用(CDM)/码分多址（CDMA）技术

其基本原理是给每一个 ONU 分配一个惟一的正交码作为地址码，并将各 ONU 的上行信号与其进行模二加，再去调制具有相同波长的激光器，经分路器合路后送到光纤传输。OLT 接到信号后通过光/电检测器接收、放大和模二加等过程恢复出各个 ONU 送来的信号，如图 6-7 所示。

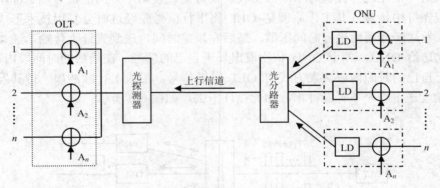

图 6-7　CDM/CDMA-PON 原理示意图

这种技术的主要特点是用户地址分配灵活，抗干扰能力强，保密性能好，各 ONU 可灵活接入。但该方式系统容量受到一定限制，频谱利用率低。

（6）副载波复用(SCM)/副载波多址（SCMA）技术

这种技术是将上行信号和下行信号分别安排在不同频段，在同一根光纤中完成双向传输任务。下行信号一般采用 TDM 方式的基带传输形式，安排在低频段；上行信号采用 SCM/SCMA 方式，安排在较高频段。

SCM/SCMA 技术是指除光波外，多路信号还调制在电的载波上的复用技术。一般情况下，SCM/SCMA 系统是以射频波或微波作为副载波。各个 ONU 的上行信号先对不同频率的副载波分别进行电调制，再去调制具有相同波长的激光器，经分路器合路后送入光纤传输。OLT 接收光信号，经光/电变换、放大、滤波和解调后还原出各个 ONU 送来的上行信号，如图 6-8 所示。

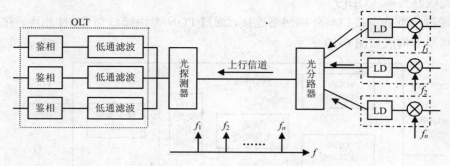

图 6-8　SCM/SCMA-PON 原理示意图

　　这种技术的主要特点是技术成熟，电路简单，易于实用化；各信道彼此独立，不需要复杂的同步技术；所需要的光器件较少，增加/减少一路 ONU 较方便；但由于各个 ONU 与 OLT之间距离不同，将导致各路间接收到的光功率相差较大，容易引起严重的相邻信道干扰，影响系统性能。

6.1.2　ATM 无源光网络（APON）

1．APON 系统结构

　　APON 是指采用 ATM 信元传输方式的 PON。APON 主要由光线路终端（OLT）、光分路器、光网络单元（ONU）和光纤光缆等组成。OLT 与 ONU 一起通过 ODN 配线网为 UNI 和SNI 之间提供透明的 ATM 传输业务，APON 系统结构如图 6-9 所示。

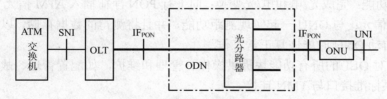

图 6-9　APON 系统结构

　　根据 G.983.1 建议可知，传输线路的标称速率有两种，即对称速率（155.52Mbit/s）和非对称速率（上行 155.52Mbit/s，下行 622.08Mbit/s）。实现双向传输的方式也有两种，一是采用单纤波分复用方式，即利用一根光纤的 1310nm 和 1550nm 两个低损耗窗口及 WDM 技术实现单纤双向传输，1310nm 波长传上行信号，1550nm 波长传下行信号；二是采用单向双纤空分复用方式，即利用两根光纤的 1310nm 窗口分别传输上下信号。

　　目前，APON 系统一般采用波分复用方式及 TDM/TDMA 传输复用技术实现单纤双向传输，即 OLT 送往 ONU 的下行信号用 TDM 技术，ONU 送往 OLT 的上行信号用 TDMA技术。

　　下行方向，由 ATM 交换机来的 ATM 信元先送给 OLT，转换成速率为 155.52Mbit/s 或622.08Mbit/s 的下行信号，经过光分路器以广播方式发送给与 OLT 相连的 ONU，每个 ONU可以根据信元的 VCI/VPI 选出属于自己的信元送给用户终端。上行方向，各个 ONU 收集来自用户的信息，适配成 ATM 信元格式，通过 1310nm 波长以 155.52Mbit/s 速率传输。

（1）光线路终端（OLT）

OLT 通过标准业务接口与外部网络连接，通过 PON 专用接口与 ODN 相连，按要求提供光接入，其基本构成如图 6-10 所示。

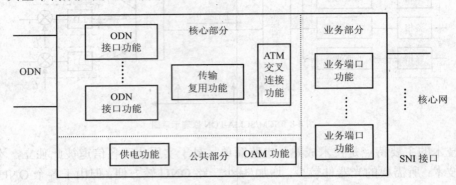

图 6-10　OLT 功能块

业务端口功能：主要通过 VB5.x 或 V5.x 接口实现系统和不同类型的业务节点的接入，可将 ATM 信元插入上行的 SDH 净荷区，也可从下行的 SDH 净荷中提取 ATM 信元。

ATM 交叉连接功能：主要实现多个信道的交换、信元的路由选择、信元的复制、错误信元的丢弃等功能。

传输复用功能：为业务端口和 ODN 接口提供 VP 连接，并在 IF_{PON} 点为不同的 VP 分配不同的业务。不同信息（如主要内容、信令和 OAM 信息流）可用 VP 中的 VCs 来交换。

ODN 接口功能：完成光/电和电/光变换；向下行 PON 净荷插入 ATM 信元并从上行 PON 净荷提取 ATM 信元；与 ONU 一起实现测距功能，并且将测得的数据存储，以便在电源或者光中断后重新启动 ONU 时能恢复正常工作。

OAM 模块对 OLT 的所有功能块提供操作、管理和维护，如配置管理、故障管理和性能管理等，并提供标准接口与 TMN 连接。

供电模块将外部电源变换为机内所要求的各种电源。

（2）光网络单元（ONU）

ONU 通过 PON 专用接口与 ODN 相连，通过多种 UNI 接口与不同用户终端相连，支持多种用户终端接入，其功能块如图 6-11 所示。

图 6-11　ONU 功能块

ODN 接口功能：实现光/电和电/光变换功能；从下行信号中提取定时信号，保证频率同步；与 OLT 一起完成测距功能；在 OLT 控制下调整发送光功率；若与 OLT 通信中断时，则切断 ONU 光发送，以减小该 ONU 对其他 ONU 通信的串扰。

传输复用功能：用于处理和分配相关信息，即分析从 ODN 接口来的下行信号，在定时信号的控制下取出属于该 ONU 的 ATM 信元；同时在规定时间内将上行 ATM 信元发送给 ODN 接口。

用户和业务复用功能：对来自不同用户的 ATM 信元进行复用，经传输复用送至 ODN 接口，并对已取出的 ATM 信元进行解复用送至各用户端口。

用户端口功能：通过多种 NUI 接口与不同用户终端相连，将各种用户信息适配成 ATM 信元，插入上行净荷中，并从下行净荷中提取 ATM 信元。

OAM 功能：对 ONU 所有的功能块提供操作、管理和维护（如线路接口板和用户环路维护、测试和告警，告警报告送给 OLT 等）。

供电功能：提供 ONU 电源变换，与实际供电方式有关。

（3）光配线网络（ODN）

ODN 在 OLT 和一个或多个 ONU 之间提供一条或多条光信道，主要由单模光纤和光缆、带状光纤和光缆、光连接器、无源光分路器、无源光衰减器和光接头等无源光器件组成。根据 ITU-T 的建议，一个 ODN 的分支比最高能达到 1：32，即一个 ODN 最多支持 32 个 ONU；光纤的最大距离为 20km；光功率衰减范围是 B 类 10dB～25dB、C 类 10dB～30dB。

2. APON 系统帧结构

不论是上行方向还是下行方向，ATM 信元都是以 APON 帧格式在 APON 系统中进行传输，APON 系统下行帧结构如图 6-12 所示。

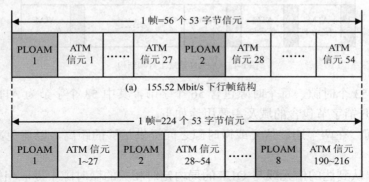

图 6-12　APON 系统下行帧结构

下行方向的 APON 帧结构是由连续的时隙流组成，每个时隙包含一个 53 字节的 ATM 信元或 PLOAM 信元，每隔 27 个时隙插入一个 PLOAM 信元。对于速率为 155.52Mbit/s 的下行信号，每帧共 56 个时隙，其中含两个 PLOAM 信元。对于速率为 622.08Mbit/s 的下行信号，每帧共 224 个时隙，其中有 8 个 PLOAM 信元。

PLOAM 信元是物理层 OAM 信元，用来传送物理层 OAM 信息，同时携带 ONU 上行接入时所需的授权信号。通常，每个 PLOAM 信元有 27 个授权信号，而 ONU 上行接入时每帧只需要 53 个授权信号，该 53 个授权信号被映像到下行帧前两个 PLOAM 信元中，第 2 个 PLOAM 信元的最后一个授权由一个空闲授权信号填充。在 622.08Mbit/s 的下行帧结构中，后面的 6 个 POLAM 信元的授权信号区全部填充空闲授权信号，不被 ONU 使用，每个授权信号长度是 8bit。ITU-T 建议中规定有不同类型的授权信号，如表 6-1 所示。

表 6-1 授权信号

类 型	编 码	定 义
数据授权	除 11111101、11111110 和 11111111 外的任何值	指示一个上行 ONU 数据授权，在测距协议中使用授权-分配消息，将数据授权值分配给 ONU。则该 ONU 可发送一个数据信元，或当没有数据信元可用时发送一个空闲信元
PLOAM 授权	除 11111101、11111110 和 11111111 外的任何值	指示一个上行 ONU 的 PLOAM 授权，在测距协议中使用 grant-allocation 消息，将 PLOAM 授权值分配给 ONU。该 ONU 总是发送一个 PLOAM 信元来响应该授权
分离时隙 授权	除 11111101、11111110 和 11111111 外的任何值	指示一组上行 ONU 分离时隙授权，在测距协议中使用 Divided-slot-grant-configuration 消息，OLT 分配授权给一系列 ONU，配置的每个 ONU 都发送一个微时隙
预留授权	除 11111101、11111110 和 11111111 外的任何值	这些授权可作为特殊数据授权类型，如用于表示一个特定的 ONU 接口或 QoS 等级
测距授权	11111101	用于测距过程，测距协议中给出了对授权起作用的条件
未分配的 授权	11111110	指示一个未使用的上行时隙
空闲授权	11111111	用于从上行信元速率里解耦下行 PLOAM 速率，一般 ONU 忽略这些授权

APON 系统上行帧结构如图 6-13 所示，上、下行方向的帧周期相同。

图 6-13　APON 系统上行帧结构

上行帧包含 53 个时隙，每个时隙包含 56 个字节，其中 53 个字节为 ATM 信元，3 个字节是开销字节。开销字节包含的域及主要用途如下。

① 保护时间：在两个连续信元或微时隙之间提供足够的距离，以避免冲突，最小长度是 4bit。

② 前置码：从到达的信元或与 OLT 的局内定时相关的微时隙中提取相位，获得比特同步和幅度恢复。

③ 定界符：一种用于指示 ATM 信元或微时隙开始的特殊码型，也可作字节同步。

开销的边界是不固定的，其中保护时间长度、前置码和定界符格式可由 OLT 编程决定，其内容由下行方向 PLOAM 信元中的控制上行开销信息决定。

OLT 要求各 ONU 必须获得由下行 PLOAM 信元传送来的授权信号后，才发送一个上行 ATM 信元，ATM 信元按照上升信元编号被传输。上行帧任何 ATM 信元时隙都可包括一个上行 PLOAM 信元或一个分离时隙，速率受 OLT 控制，每个 ONU 最小 PLOAM 速率是每 100ms 发送一个 PLOAM 信元，一个分离时隙由一组 ONU 的大量微时隙组成，MAC 协议用它们将 ONU 的状态信息传递给 OLT，实现动态带宽分配。

3. APON 关键技术

APON 系统的工作方式是点到多点方式，每个 ONU 在物理上总与 OLT 相连，但是各个

ONU 到 OLT 的距离不等。在下行方向以 TDM 方式工作，信号是连续脉冲串，采用标准 SDH 光接口，以广播方式传送，实现起来很容易。而上行方向是以 TDMA 方式工作，信号是突发的、幅度不等、长度也不同的脉冲串，且间隔时间也不同。基于这种突发模式，APON 的实现相对难些，涉及的主要技术有测距技术、快速比特同步技术、突发信元的收发技术和搅动技术等。

（1）测距技术

由于各个 ONU 发出的 ATM 信元是沿不同路径传输到 OLT 的，其传输距离不同，以及环境温度的变化和光电器件的老化等原因，可能导致各 ATM 信元到达接入点的时延不同，从而发生碰撞冲突。为了防止 ATM 信元发生碰撞，OLT 需要引入测距功能，来补偿因为 ONU 与 OLT 之间的距离不同而引起的传输时延差异，使所有 ONU 到 OLT 的逻辑距离相同，以确保不同 ONU 所发出的信号能够在 OLT 处准确地复用。

APON 系统的测距过程分为三步：第一步是静态粗测，在系统初始化时或 ONU 重新加电时或新的 ONU 安装调测阶段进行，这是对物理距离差异进行的时延补偿。为保证该过程对数据传输的影响较小，采用低频低电平信号作为测距信号。第二步是静态精测，每当 ONU 被重新激活时都要进行一次，是达到所需测距精度的中间环节，测距信号占据一个上行传输时隙。该过程结束后，OLT 指示 ONU 可以发送数据。第三步是动态精测，是在数据传输过程中，使用数据信号进行的实时测距，以校正由于环境温度变化和器件老化等因素引起的时延漂移。一般测距方法有以下几种。

① 扩频法：粗测时 OLT 向 ONU 发出一条测距指令，通知 ONU 发送一个特定低幅值的伪随机码，OLT 利用相关技术检测出从发出指令到接收到伪随机码的时间差，并根据这个值分配给该 ONU 一个均衡时延 Td。动态精测需要开一个小窗口，通过监测相位变化实时调整时延值。这种测距的优点是不中断正常业务，精测时占用的通信带宽很窄，ONU 所需的缓存区较小，对业务质量 QoS 的影响不大；缺点是技术复杂，精度不高。

② 带外法：粗测时 OLT 向 ONU 发出一条测距指令，ONU 接到指令后将低频小幅的正弦波加到激光器的偏置电流中，正弦波的初始相位固定。OLT 通过检测正弦波的相位值计算出环路时延，并依据此值分配给 ONU 一个均衡时延。精测时需开一个信元的窗口。这种方法的优点是测距精度高，ONU 的缓存区较小，对 QoS 影响小；缺点是技术复杂，成本较高，测距信号是模拟信号。

③ 带内法：粗测时占用通信带宽，当一个 ONU 需要测距时，OLT 命令其他 ONU 暂停发送上行业务，形成一个测距窗口供这个 ONU 使用。OLT 向该 ONU 发出一条测距指令，ONU 接到指令后向 OLT 发送一个特定信号。OLT 接收到这个信号后，计算出均衡时延值。精测时采用实时监测上行信号，不需另外开窗。这种测距方法的优点是利用成熟的数字技术，实现简单，精度高，成本低；缺点是测距占用上行带宽，ONU 需要较大的缓存器，对业务的 QoS 影响较大。

接入网最敏感的是成本，所以 APON 应该采用带内开窗测距技术。为了克服其缺点，可采取减小开窗尺寸及设置优先级等措施。由于开窗测距是对新安装的 ONU 进行的，该 ONU 与 OLT 之间的距离可以有个估计值，根据估计值先分配给 ONU 一个预时延，这样可以大大减小开窗尺寸。如果估计距离精确度为 2km，则开窗尺寸可限制在 10 个信元以内。为了不中断其他 ONU 的正常通信，可以规定测距的优先级较信元传输的优先级低，这样只有在空闲带宽充足的情况下才允许静态开窗测距，使得测距仅对信元时延和信元时延变化有一定的影响，而不中断业务。

（2）快速比特同步技术

由于测距精度有限，在采用测距机制控制 ONU 的上行发送后，上行信号还是有一定的相位漂移。由 APON 的上行帧结构可知，在每个时隙的信元之前都有 3 个开销字节，用于同步定界，并提供保护时间。开销包含 3 个域，其中保护时间可用于防止微小的相位漂移损害信号；前置比特图案可用于同步获取，实现比特同步；定界图案则用于确定 ATM 信元的边界，完成字节同步。OLT 必须在收到 ONU 上行突发信号的前几个比特内快速搜索同步图案，并以此获取码流的相位信息，达到比特同步，这样才能恢复 ONU 的信号。同步获取可以通过将收到的码流与特定的比特图案进行相关运算来实现。然而一般的滑动搜索方法延时太大，不适用于快速比特同步。因而可采用并行的滑动相关搜索方法，即将收到的信号用不同相位的时钟进行采样，采样结果同时与同步图案进行相关运算，比较运算结果，在相关系数大于某个门限时将最大值对应的采样信号作为输出，并把该相位的时钟作为最佳时钟源；如果若干相关值相等，则可以取相位居中的信号和时钟。这实际上是以电路的复杂为代价来换取时间上的收益。

（3）突发信元的收发技术

APON 系统上行信号采用 TDMA 的多址接入方式，各个 ONU 必须在指定的时间内完成光信号的发送，以免与其他信号发生冲突。突发信元的收发与快速比特同步密切相关。

为了实现突发模式，收发两端都要采用特殊技术。在发送端，光突发发送电路要求能够非常快速地开启和关断，迅速建立信号，因而传统的采用反馈式自动功率控制的激光器将不适用，需要使用响应速度很快的激光器。另外，由于 APON 系统是点对多点的光通信系统，以 1：16 系统为例，上行方向正常情况下只有 1 个激光器发光，其他 15 个激光器都处于"0"状态，根据消光比定义，即使是"0"状态，仍会有一些激光发出来。15 个激光器的光功率加起来，如果消光比不大的话，有可能远远大于信号光功率，使信号淹没在噪声中，因此用于 APON 系统的激光器要有很好的消光比。在接收端，由于每个 ONU 到 OLT 的路径不同、距离不同、损耗不同，将使 OLT 接收到的上行光功率存在较大的变化范围，要求突发接收电路一方面必须有很大的动态范围，可通过在 OLT 中采用具有自适应功能的光接收机来保证；另一方面在每次收到新的信号时，必须能快速调整接收门限电平，可通过每个上行 ATM 信元流中开销字节的前置比特实现，突发模式前置放大器的阈值调整电路可以在几个比特内迅速建立起阈值，然后根据这个阈值正确恢复数据。

（4）搅动技术

由于 APON 系统是共享媒质的网络，在下行方向上，所有的信元都是从 OLT 以广播方式传送到各个 ONU，只有符合目的地址的用户才能读取对应的信元。这就带来了用户信息的安全性和保密性等问题，为了保证用户信息有必要的安全性和保密性，APON 系统采用了搅动技术。这是一种介于传输系统扰码和高层编码之间的保护措施，通过实行信息扰码为用户信息提供一定保护。

搅动的具体实现过程是在 OLT 请求下，即接收到 new-key-request 消息时，ONU 以一个 new-churning-key 响应，在 3 个连续的 PLOAM 信元中发送搅动关键词；OLT 收到 3 个相同的搅动关键词后，用搅动关键词在传输汇聚层（TC）对下行信元进行搅动；在 ONU 处再通过关键词去除搅动，提取出属于自己的数据。搅动用于点到点的下行连接，且仅在设置时去激活每一个 VP 的搅动。每个 ONU 至少每秒更新一次搅动关键词。如果搅动不能充分满足业务的安全性需求，则应在 TC 层之上采用适当的加密机制。

搅动关键词长度为 3 个字节，是通过将 3 字节随机数据与上行用户信息中提取的三字节数据进行异或逻辑运算得到，这样可提高安全性。3 字节的关键词定义为 X1～X8，P1～P16。这种搅动技术比较简单，易于实现，且附加成本较低。

4. APON 技术特点

APON 是以 ATM 技术为基础的无源光网络，结合了 ATM 和 PON 的各自优点，代表了宽带光接入的发展方向。APON 技术具有如下优点：

① 宽带化并支持所有种类和各种比特率的业务；

② 能够全动态分配带宽，充分利用网络资源，满足用户各种需要；

③ 无源点到多点的网络结构，简单、可靠、易于维护管理；

④ 标准化程度高，使得大规模生产时可降低成本；

⑤ 安全性高；

⑥ 时延小。

APON 技术除上述优点外，还存在一些问题，如系统成本太高；系统容量和覆盖范围有限（每个 ODN 的最大分支比为 1：32，且最大传输距离在 20km 以内）；未考虑对窄带业务的支持及与其他技术相结合时需解决引入线的宽带化等一系列问题。因此，目前限制了 APON 广泛应用。但是可以相信，随着用户需求的增加、产品规模的提高、新技术的采用以及光电集成技术等相关技术的进一步发展，这些问题将会逐步得到解决。APON 系统将能给用户提供经济的、可靠的、宽带的和多业务的综合接入。

6.1.3　以太无源光网络（EPON）

APON 是 20 世纪 90 年代中期后期发完成的，当时为了制定一个基于光纤能够为商业用户和居民用户提供包括 IP 数据、视频和以太网等服务的标准，顺理成章地选择 ATM 和 PON 分别作为网络协议和网络平台，因为 ATM 被看作是能够提供各种类型通信的惟一协议，而 PON 是最经济宽带光纤解决方案。APON 可以通过利用 ATM 的集中和统计复用，再结合无源分路器对光纤和光线路终端的共享作用，使成本比传统的、以电路交换为基础的 PDH/SDH 接入系统低 20%～40%。

随着 IP 技术的不断完善，大多数运营商已经将 IP 技术作为数据网络的主要承载技术，由此衍生出大量以以太网技术为基础的接入技术。同时由于以太技术的高速发展，使得 ATM 技术完全退出了局域网。因此，把简单经济的以太技术与 PON 的传输结构结合起来的 Ethernet over PON 概念，自 2000 年开始引起技术界和网络运营商的广泛重视。在 IEEE802.3 EFM（Ethernet for the First Mile）会议上，加速了 EPON 的标准化工作。

EPON 是几种最佳的技术和网络结构的结合。EPON 采用点到多点结构，无源光纤传输方式，在以太网之上提供多种业务。目前，IP/Ethernet 的应用，占整个局域网通信的 95% 以上，EPON 由于使用上述经济而高效的结构，将成为连接接入网最终用户的一种最有效的通信方法。

EPON 不需任何复杂的协议，光信号就能精确传送到终端用户，来自终端用户的数据也能被集中传送到中心网络。在物理层，EPON 使用 1000Base 的以太网，同时在 PON 的传输机制上，通过新增加的 MAC 控制命令来控制和优化各 ONU 与 OLT 之间突发性数据通信和实时的 TDM 通信。在协议的第 2 层，EPON 采用成熟的全双工以太技术。使用 TDM，由于 ONU 在自己的时隙内发送数据报，因此没有碰撞，不需要 CDMA/CD，从而充分利用带宽。另外，EPON 通过在 MAC 层中实现 802.1p 来提供与 APON 类似的 QoS。

1. EPON 技术的优势

EPON 技术的优势主要体现在以下几个方面。

① 相对成本低，维护简单，容易扩展，易于升级。EPON 结构在传输途中不需要电源，没有电子部件，因此容易铺设，基本不用维护，初期运营成本和管理成本的节省很大；EPON 系统对局端资源占用很少，模块化程度高，系统初期投入低，扩展容易，投资回报率高；EPON 系统是面向未来的技术，大多数 EPON 系统都是一个多业务平台，对于向全 IP 网络过渡是一个很好的选择。

② 提供非常高的带宽。EPON 的下行业务速率高达 1Gbit/s，按 64 个 ONU 计算返回的上行业务速率可超过 800Mbit/s。这样的高带宽允许带更多用户，每一用户的带宽可以更高，并能提供视频业务能力和较好的 QoS，这比目前的接入方式，如 Modem、ISDN、ADSL 甚至 APON（下行 622/155Mbit/s，上行共享 155Mbit/s）都要高得多。

③ 服务范围大。EPON 作为一种点到多点网络，以一种扇出的结构来节省 CO 的资源，服务大量用户。

④ 带宽分配灵活，服务有保证。EPON 可以通过 Diffserv、PQ/WFQ、WRED 等来实现对每个用户进行带宽分配，并保证每个用户的 QoS。

⑤ 易于在 EPON 结构上开发更宽范围和更灵活的业务，从而增加收入，如可以提供诸如可管理的防火墙、语音业务的支持、VPN 和互联网接入等增值业务。

但是作为一种新技术，如何进入市场和被市场所认可，取决于很多方面。EPON 产品在严格意义上还没有标准，其次是诸如测距、同步等一些技术难点的解决方案的成熟和突发性光器件成本的进一步降低。

在当前的情况下，EPON 技术大多会以一种与其他技术相结合的姿态进入市场。FTTB/FTTC+DSL、FTTB/FTTC+LAN 都是不错的选择。DSL 和 LAN 是目前中国宽带的两种主要接入方式。但 DSL 的距离限制挡住了大量的客户，传统的 LAN 技术也难以灵活地提供和保证用户的带宽。采用 EPON 技术，不仅可以通过无源传输网络直接连接到服务区域，再进行 DSL 或 LAN 扩展，从而为大范围用户提供服务，而且可以集中进行管理和带宽分配。当把 ONU 集成到 DSLAM，使用 EPON 能使 DSL 突破传统的 1500m 的距离，从而增加约 50% 的用户，DSL 可以到达的范围和其潜在的用户群都会大大增加。通过集成 ONU 到 CMTS（Cable Modem Termination System，电缆调制解调器终端系统），EPON 可以用来给现有的 Cable 连接提供带宽，而且可以实现真正的交互式服务，同时降低建设和运营成本。EPON 技术还可以用来给固定的无线发射塔提供带宽，很好地解决无线接入技术中如何将上行数据汇集到 CO 的问题。

从运营商和服务提供商的角度来看，EPON 系统可以带来多方面的好处，包括降低安装、管理和运营成本，提高投资回报率，增加新的赢利机会，长期保持竞争优势等。在适当的场合，适时地采用 EPON 系统，无论对于原有的运营商还是新兴的运营商，都将是一个明智的选择。

2. EPON 技术的基本网络结构

一个典型的 EPON 系统由 OLT、ONU、POS 组成。基本网络结构如图 6-14 所示。由业务网络接口到用户网络接口部分为 EPON 网络，EPON 通过 SNI 接口与业务节点相连，通过 NUI 接口与用户设备相连。

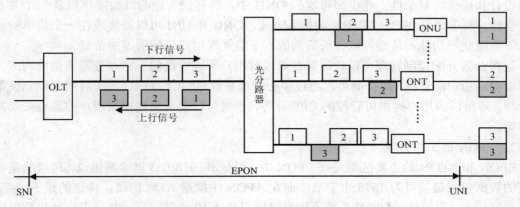

图 6-14　EPON 技术的基本网络结构

OLT 放在中心机房，ONU 放在网络接口单元附近或与其合为一体。POS 是无源光纤分路器，是一个连接 OLT 和 ONU 的无源设备，它的功能是分发下行数据并集中上行数据。

OLT 既是一个交换机或路由器，又是一个多业务提供平台，它提供面向无源光纤网络的光纤接口。根据以太网向城域和广域发展的趋势，OLT 上将提供多个 1Gbit/s 和 10Gbit/s 的以太接口，支持 WDM 传输。OLT 还支持 ATM、FR 以及 OC3/12/48/192 等速率的 SONET 的连接。如果需要支持传统的 TDM 语音，普通电话线（POTS）和其他类型的 TDM 通信（T1/E1）可以被复用连接到附接口，OLT 除了提供网络集中和接入的功能外，还可以针对用户的 QoS/SLA 的不同要求进行带宽分配，网络安全和管理配置。OLT 根据需要可以配置多块 OLC（Optical Line Card），OLC 与多个 ONU 通过 POS 连接，POS 是一个简单设备，它不需要电源，可以置于全天候的环境中，一般一个 POS 的分线率为 8、16 或 32，并可以多级连接。在 EPON 中，OLT 到 ONU 间的距离最大可达 20km，如果使用光纤放大器（有源中继器），距离还可以扩展。

OLT 根据 IEEE 802.3 协议，将数据封装为可变长度的数据包，以广播方式传输给所有 ONU。发起并控制测距过程，记录测距信息；发起并控制 ONU 功率控制；为 ONU 分配带宽，即控制 ONU 发送数据的起始时间和发送窗口大小；实现其他相关的以太网功能。每个包携带一个具有传输目的地 ONU 标识符的信头。此外，有些包可能要传输给所有的 ONU，或者指定的一组 ONU。当数据到达 ONU 时，它接收属于自己的数据包，丢弃其他的数据包。利用 TDMA 技术，多个 ONU 的上行信息组织成一个 TDM 信息流传送到 OLT。在 TDMA 技术中将合路时隙分配给每个 ONU，每个 ONU 的信号在经过不同长度的光纤传输后，利用光分配器送入共享光纤，正好占据分配给它的一个指定时隙，以避免发生相互碰撞干扰。

ONU 的主要功能是选择接收 OLT 发送的广播数据；响应 OLT 发出的测距及功率控制命令，并作相应的调整；对用户的以太网数据进行缓存，并在 OLT 分配的发送窗口中向上行方向发送；实现其他相关的以太网功能。

EPON 中的 ONU 采用了技术成熟而又经济的以太网络协议，在中带宽和高带宽的 ONU 中实现了成本低廉的以太网第 2 层和第 3 层交换功能。这种类型的 ONU 可以通过层叠来为多个终端用户提供很高的共享带宽。因为都使用以太协议，在通信的过程中，就不再需要协议转换，实现 ONU 对用户数据的透明传送。ONU 也支持其他传统的 TDM 协议，而且不会增加设计和操作的复杂性。在更高带宽的 ONU 中，将提供大量的以太接口和多个 T1/E1 接口。当然，对于光纤到户（FTTH）的接入方式，ONU 和 UNI 可以被集成在一个简单的设备中，不需要交换功能，从而可以在极低的成本下给终端用户分配所需的带宽。

远程业务分配控制管理可以让运营商通过对用户不同时段的不同业务需求做出响应，这样可以提高用户满意度。运营商可以通过中心管理系统对 OLT、ONU 等所有网络单元设备进行管理，还可以为用户提供可管理的 CPE 业务，系统可以很灵活地根据用户的需要来动态分配带宽。

3．EPON 的工作原理

EPON 和 APON 的主要区别是在 EPON 中，根据 IEEE 802.3 以太网协议，传送的是可变长度的数据包，最长可为 1518 个字节；而在 APON 中根据 ATM 协议，传送的是 53 字节的固定长度信元。很显然，APON 系统不能直接用来传送 IP 业务信息。IP 要求将待传数据分割成可变长度的数据包，最长可为 65535 个字节，其中典型的长度为 576 字节，以太网适合携带 IP 业务，与 ATM 相比，极大地减少了开销。

EPON 的下行帧结构如图 6-15 所示。它是由一个被分割成固定长度帧的连续信息流组成，其传输速率为 1.25Gbit/s。每帧包含一个同步标识符和多个可变长度的数据包（时隙）。同步标识符含有时钟信息，位于每帧的开头，长度为 1 个字节，用于 ONU 与 OLT 的同步，每 2ms 发送一次。可变长度的数据包按照 IEEE 802.3 协议组成，包括信头、可变长度净荷和误码检测域三部分，每个 ONU 分配一个数据包。

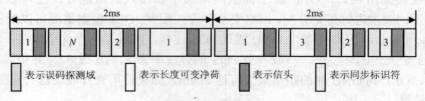

图 6-15　EPON 下行帧结构

EPON 系统的上行帧结构如图 6-16 所示，帧长与下行帧长相同，也是 2ms，每帧有一个帧头，表示该帧的开始；每帧包含还若干个长度可变的时隙，每个时隙分配给一个 ONU，各个 ONU 发送的上行数据包，以 TDM 方式复合成一个连续的数据流，通过光分配器耦合送入光纤传输。

图 6-16　EPON 系统上行帧结构

EPON 现在还处于商业开发的早期阶段，虽然 APON 已经优先启动了一小部分市场，但是企业界更看好 EPON，这包括快速增长的数据交易和日益重要的快速以太网和千兆以太网服务。另外，光 IP 以太网结构承诺根本改变在单一网络上传输打包的语音、数据和电视服务的方法，可以把内容提供商、服务提供商、网络运营商和设备制造商集合到一起，为企业提供通信打包服务。在广泛采纳光纤和以太网技术的基础上，通信行业不久将可能进入一个全新的设备配置时期。随着城域网和接入网系统中以太网技术的大量使用，PON 技术也逐渐发展出与以太网相兼容的 EPON 技术。EPON 通过对 IEEE 802.3 协议进行一些修改，以实现在用户接入网中传输以太网帧。利用以太网的优势，EPON 成为 PON 技术发展的一个方面。可以预见，不久以后 EPON 将成为 IEEE 802.3 协议中的又一重要成员，EPON 的快速发展将进一步表明 PON 具有其他接入技术无法比拟的优势。

6.2 FTTx+LAN 接入技术

6.2.1 以太网技术

以太网是目前应用最广泛的局域网技术，并且在很多新的领域得到扩展。从 10/100Mbit/s 到 1Gbit/s，甚至 10Gbit/s，以太网的速率不断提高，其功能和性能逐步完善，从电接口利用 UTP 传输到光接口利用光纤传输，及光电转换器的采用，使以太网的覆盖范围大大扩展。以太网的特点是灵活、简单和易于实现。在应用上，以太网正从局限于企业和部门的局域网的环境，向跨区间的企业互连、公用电信网的接入等领域迈进。

在开放系统互连模型的 7 层模型里，以太网包括数据链路层、物理层和网络层。物理层是指以太网的物理介质，主要有同轴电缆、双绞线、多模光纤和单模光纤等，不同标准的以太网有不同的物理介质。数据链路层是指设备如何访问物理层规定的介质，并规定了数据格式，在 IEEE 802 标准中，数据链路层又可分为逻辑链路控制层和媒体访问控制层（MAC）两个子层。该层功能主要体现在以太网设备的两层交换功能上，即将数据封装成以太网帧格式，通过 MAC 地址完成寻址。网络层负责在网络的源和目的节点之间建立逻辑连接，在一个复杂的大型网络中，源和目的节点之间不可能通过一条直达的链路连接，而是靠多段通路组合起来的通路。因此，3 层路由就是实现这部分节点之间的寻址，该层功能主要由 3 层交换机或路由器来完成，寻址按照 IP 地址实现。

1. 以太网的种类

以太网按传输速率可分为 10Mbit/s 以太网、100Mbit/s 以太网、1000Mbit/s 以太网等。10Mbit/s 以太网按照所使用的传输介质的不同，又可分为以下几种。

① 10Base2，传输介质为细同轴电缆，很容易弯曲，其接头处采用工业标准的 BNC 连接器组成 T 型插座，使用灵活，可靠性高；电缆价格低廉，安装方便，但是使用范围只有 200m，每个电缆段内只能有 30 个节点。

② 10Base5，传输介质为粗同轴电缆，适合用于主干线，最大使用范围为 500m，每个电缆段内可以有 100 个节点。

③ 10Base-T，传输介质为 3 类或 5 类双绞线，所有节点均连接到一个中心集线器上。该结构应用非常广泛，增添或移去节点十分简单，且很容易检测到电缆故障，易于维护。距集线器的最大有效长度为 100m，节点数可达 1024 个。

④ 10Base-F，传输介质为单模或多模光纤。该方式的连接器和终止器价格较贵，有极好的抗干扰性，常用于办公大楼或相距较远的集线器间的连接。

100Mbit/s 以太网按照所使用传输介质的不同，又可分为以下几种。

① 100Base-TX，传输介质为 5 类非屏蔽双绞线（UTP）或屏蔽双绞线（STP），是 10Base-T 的平滑升级。采用两对双绞线，一对用于发送数据，一对用于接收数据，最大网段长度为 100m。

② 100Base-T4，传输介质为 4 对 3 类、4 类、5 类非屏蔽双绞线，3 对用于传送数据，1 对用于检测冲突信号，最大网段长度为 100m。此类型没有得到广泛的应用。

③ 100Base-FX，传输介质为单模或多模光纤。最大网段长度为 150m、412m、2000m 甚至 10km。支持全双工的数据传输，特别适用于有电气干扰的环境、较大距离连接或高保密的环境中。

1000Mbit/s 以太网按照所使用的传输介质的不同，又可分为以下几种。

① 1000Base-LX，传输介质为多模或单模光纤，采用长波长激光器。在全双工模式下，使用多模光纤时最长传输距离达 550m，使用单模光纤时最长有效距离为 5km。

② 1000Base-SX，传输介质为多模光纤，采用短波长激光器。在全双工模式下，最长传输距离为 550m。

③ 1000Base-CX，传输介质为特殊规格的高质量平衡双绞线对的屏蔽铜缆或同轴电缆，最长有效距离为 25m，适用于交换机之间的短距离连接，尤其适合千兆主干交换机和主服务器之间的短距离连接。

④ 1000Base-T，传输介质为超 5 类或 6 类双绞线，最长有效距离达 100m。

2. 以太网协议标准

IEEE 802 系列主要标准如表 6-2 所示。IEEE 802 系列标准是美国国家标准，目前已被 ISO 采纳为国际标准。以太网是 IEEE 802.3 的一个典型产品，是一种共享传输介质网络，网络的拓扑结构一般为总线型，介质访问控制采用载波监听多路访问和碰撞检测（CSMA/CD）技术，并采用二进制指数退让算法，确保系统的利用率和可靠性。

表 6-2　　　　　　　　　　　IEEE 802 系列以太网标准

协议编号	标准内容	协议编号	标准内容
802.1	高层和互操作性（包括网络管理）	802.3	CSMA/CD
802.1d	媒体访问控制（MAC）网桥（生成树协议）	802.3ab	1000Base-T
802.1g	远程媒体访问控制桥接	802.3u	100Base-T(快速以太网)
802.1p	服务等级	802.3x	全双工流量控制
802.1q	虚拟局域网	802.3z	1000Base-CX，LX，SX
802.1ad	多链路段聚合	802.3ae	10Gbit/s 以太网
802.2	逻辑链路控制		

3. 载波监听多路访问和碰撞检测协议

多路访问是指多个节点共享同一传输介质发送信息，而载波监听是指信道上的各个节点在发送信息前先对信道进行监听，若检测到信道上有载波信号正在传输，则说明此时某个节点正访问信道，信道处于"忙"状态。节点只有在听不到载波信号时，才能向信道发送信息。在介质共享的局域网中，由于发送信息前要进行载波监听，确保了在任一段时间内只有一台用户终端在收/发数据，从而避免了许多冲突。常用的 CSMA 方式有以下 3 种。

（1）1—坚持 CSMA 方式

当一个节点要发送信息时，它首先进行载波监听，当监听到信道"忙"时并不放弃监听，而是坚持监听到信道"空闲"为止。一旦监听到信道"空闲"便立即以概率"1"发送信息。

采用 1-坚持 CSMA 方式仍然可能发生冲突。一是由于网络中可能有两个以上的节点要发送信息，那么它们都将坚持监听，一旦信道"空闲"，这些节点将几乎在同一时刻向总线发送信息，从而造成冲突；二是由于信号在介质中传输时存在延迟，那么在一个节点刚发送信息后的一小段时间内，另一个要发送信息的节点暂时还监听不到载波，此时它将认为信道"空闲"而发送信息，这样必然导致冲突。

（2）非坚持 CSMA 方式

这种方式也是在发送信息前先监听，若信道"空闲"便立即发送信息；若信道"忙"则不再坚持监听，而是等待一段随机时间后，再重复上述过程直到信息发送出去为止。这样大大减少了多个节点同时发现信道"空闲"的可能性。

（3）P—坚持 CSMA 方式

P 取值在 0 到 1 之间。在这种方式中，时间被分为长度等于最大传播延迟的许多时间片。节点发送信息前先监听介质，若信道"忙"，则继续监听；若发现信道"空闲"，则以概率 P 发送信息，以概率 $1-P$ 将该次发送延迟到下一个时间片。

所谓碰撞检测（CD），是指节点在发送数据信息的同时进行监听，一旦监听到冲突，便立即放弃冲突该组数据的发送，从而缩短了无效传送时间，并且等待冲突平息后，再进行 CSMA/CD，直到将数据成功地发送完毕。节点检测冲突的方法是将发送的信息和从信道中接收到的信息进行比较，若两者一致，则表明无冲突；若两者不一致，则说明冲突已经发生，发送到信道上的信号已经因冲突而被破坏了。在每个节点的收发器中都有一个冲突检测器，它将发往信道的信息和从信道中接收到的信息进行逐位比较，当发现冲突时发出冲突指示信号。

通常的以太网设备采用 1—坚持 CSMA/CD 方式来避免碰撞。采用 CSMA/CD 访问控制方式的网络上的节点在发送信息时进行以下操作：

① 监听信道，若信道"空闲"，该节点便发送信息；

② 若信道"忙"，该节点继续监听直到信道"空闲"才发送信息；

③ 发送信息时对冲突进行监听，若发现冲突，便立即停止信息的发送，接着发送一串阻塞码，并退让一段时间。然后再从操作①开始重复上述过程。

4. 退让重发算法

发送节点检测到冲突后，必须退让一段时间再重新发送信息，退让时间的长度往往与冲突发生的次数有关，发送一个信息时冲突的次数越多，说明当前网络的负荷越重，因而应相应地退后较长时间再重发。退让算法就是合理地选择退让时间，以保证退让后能避免冲突或减少冲突的可能性。二进制指数退让算法是比较典型的一种，算法过程如下：

① 对每个节点，当第一次发生冲突时，设置参量 $L=2$；

② 退让时间间隔取 1 到 L 个时间片中的一个随机数，一个时间片等于网络中端到端往返的传播延迟；

③ 当该节点重复发生一次冲突，则将参量 L 加倍；

④ 设置一个最大重发次数，超过这个次数，则不再重发，并报告出错。

由上可知，未发生冲突或很少发生冲突的帧成功发送的概率大，反之，发生多次冲突的帧成功发送的概率小。

5. 以太网帧结构

以太网的帧结构如图 6-17 所示。

8 字节	6 字节	6 字节	2 字节	46～1500 字节	4 字节
前同步码	目的地址	源地址	类型	帧数据	帧校验序列

图 6-17　以太网帧结构

前同步码：由硬件产生，共 8 个字节，是 1010……交替码，但到最后一位时要将 0 变成 1。其作用是使接收端能够迅速实现比特同步。要检测到连续两个 1 时，就把这以后的信息交给媒介访问控制子层（MAC）。

目的地址和源地址：用于标识目的节点和发送节点地址，以太网中每一节点主机都拥有一个全球惟一的以太网地址。占 6 个字节。其中，目的可以是单址，也可以是多目地址或广播地址。最高位为"0"是普通物理地址，即单址；最高位为"1"时是组播地址，即多目地址；全"1"时为广播地址。

类型：以太网帧用两个字节指定接收数据的高层协议。

帧数据：待传输的数据信息。在以太网帧中，数据段的长度最小应不低于 46 个字节。

帧校验序列：循环冗余校验值，长度为 4 个字节，由发端设备产生，收端被重新计算以确定帧在传送过程中是否被损坏。校验范围不包括前导码。

6. 以太网交换机

在以太网中，交换机是信息的中转站，它把从某个端口接收到的数据从其他端口转发出去。若参照开放系统互连参考模型（OSI），则以太网交换机可以工作在第 2 层、第 3 层和第 4 层，目前使用最多的交换机是第 2 层交换机。

（1）第 2 层交换机

第 2 层交换机是数据链路层设备，完成链路层的帧复用和解复用功能，它读取数据包中的 MAC 地址信息并根据 MAC 地址来进行交换。交换机内部有一个地址表（或叫缓存表），这个地址表标明了 MAC 地址和交换机物理端口的对应关系，当交换机从某个端口收到一个数据包时，它首先读取包头中的源 MAC 地址，知道源 MAC 地址的机器是连在哪个端口上的；再读取包头中的目的 MAC 地址，并在地址表中查找相应的物理端口，如果表中有与这目的 MAC 地址对应的端口，则把数据包直接复制到这个端口上，如果在表中找不到相应的端口，则把数据包广播到所有端口上，当目的机器对源机器回应时，交换机又可学习到目的 MAC 地址与哪个端口对应，在下次传送数据时则不必对所有端口进行广播了。第 2 层交换机就是这样通过学习的过程建立起一份完整的 MAC 地址和物理接口的对应关系表。第 2 层交换机一般具有很宽的交换总线带宽，可以同时为很多端口进行快速数据交换。第 2 层交换机主要用于小型局域网，机器数量在二三十台以下的网络环境下，广播包影响不大。

（2）路由技术

路由技术其实是由两项最基本的活动组成，即决定最优路径和传输数据包。

路由器是在 OSI 七层网络模型中的第 3 层——网络层操作的。路由器内部有一个路由表，该表标明了如果要去某个地方，下一步应该往哪走。路由器从某个端口收到一个数据包，它首先把链路层的包头去掉（拆包），读取目的 IP 地址，然后查找路由表，若能确定下一步往哪送，则再加上链路层的包头（打包），把该数据包转发出去。如果不能确定下一步的地址，则向源地址返回一个信息，并把这个数据包丢掉。

需要注意的是，2 层处理并不改变以太网帧的源、目的 MAC 地址，而 3 层传送处理过程中不断改变源、目的 MAC 地址，只有 IP 数据包中的源、目的 IP 地址保持不变。2 层到 3 层转变和 3 层到 2 层转变时存在以太网帧与 IP 包的拆、封问题。

路由器之间可以进行相互通信，传送路由更新信息和链路状态信息。路由器通过分析不同类型的信息，掌握整个网络的拓扑结构并维护各自的路由表。

路由器端口类型多，支持的 3 层协议多，路由能力强，所以适合于在大型网络之间的互连。因为用于大型网络互连设备的主要功能不在于在端口之间进行快速交换，而是要选择最佳路径。

（3）第 3 层交换

第 3 层交换结合了第 2 层交换机和第 3 层路由器两者的优势，可在各个层次提供线速性能。这种集成化的结构还引进了策略管理属性，它不仅使第 2 层与第 3 层相互关联起来，而且还提供流量优先化处理、安全以及多种其他的灵活功能，如链路汇聚、VLAN 和 Intranet 的动态部署。

第 3 层交换机分为接口层、交换层和路由层三部分。接口层包含所有重要的局域网接口：10/100Mbit/s 以太网接口、千兆以太网接口、FDDI 接口和 ATM 接口。交换层集成多种局域网接口并辅之以策略管理，同时还提供链路汇聚、VLAN 和 Tagging 机制。路由层提供主要的局域网路由协议：IP、IPX 和 AppleTalk，并通过策略管理，提供传统路由或直通的第 3 层转发技术。策略管理和行政管理使网络管理员能根据企业的特定需求调整网络。

第 3 层交换机实质上是一个带有第 3 层路由功能的第 2 层交换机，是第 3 层路由功能和第 2 层交换功能的有机结合。

从硬件上看，第 2 层交换机的接口模块都是通过高速背板/总线交换数据的，在第 3 层交换机中，与路由器有关的第 3 层路由硬件模块也插接在高速背板/总线上，这种方式使得路由模块可以与需要路由的其他模块间高速地交换数据，从而突破了传统的外接路由器接口速率的限制。

在软件方面，第 3 层交换机将传统的基于软件的路由器重新进行了界定，即对于一些有规律的过程通过硬件高速实现，如 IP/IPX 数据包的转发；对于第 3 层路由功能用优化、高效的软件实现，如路由信息的更新、路由表维护、路由计算和路由的确定等，从而使得数据交换加速，路由过程效率提高。

第 3 层交换机是为 IP 网络设计的，接口类型简单，拥有很强的 2 层包处理能力，所以适用于大型局域网。

7. IP 地址分配

基于以太网的接入网地址分配方法有静态地址分配与动态地址分配两种。静态地址分配是指当用户开户时得到一个静态的 IP 地址，该地址与用户接入的端口对应。静态地址一般用于专线接入，上网机器 24 小时在线，用户固定连接在网络端口上。采用静态分配时，建议中心设备支持比较强的绑定关系，如 IP 地址和 MAC 地址的静态 ARP 绑定、IP 地址和物理端口的对应绑定、IP 地址和 VLAN ID 的对应绑定等绑定功能。中心设备只允许符合绑定关系的 IP 包通过，这样大大强化了对用户的管理。

动态 IP 地址分配是指每次用户登录网络时由网络动态分配一个临时的 IP 地址。动态地址分配方式可以采用 DHCP 和 PPP 两种方式，优选 DHCP 方式。动态地址一般对应于账号应用，要求用户每次建立连接时，必须利用宽带接入服务器实现动态地址分配。宽带接入服务器对用户的 PPP 连接申请进行处理，解读用户送出的用户名、密码和域名，通过 RADIUS 代理将用户名和密码通过 IP 网络送到相应的 RADIUS 服务器进行认证。对通过认证的用户从宽带接入服务器在用户侧的 IP 地址池动态为其分配 IP 地址，并根据 RADIUS 服务器中的相应用户的文档中定义的属性对用户申请的会话连接进行授权。当用户终止连接时收回该参数。

IP 地址规划要充分考虑未来发展需要，坚持统一规划、长远考虑、分片分块的原则，在公有 IP 地址有保证的前提下，尽量使用公有地址，并且为了提供公有地址的利用率，应当尽量采用动态地址分配方法，当公有地址不足时，为加快业务的发展，可同时使用公有 IP 地址和私有 IP 地址，可在省内或城域网范围内实现公、私有 IP 地址的互通。

PPPoE 拨号用户在认证通过后应分配公有地址；采用其他方式认证上网的用户，建议认证通过后动态分配公有地址。

中小企业内部网如果通过以太网专线接入方式连上城域网，则也应分配适量公有地址，由企业自己进行 NAT 工作。

如果已在省内或城域范围内实现公、私有地址的互通，则小区用户专线上网可以每户分配一个单独的私有 IP 地址，能够访问 IP 城域网内的所有业务。此时用户要连上因特网有两种方式，一是通过 PPPoE 拨号或其他方式认证后获得公有地址，二是通过省出口或城域网出口集中的 NAT 转换。

如果没有实现公有、私有地址互通，则每个用户可分配一个私有地址用来访问城域网内的私有宽带业务或信息社区等业务。此时用户要连上因特网可以通过 PPPoE 拨号或其他方式认证后获得公有地址；也可以通过一定范围内集中的地址转换来实现。

带内网管中，如果公有、私有地址没有互通，则建议分配公有地址；如果公有、私有地址已互通，则可以分配私有 IP 地址。带外网管应使用私有 IP 地址。

8. VLAN

（1）VLAN 的概念及优点

交换机能够在网络层的基础上保障用户使用性能，但无法过滤局域网内的广播信息。如果简单地将广播信息进行复制，然后分发给各个端口，会导致网络拥挤不堪，使交换机所带来的高带宽大打折扣。这也充分说明了开发应用 VLAN 技术的必要性。

从逻辑上看，VLAN 可类比为一组终端用户的集合，等价于广播域。多组用户处在不同的物理 LAN 上，但它们之间像在同一个 LAN 上那样自由通信而不受任何限制。在支持 VLAN 的交换机中，网络的定义和划分与物理位置和物理连接无任何必然联系。管理员可根据需要，灵活建立和配置 VLAN，并为每个 VLAN 分配所需带宽。

采用 VLAN 技术后，交换机设备具有下列优点。

① 减少因网络用户变化所带来的额外工作量

选择 VLAN 的主要原因就是 VLAN 能够减少用户的增加、删除和移动等工作产生的工作量，VLAN 技术在很大程度上增强了对动态网络的集中式管理能力。对于使用 IP 的网络，这点尤其突出，以前如一个用户移动到了另一个网段，那么他所使用的主机 IP 地址需要立即手动修改，这种过程既浪费时间又消耗精力。使用 VLAN 后，IP 地址和主机之间无必然联系，用户可在网络间漫游。

② 虚拟工作组

使用 VLAN 的另一个目的是建立虚拟工作组模型。对于企业级 VLAN 应用来说，某一部门或分支结构的职员可以在虚拟工作组模式下共享同一个"局域网"，绝大多数的网络流量都限制在 VLAN 广播域内部。当部门内的某一个成员移动到另一个网络位置上时，他所使用的工作站不需要作任何改动。相反，一个用户根本不用移动他的工作站就可以调整到另一个部门去。管理员只需在控制台上简单地敲两个键或挪动一下鼠标就可以了。

③ 减少对路由器的依赖

应用 VLAN 技术可以使交换机在没有路由器的情况下很好地控制广播流量。在 VLAN 中从服务器到客户端的广播信息只会在连接本 VLAN 客户机的交换机端口上被复制，而在其他端口上，广播信息被终止。只有那些需要跨越 VLAN 的数据包才会穿过路由器。

理论上讲，VLAN 可跨越 WAN 使用，但一般不建议这样做，因为来自本地 VLAN 上的广播信息会浪费 WAN 网络带宽。如果广域网带宽根本不是问题，那么跨越广域网的 VLAN 也可以应用，建议使用 IP 组播形式的 VLAN 技术。对于基于其他方式的 VLAN，还得需要应用路由器来过滤广播信息。

（2）虚拟网的划分

通常划分 VLAN 方式有基于端口、基于 MAC 地址、基于网络层和基于 IP 等 4 种。这些方法实现机理不同，各有各的优缺点。

① 基于端口划分 VLAN

属于同一 VLAN 的端口在同一个广播域中，支持共享型网络的升级。该划分模式可支持跨交换机划分 VLAN，不同交换机上的若干个端口可以组成同一个 VLAN。基于端口来划分 VLAN 是最常用的一种方式，其配置过程简单明了。此种方式的缺陷是不允许多个 VLAN 共享一个物理网段或交换机端口，而且当某用户从一个端口所在的 VLAN1 移动到另一个端口所在的 VLAN2 时，必须重新设置。当用户量大时，工作量较大。

② 基于 MAC 地址划分 VLAN

基于 MAC 地址定义 VLAN 有一定优势，MAC 地址与网络接口卡一一对应，该划分方式允许网络用户从 VLAN1 移动到 VLAN2，自动保留其所属 VLAN 网段。该方式独立于网络的高层协议（如 TCP/IP、IP、IPX 等）。因此从某种意义上讲，利用 MAC 地址定义 VLAN 是一种基于用户的网络划分手段。

这种方法的一个缺点是所有的用户必须被明确地分配给一个 VLAN，初始化完成后，用户自动跟踪才成为可能。在一个拥有成千上万用户的大型网络中如果要求将每个用户都一一划分到某一个 VLAN，则太困难了，必须用网管工具实现自动划分 VLAN。

③ 基于网络层划分 VLAN

通过基于网络层的 VLAN 应用协议或通过网络层地址（如 TCP/IP 中的子网段地址）划分 VLAN，有以下几个优点：

第一是按传输协议划分网段，可以实现针对具体应用和服务来管理组织用户；

第二是用户可在网络内部自由移动而不用重新配置自己的工作站；

第三是减少由于协议转换而造成的网络延迟。

与利用 MAC 地址的方式相比，此方式的缺点是异种协议地址格式需要转换，容易造成信息交换速度下降。

该方式中交换机本身并不参与路由工作，当一个交换机捕捉到一个 IP 包，并利用 IP 地址确定其身份时，无需路由计算，交换机只是作为一个高速网桥，通过简单的利用扩展树算法将包转发给下一个节点上的交换机。

④ 基于 IP 组播划分 VLAN

根据 IP 组播划分 VLAN 是指任何属于同一个 IP 广播组的计算机都属于同一 VLAN，当 IP 包广播到网络上时，依据一组明确定义组播地址传送到特定主机上，IP 组播可根据实际需求时间存在。利用 IP 广播域来划分 VLAN 的方法具有较大的灵活性和延展性，网络可方便地通过路由扩展规模。

（3）VLAN 内成员间的通信方式

不同的划分方式导致 VLAN 成员间通信实现方式不同：基于数据链路层的 VLAN(即按端口和 MAC 地址划分)成员间可以直接实现通信；而基于 IP 的 VLAN 成员间是利用 IP 地址以间接的方式相互通信。目前实现 VLAN 成员之间通信的方式主要有列表支持方式、帧标签方式和时分复用方式 3 种。

① 交换机列表支持方式：主机第一次在网络上广播其存在时，交换机就在内置地址列表中将工作站的 MAC 地址或交换机的端口号与所属 VLAN 一一对应起来，并不断向其他交换机广播。如该主机 VLAN 身份变化，交换机地址列表将由管理员手动修改。随着网络规模扩大，大量用来升级交换机地址列表的广播信息将导致主干网络上的拥塞，因此该方式不太普及。

② 帧标签方式：每个数据包都在包头位置上插入了一个标签以显示该数据帧所属 VLAN，该方式加大了交换机的处理负担。不同产品标签长度不一样，甚至出现了一种数据包加上标签后的长度超过了另一种产品处理极限的情况。

③ 时分复用方式：时分复用方式用于 VLAN 与它在广域网上的实现方式非常类似，每个 VLAN 都将拥有自己的网络通路，可在一定程度上避免前两者方式中所遇到的问题，但同时带来了带宽的浪费。

（4）不同 VLAN 间的通信方式

每一个 VLAN 对应于一个网段，不同的 VLAN 分别处于不同的子网中，不同 VLAN 间进行 3 层通信时，必须通过路由器或者具有 3 层路由功能的交换机来实现，有时也可通过交换机本身自带的路由模块完成。IP 最小的子网对应 4 个 IP 地址，即一个 VLAN 子网也至少需要 4 个 IP 地址。

当路由器/3 层交换机所连接的 VLAN 数目很多时，即接入的子网数目很多，此时需要在路由器/3 层交换机内配置许多子网地址，地址资源消耗程度随着会上升，对路由器/3 层交换机的路由处理能力要求也相应提高，网管人员的工作量将很大。一些厂家已研制出或正在开发能够将多个标准的 VLAN 共用一个 IP 子网的设备，不同子网间的通信依靠 ARP 代理来实现，这样做的目的无非是减少配置工作量和减少对 IP 地址的浪费。

（5）虚拟网广泛应用时带来的问题

在多层级联的大、中型交换网络中大规模采用 VLAN 技术来提高交换效率并隔离用户广播时，存在以下问题。

① 在局域网中过多划分 VLAN 将会大大增加配置工作量。

② 由于一个 VLAN 对应于一个 IP 子网，过多的 VLAN 将大大增加局域网中 3 层路由设备的设置工作量与难度，并且会不同程度地浪费较多的 IP 地址，平均一个 VLAN 的成员数量愈少，IP 地址的浪费程度就愈大。

③ 过多的 VLAN 划分将对局域网交换机的交换效率和应用造成不利和影响。

④ VLAN 数目最多为 4096 个，个别情况下不一定够用。

⑤ 跨不同厂家的交换机划分 VLAN 时存在的兼容性问题，将直接影响到 VLAN 的大规模应用。

6.2.2　FTTX+LAN 宽带接入网

以太网接入是目前宽带接入的主要方式之一。由于以太网协议简单，性能价格比好、可扩展性好、容易安装开通、可靠性高等优点，使以太网接入方式成为企事业集团用户接入的最佳选择。

随着快速以太网、吉比特以太网、十吉比特以太网的出现，及光纤传输技术的进步，使得在单模光纤上千兆以太网可实现无中继传输距离达 100km 以上，各种速率的以太网不仅可以构成局域网（LAN），也可以构成城域网甚至广域网。在光纤已经到小区或大楼的前提下，用户只需安装网卡，就可以直接实现宽带到桌面。这种在城市光缆网上用各种速率的以太网架构的城市宽带 IP 接入网，简称 FTTX+LAN 宽带接入网，它是一种最合理、最适用、最经济有效的方法。

它主要是采用高速 IP 路由交换技术和千兆以太网光纤传输技术，充分利用光纤带宽资源，配合综合布线系统，实现宽带多媒体多业务信息网络的高速接入。

1. FTTX+LAN 网络结构

FTTX+LAN 宽带接入网由中心接入设备和边缘接入设备组成，如图 6-18 所示。

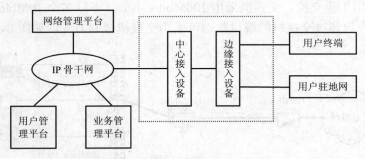

图 6-18　FTTX+LAN 宽带接入网网络结构

边缘接入设备主要完成链路层帧的复用和解复用功能，在下行方向将中心接入设备发送的不同 MAC 地址的帧转发到对应的用户网络接口（UNI）上，在上行方向将来自不同 UNI 端口的 MAC 帧汇聚并转发到中心接入设备；中心接入设备负责汇聚用户流量，实现 IP 包转发、过滤及各种 IP 层协议。具有对接入用户的管理控制功能，支持基于物理位置的用户和基于账号用户的接入，完成对用户使用接入网资源的认证、授权和计费等，同时必须能满足用户信息的安全性要求。用户管理平台、业务管理平台和接入网的管理可通过 IP 骨干网实行集中式处理。中心接入设备与边缘接入设备推荐采用星形拓扑结构，中心接入设备与 IP 骨干网设备之间的拓扑结构可以是星型，也可以是环型。

在以太网接入系统中，中心接入设备一般为2层交换机、2层交换机+宽带接入服务器、3层交换机、3层交换机+宽带接入服务器以及专为以太网接入开发的以太接入业务网关等，边缘接入设备一般为2层交换机。

下面以小区以太网为例说明以太网接入系统的组成。一般小区以太接入网络采用结构化布线，在楼宇之间采用光纤形成网络骨干线路，在单个建筑物内一般采用5类双绞线到住户内的方案，即利用"光纤+UTP，xDSL"方式实现小区的高速信息接入，中心接入设备一般放在小区内，称为小区交换机，每个小区交换机可容纳500到1000个用户，上行可采用1Gbit/s光接口或100Mbit/s电接口经光电收发器与光纤连接，下行可采用100Mbit/s电接口或100Mbit/s、1Gbit/s光接口。小于100m采用5类双绞线，大于100m采用光纤。

边缘接入设备一般位于居民楼内，称为楼道交换机。楼道交换机采用带VLAN功能的2层以太网交换机，可不需要路由功能，每个楼道交换机可接1～2个用户单元，上行采用100Mbit/s、1Gbit/s光接口或100Mbit/s电接口，下行采用10Mbit/s电接口。楼道交换机接入用户主要是通过楼内综合布线系统和相关的配线模块提供5类双绞线端口入户，入户端口能够提供10Mbit/s的接入带宽。系统中可采用配置VLAN的方式保证最终用户一定的隔离和安全性。VLAN在楼道接入交换设备上配置，终结在小区接入交换设备上。每个小区接入交换机管辖区域内的VLAN要统一管理分配，IP地址统一规划。

在网络管理上，为保证系统的安全，整个系统可采用"带内监视、带外控制"的方式进行管理，也可采用"带内控制"方式进行管理。

实际中，可根据小区规模的大小，或接入用户数量的多少将小区接入网络分为小规模、中规模和大规模等三大类。

（1）小规模接入网络

对于小规模居民小区来说，用户数少，且用户连接到以太交换设备的双绞线距离不超过100m。小区内采用1级交换，交换机采用100Mbit/s上联，下联多个10Mbit/s电接口，直接接入用户；若用户数超过交换机的端口数，可采用交换机级联方式，如图6-19所示。

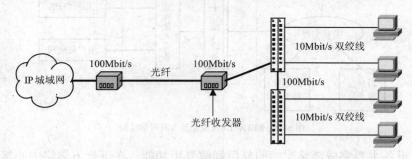

图6-19　小规模接入网络

（2）中规模接入网络

对于中规模居民小区来说，居民楼较多，用户相对分散。小区内采用2级交换：小区中心交换机（可以是3层交换机）具备一个吉比特光接口或多个百兆电接口上联，其中光接口直联，电接口经光电收发器连接。中心交换机下联口既可以提供百兆电接口（100m以内），也可以提供百兆光接口。楼道交换机的连接同小规模接入网络相同，用户数量多时可采用交换机级联方式，在 100m 距离内接入用户，如图 6-20 所示。

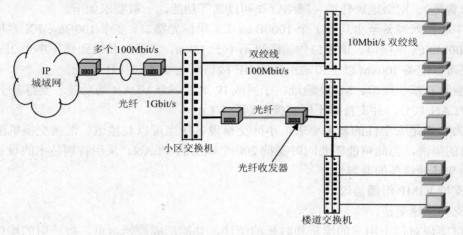

图 6-20　中规模接入网络

（3）大规模接入网络

大规模居民小区一般居民楼非常多，楼间距离较大，且相对分散。小区内采用 2 级交换：小区中心交换机（3 层交换机）具备多个千兆光接口直联宽带 IP 城域网，中心交换机下联口既可以提供百兆光接口，也可以提供千兆光接口。楼道交换机连接基本上与小规模接入网络相同，必要时楼道交换机上联用千兆光接口，如图 6-21 所示。

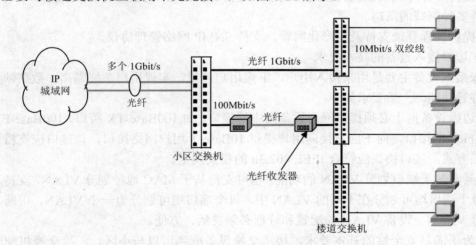

图 6-21　大规模接入网络

2．以太网接入网设备选用

选用以太网接入设备应注意的问题是设备价格、设备功能、设备性能、设备技术要求及网络整体方案的集成性等。以太网中心接入设备为接入网核心，应具备高性能、可扩展性、高可靠性及强有力的网络控制能力和良好的可管理特性。边缘接入设备是建筑物内用户接入网络的桥梁，应具备灵活性、价格便宜、使用方便和一定的网络服务质量和控制能力。

（1）以太网中心接入设备的技术要求

中心接入设备主要用来实现汇聚下级设备流量、用户安全管理、流量控制、路由管理、终结 VLAN 和服务级别管理等，协助完成业务控制（计费信息采集）、用户管理（如认证、授权和计费等）、网络地址转换、网络管理和过滤等功能，一般要求如下。

① 中心接入设备至少具有 1 个 1000Base-LX 单模光接口，多个 100Base-FX 多模光接口和多个 100Mbit/s 电接口。单模口传输距离不小于 15km，多模口传输距离不小于 2km。根据实际情况可以配备 100km 以上传输距离的 GE 接口板（如 ZX、LH）。

② 应具有基于端口、MAC 地址、子网或 IP 地址划分 VLAN 的功能。支持基于 802.1Q 标准的 VLAN 划分，并支持跨不同交换机划分 VLAN。

③ 为了满足安全性的基本要求，小区交换设备应当可以与楼道、汇接交换机配合实现用户端口的隔离，为此可能需要同时支持 200 个以上的 VLAN。采用特别技术的设备应说明在这方面与其他设备的兼容性。

④ 支持 IGMP 组播协议。

⑤ 支持线速交换。

⑥ 可实现对每个用户的流量和时长的统计，并能形成原始话单，按通用的接口提交给计费系统。

⑦ 在 1000Mbit/s 和 100Mbit/s 以太网端口上必须支持端口聚集功能，并能在聚集后的端口上实现负荷均分。

⑧ 支持 802.1p 协议；支持基于设备端口的优先级流量控制，可具有基于 MAC 地址、IP 地址、IP 子网、VLAN 和应用的优先级分类；可具有 Diffserv 功能。

⑨ 支持多种方式的以太网包过滤功能，支持标准的 IP 包过滤功能，支持基本的绑定功能，支持多种削减的策略。

⑩ 提供远程登录支持及图形化网管，支持 SNMP 网络管理协议。

（2）边缘接入设备的技术要求

边缘接入设备主要是用来接入用户，汇聚用户流量，实现用户 2 层隔离、数据帧过滤和组播支持等功能，一般要求如下。

① 边缘设备向上必须提供网内设备间中继接口，如 100Base-TX 接口、100Base-FX 接口和 100Mbit/s 电接口，向下应直接向用户提供 10Base-T 用户网络接口，该接口应支持全双工和半双工方式。接口协议应符合 IEEE 802.3u 的相关规定。

② 具有基于端口划分 VLAN 的功能，也可支持基于 MAC 地址划分 VLAN，支持 802.1q 协议。每个端口均可划分在不同的 VLAN 中，每个端口均可划分为一个 VLAN，可跨不同交换机划分 VLAN。设备 VLAN 的配置和管理必须灵活、方便。

③ 为了满足安全性的基本要求，楼道交换设备应当可以与小区、汇接交换机配合实现用户端口的隔离。

④ 支持 IGMP 组播协议。

⑤ 在其 100Mbit/s 以太网端口上具有端口聚集功能，并能在聚合的 $N \times 100$Mbit/s 端口上实现负荷均分。支持 IEEE 802.1ad 标准。

⑥ 支持 802.1p 协议。

⑦ 支持多种方式的 2 层包过滤功能，如基于源 MAC 地址、基于设备端口、VLAN、广播、多播、单播和非法帧的过滤。支持基本的绑定功能，如用户 MAC 地址和端口的绑定。支持多种削减的策略，如广播削减、组播削减和单播削减等。

⑧ 设备支持标准的生成树协议（IEEE 802.1d）。支持每个 VLAN 的生成树，能通过生成树针对不同的 VLAN 设置不同优先级或路径代价，将并行的链路分别分配给不同的 VLAN，实现负载分担。

⑨ 提供远程登录支持及图形化网管。

（3）设备电源

支持直流和交流两种供电方式，直流额定电压为–48V，电压波动的范围为–57V～–40V；交流电压为 220V±25%，频率为 50Hz±5%。

（4）工作环境

应能在以下环境中正常工作。

室内机：温度 5℃～40℃；相对湿度 10%～90%(非凝结)；

室外机：温度–30℃～40℃；相对湿度 10%～90%(非凝结)。

（5）设备性能

边缘接入设备在吞吐量、交换时延、丢包率和 MAC 地址深度等方面，应根据用户具体规模大小和流量大小在规划设计时具体要求。

3. 以太网接入网设备安装

（1）设备安装的基本要求

① 在安装机架和挂墙式机箱时，其位置及其面向都应按设计要求；

② 机架和设备必须安装牢固可靠，在有抗震要求时应按设计要求；

③ 机架和挂墙式机箱安装完工后其水平度和垂直度都必须符合设计要求，机架和挂墙式机箱与地面垂直，其前后左右的垂直偏差度均不应大于 3mm；

④ 为了便于施工和维护人员操作，安装 19 英寸机架时，机架前面应预留 1.5m 的空间，机架背面距离墙面应大于 0.8m。

（2）中心接入设备的安装

设备必须安装在室内，原则上安装在机架内，建议参照图 6-22 所示布放设备。

设备要求使用交流 220V 电源或直流–48V 电源供电，根据具体情况安装后备电源。安装一组保护接地，接地电阻≤4Ω。采用直流供电的设备，其工作地线可与保护地共用一组，接地电阻≤1Ω。设备外壳和电缆屏蔽层均应按有关规范接地。

| ODF 配线模块 |
| 以太网交换机 |
| 网管模块 |
| 其他模块 |
| 配线模块 |
| DC/AC PDU |

图 6-22 中心接入设备安装示意图

（3）边缘接入设备的安装

边缘接入设备严禁挂装在外墙或其他雨水易飘沾、阳光可照射的场所，宜安装在楼内配线间或楼梯间内，也可加保护箱后安装在墙上或吊装在顶板下，但要注意选择设备箱安装位置时，应考虑设备通风、散热及环境温度、湿度、防尘、防盗、防干扰和楼道的整体美观等方面，一般选在楼房的公共部位，且不妨碍人行通道和搬运通道。设备箱底距离地面一般要求为 1.6m。

设备箱内应提供 220V/10A 单相带地电源插座，并固定在机箱内。交换机前端处的光终端盒或光纤接收器必须放在机箱内，以提高网络的安全性和可靠性；交换机电源线、光纤及五类线必须分孔进出，严禁信号线与电源线同孔；光纤及 5 类线余线在机箱内不宜过长，且要用尼龙扎带将 5 类线扎绑固定好；机箱内线缆和光缆都应贴有规定的标志（标签和编号），说明线缆、光缆的路由和终接点位置。

每组楼道交换机应就近安装一组保护接地，接地电阻应≤4Ω。采用直流供电的设备，其工作地线可与保护地线共用一组，接地电阻≤1Ω。设备外壳和电缆屏蔽层均应按有关规范接地。

（4）楼道宽带配线箱的安装

楼道宽带配线箱从型号上可分为两种规格，一种为一般楼房的宽带配线箱，可容纳 18 个用户连接的模块（排列 3 排，每排可接 6 个用户的网线）；另一种为集中用户楼房宽带配线箱，可根据用户数的情况进行排列（从 24 个用户到 96 个用户的网线联接）。

楼道宽带配线箱内的模块按照模块标识色谱进行卡接。

楼道宽带配线箱内线缆的编号规定：要标明区箱号、单元号、楼层号、房间号、模块排列号，从集线箱到楼道交换机设备箱的联接网线，要标明楼栋号、单元号和线缆的排列编号。

6.3　FTTX+LAN 接入网系统设计

1. 小区/汇接节点设计

中心接入设备和边缘接入设备的配置根据用户业务需求和用户分布情况而定。为保证用户最小接入带宽，系统设计一般按照 5：1 数据流量收敛设计，即平均每个中心接入节点能够容纳 500 个用户。原则上小区/汇接域按 500～1000 用户建设，即当用户群超过 1000 户时，考虑建立新的小区/汇接节点。

2. 小区/汇接域线路系统设计

利用现有的光纤接入网，实现 FTTLAN、FTTB。

中心接入设备和边缘接入设备之间可以采用多模或单模光纤连接，对于新建小区，选择管道方式敷设；对于已建小区，尽量选择管道方式敷设。光缆的结构除应具有防水、耐老化等适应室外敷设的性能外，还应具有阻燃、无毒性等适应室内敷设的性能。

线路设计应综合考虑解决数据、供电和网管数据的传输性能。对不具备本地供电条件的小区，应预留远供电源线，直流远供电源线的线径要求不小于 1.5mm，500m 内传输电压应低于 5V。

3. 楼宇线路系统设计

采用 100Base-TX 系列 5 类非屏蔽电缆（UTP），阻抗为 100Ω，线径为 0.5mm～0.6mm，标准接口 RJ45 为 8 芯。适用于周围环境无较强干扰处，综合布线系统的电气距离限制在 100mm 以上。

为便于数据业务、语音业务的接入，中心接入设备与综合布线系统单元配线箱尽可能相邻，以便于跳接；如果不具备邻近放置条件，可采用设置电话配线箱，利用短距离大对数的 5 类电缆作为过渡连接，单元楼层或信息点较多处可考虑设置分配线箱。

数据接入需使用入户 5 类线的 1、2、3、6 芯，其他 4 芯不得作为它用。旧楼 5 类线敷设应考虑与语音线缆的电气隔离，两类线缆相距不得少于 100mm，且尽量避免交叉；新楼 5 类线与语音线穿管布放须使用隔离套。

户内布线系统原则上由开发商和用户自行解决，但电信相关部门为开放业务的方便，可建议用户采用以下布线原则。

① 布线入户后，宜在靠近入口处或室内公共活动范围适当位置预留过渡盒或出线盒。室内可利用标准连接器，经过过渡盒分线至各使用点出线盒。较大户型的布线宜考虑增加入户点，也可集中入户，经小型配线盒（插接式）分接至各出线点。

② 过渡盒可用出线盒加光面板构成。有条件的地方可设置家庭通信系统总配线箱，尺寸、结构或根据所综合的线缆种类和容量确定，箱体宜采用金属材料制作。设计方案超前时，可结合光纤到户将该配线箱做成"通信系统接口箱"。

③ 过渡盒的安装位置不宜过高，配线箱的高度宜根据室内环境要求设计。

④ 安装墙面型出线盒时，可采用 GB86 系列的暗盒，配组合面板，选择 RJ45 和 RJ11 模块的组合，安装位置距地面 300mm～500mm 为宜；安装地面型出线盒时，可采用单口或双口 RJ45 或 RJ11 地面型插座；安装桌面型出线盒时，可采用单口或双口 RJ45 或 RJ11 地面型插座。

6.4　FTTX+LAN、ADSL、VDSL 接入技术比较

1. ADSL 接入方式

ADSL 由于可直接利用电话线改装，不受地域的限制且接入成本低，所以目前发展较快。ADSL 技术存在以下缺点。

① 传输速率和线路质量及传输距离密切相关，线路质量不好或传输距离远，传输速率都会下降，且稳定性变差，易断线。

② 线路之间存在串扰等现象，很容易影响传输的稳定性，造成无法开通或者速率上不去等问题。

③ 较低的传输速率限制了高等级流媒体应用和 HDTV 等业务的开展。

④ 非对称特性不适于企事业和商业环境。

⑤ 由于 ATM 设备成本较高，因而 ADSL/ATM 设备成本仍较高。

⑥ 对于视频应用，用户数和传输距离迅速减少。

2. VDSL 接入方式

VDSL 技术是在 ADSL 技术上发展而来的，其基本原理和 ADSL 类似。早期的 VDSL 主要是基于 ATM 的，成本以及伴随 ATM 而来的复杂性导致这种 VDSL 并没有发展起来。近来，一种基于以太网技术的 VDSL(又称 EoVDSL)技术结合了 2 层以太网和 VDSL 物理层的特点，避免了 ATM 的复杂性和传统以太网的传输距离限制，获得了较好的性价比，受到广泛的注意。VDSL 的主要特点如下。

① 既可以工作在非对称方式，又可以工作在对称方式；适合于企事业和商业环境，支持高等级流媒体应用和 HDTV 等宽带业务。

② 与 IP 技术自然融合，可以充分利用以太网所具有的一些优势。

③ 功率低，离用户距离近，线间干扰相对比较小。

④ 设备不必是 ATM 为基础的，开销低，因而比 ADSL 的成本低。

⑤ 传输距离较以太网远，比 ADSL 近，覆盖范围广，有利于提高普通以太网的用户实装率。其接入网设备可以集中设置，不必放在楼道内，可以有效降低维护成本。

⑥ 由于涉及安装的设备较少，敷设速度较快。

EoVDSL 的主要缺点是由于其 2 层采用以太网协议，因此以太网所具有的基本问题，诸如可管理性、安全性、QoS 等问题也同样具有，需要妥善处理。

对于已敷设 IP 城域网的网络环境，将 IP 城域网与 VDSL 技术相结合可以提供结构简单、低成本的宽带混合接入方案。

3. FTTX+LAN 接入方式

FTTX+LAN 接入方式是采用以太网技术，它是用光缆+双绞线对小区进行综合布线，避免了各种干扰，所以稳定性更好。LAN 接入技术简单高效，可为用户提供 10Mbit/s 带宽到桌面，也可以根据需要从 10Mbit/s 升级到 100Mbit/s，设备成本较低，适合企业、商务楼和新建楼宇的宽带接入。其主要缺点如下。

① LAN 由于采用以太网接入方式，在地域上受到一定限制，只有已经铺设了 LAN 的小区才能够使用这种接入方式。

② 只能承载 IP 业务，因此它的未来将取决于用户对实时性业务的需求程度与 Everthing over IP 相关技术的发展。

③ 当同时上网的用户比较多时，用户使用效果满意度将降低。

④ 对于一般用户而言，目前的计算机还是太复杂、太昂贵。

⑤ 以太网所有技术都存在传输距离的限制。吉比特以太网即使是使用单模光纤，最大的传输距离也只有 3km，远不能满足组建城域网或广域网的需要，因此不适合大规模的应用，而主要是面向大的商业用户、集团用户或需求比较集中的住宅用户群。

ADSL、VDSL 两种接入手段采用普通电话双绞线，省去了大量的综合布线成本，可维护性高，同时也没有实装率问题的困扰，可以根据用户发展情况随时扩容。ADSL 和 VDSL 覆盖范围不同、提供的带宽不同，二者之间是一个互补的关系。LAN 接入技术简单高效，成本低廉，FTTX+LAN 是未来宽带接入发展的方向。

思考题与练习题

6-1 什么是光接入网，有哪几种？

6-2 光接入网由哪些功能模块组成？

6-3 简述光接入网的应用。

6-4 有源光接入网和无源光接入网有何优缺点？

6-5 下面哪个不属于电信网络的基本拓扑结构（　　　　）。
　①星型　　②线型　　③环型　　④总线型

6-6 以下哪个不属于 ONU 核心部分的功能（　　　　）。
　① 用户和业务复用功能　　② 传输复用功能
　③ ODN 接口功能　　④ 数字交叉连接功能

6-7 APON 的功能是什么？

6-8　CSMA/CD 的含义是什么？

6-9　EPON 的优势有哪些？

6-10　简述 EPON 基本网络技术。

6-11　VDSL 与 ADSL 及 FTTx+LAN 有何区别？

第 7 章　有线宽带接入技术——Cable Modem

7.1　CATV 网络与 HFC

第7章

有线宽带接入技术
——Cable Modem

7.1 CATV 网络与 HFC

有线电视（CATV）产业大致可包括两个方面，一是有线电视专业频道；二是有线电视网络服务业。其中有线电视网络的传输服务业务会迅速增加，据专家预测，信息服务业的发展速度将会大大超过传统的电信业和有线电视业的发展速度，有线电视在信息服务业内将会占有很大份额。我国有线电视目前的巨大规模和未来的巨大潜力，为其进行产业化改造创造了有力的内部条件，而国家的信息化建设和社会主义市场经济改革，又为我国有线电视产业化改造创造了外部条件。将有线电视网升级改造为宽带高速综合信息网，是业内许多人士的共识，但如何进行升级改造，存在着许多不同看法，有线电视从全电缆网发展到以光缆作干线，电缆作分配网的 HFC 型有线电视网，在技术上是一次飞跃，因为 HFC（混合光纤同轴电缆）有线电视网，借助于光纤的低损耗特性，省去了一连串的干线放大器，有效地提高了系统的可靠性和图像宽带特性，扩大了网络的覆盖范围，HFC 有线电视网在我国得到充分发展，它已经覆盖了广大城市和农村。现在的 HFC 型有线电视网，大多采用光纤到光节点的星形网络结构，每个光节点敷设有 2～6 芯光纤，带 500～2000 个用户，只需要增加回传设备，即可开通双向传输，而分配网采用树形网络结构。

HFC 有线电视网发展成为宽带高速综合信息网的有利条件，一是有线电视网采用光缆和电线作传输介质，具有丰富的频带资源，是当前各种信息网中的宽带网络，适应了发展的需要；二是有线电视网已经覆盖了全国人口中相当大的部分，入网户数达 8000 万户，在城市里已超过了电话普及率，有广泛的群众基础，因此在有线电视网的基础上发展综合信息网基础好，受益面广，较其他网都有明显的优势；三是中国加入 WTO 后，邮电通信市场将开放，有线电视网在经营话音通信方面消除了政策性障碍，而在有线电视网的基础上参与电信市场竞争则处于有利位置。

但是我们也应当深刻认识到，在有线电视网建网设计中，是以传输广播电视信号为主，而宽带高速综合信息网是非常现代化的智能型通信网，两者在技术上是有很大差异的，有线电视网需要进行必须的技术改造，才能具备宽带高速综合信息网所需的属性。首先在频率配置方面，HFC 有线电视网的光纤部分是上、下行传输采用不同的纤芯，而且光纤的频带很宽，作为宽带高速综合信息网使用是不成问题的，但是在电缆分配网部分，真正好用的只有

15MHz～30MHz 间的 15MHz 频带。按当前普遍认可的观点是一个光节点带 500 户，500 户共用的下行通信频带是 200MHz，上行通信频带是 25MHz(或只有 15MHz)，利用这些剩余的频带资源，进行多功能业务开发，还是可以的，例如电表、水表远程传抄等。但作为宽带综合业务网，那肯定是没有前途的，它既不具备高速数据传输功能，也无法满足每个用户进行视频点播和视频通信所需的传输频带。有人对此提出了两种解决方法，一是缩小光节点，假若将光节点缩小一半，每个光节点带 250 个用户，仍然显得传输频带非常窄；二是采用非对称传输频带，但是作为现代通信网，有些业务适合非对称传输频带，例如视频点播，但更多的通信业务并不适合非对称传输频带，而是要求对称传输频带，例如图像通信。HFC 在网络结构方面存在的问题如下。

① HFC 有线电视网的网络结构在光缆部分多数采用星型网，在电缆部分则采用树型分配网。这种网络结构作为宽带高速综合业务网不合理，因为一旦出了故障而不能及时修复，可能会给用户造成损失。通信网的可靠性是网络的生命，为了提高网络的可靠性，一般采用具有自愈功能的环型网，如采用星型网需要有热备份手段。

② 在电缆分配网的传输通道中，有源器件和无源器件过多，电缆接头过多，严重降低了系统传输的可靠性。在城市居民稠密区，一个 500 户的光节点，在光节点之后至少需要一级放大器，中间约有 3～6 个分支分配器，十几个电缆接头，这些对网络的可靠性造成很大威胁。

③ 宽带高速综合信息网在进行数据通信时，对误码率要求很高，要求电缆有很高的屏蔽性，需使用无电磁泄漏的电缆连接器，而目前有线电视网使用的设备达不到要求。

④ 在有线电视系统中，分支器的使用是按照下行传输广播电视信号，使用户得到满意的电平而选择分支器型号的，而且为了使用户看好电视而不互相干扰，要求分支器有良好的反向隔离度。当使用树型分配网上行传输信号时，不仅会产生汇聚噪声，而且对上行信号还会产生很大的损耗。而且若使用的分支器分配器型号不同、上行信号经过分支器数量不同，则对上行信号产生的损耗也不同，即到达光节点时各用户上行信号的电平不同，需要进行较复杂的均衡。

⑤ HFC 有线电视网存在的另一个问题是光缆的传输频带很宽，而且上下行传输又是分开使用不同的纤芯，而电缆的传输频带较窄，而且上下行传输又是在一根电缆上进行，这样电缆分配网成了整个传输网的瓶颈。一方面很难再提高分配网络的传输频带，另一方面光缆的传输频带不能充分发挥而造成资源的浪费。

⑥ 网管问题。在有线电视网中，普遍是没有使用网络自动化管理功能的。网络功能是否正常，一是靠用户反映情况；二是靠网络维护管理人员定期巡视监测。宽带综合信息网是现代化智能型通信网，要求具有极高的可靠性，一定要有自动化网络管理，对网络性能、配置、故障和计费等进行全面管理，以提高网络的服务质量和运行效益。

目前，如何将有线电视网发展成为集传输数据、视频、音频于一体的宽带高速综合信息网是研究的热点，目前提出的改造方案大致可以分为两种类型，一种方案是有线电视网基本不做大的变动，仅利用有线电视的剩余频带资源，增加一些新的功能，这也可以叫多功能网。这类方案如果参加市场竞争没有多大前途，一是因为有线电视网的剩余频带较窄，传输速率低，在激烈的市场竞争中，缺乏竞争能力；二是有线电视网的可靠性不高，适应不了计算机数据通信对网络的高可靠性要求。另一种方案是建设两个传输平台，一个是有线电视传输平台，传输广播电视信号；另一个是利用有线电视网在每个光节点的多余光纤建设数据传输平台。该方案具有一定的竞争力，它实际上是在有线电视网上再覆盖一个网，两个网会给用户使用带来不便，有线电视网是电缆入户，计算机数据通信采用双绞线，再加上电话线，而人们对信息的需求是多媒体的，因此，这种方案有背于信息传输综合化的大方向。

随着大规模集成电路技术和光纤通信技术的发展，以及视频信号数字编码压缩技术标准的确立，和声音信号数字编码压缩技术所取得的巨大成功在信息传输中出现两个重要的发展动向：一是信息处理的高速化，10Mbit/s 共享式以太网将被 100Mbit/s 和 1000Mbit/s 以太网所替代，低速网将被淘汰；二是信息处理的综合化，将数据信号、视频信号和话音信号综合在一个网络中传输。

7.2 HFC

HFC 网是指光纤同轴电缆混合网，它是一种新型的宽带网络，采用光纤到服务区，而在进入用户的"最后 1 公里"采用同轴电缆。最常见的也就是有线电视网络，它比较合理有效地利用了当前的先进成熟技术，融数字与模拟传输为一体，集光电功能于一身，同时提供较高质量和较多频道的传统模拟广播电视节目、较好性能价格比的电话服务、高速数据传输服务和多种信息增值服务，还可以逐步开展交互式数字视频应用。

随着信息社会的到来，信息变成为人类最重要的资源，它主要表现为图像、声音和文本（数据）3 种形式。信息网络的发展方向是数字化、综合化、智能化、宽带化和个人化。虽然全数字化网络具有明显的优势，但由于目前广泛使用的电视机、电话机都是模拟的，不能直接利用数字方式服务。现在合理的方案应该是既能支持目前的模拟和数字服务又能逐步过渡到今后的全数字化服务。HFC 网就是目前世界上公认的较好方式，是解决信息高速公路最后 1 公里宽带接入网的最佳方案。HFC 综合网可以提供电视广播（模拟及数字电视）、影视点播、数据通信、电信服务（电话、传真等）、电子商贸、远程教学与医疗以及增值服务（电子邮件、电子图书馆）等极为丰富的服务内容。

7.2.1 HFC 网络结构

HFC 网络结构的提出不仅解决了传统有线电视系统在支持电视广播方面存在的问题，而且通过引入双向可交换式宽带通信网络，得以支持大范围用户的多媒体宽带应用。HFC 接入网的拓扑结构为"星—树"型结构或"环—星—树"型结构。它用光缆代替同轴电缆分配作为干线传输介质，同时引入光节点概念，其主要功能是完成光纤干线传输和同轴电缆分配网之前下行信号的光/电转换和上行信号的电/光转换。HFC 网络结构用先进的光纤传输技术和新型的网络拓扑，有效地利用数字传输技术增加了上下行通道的承载能力，具备了承载双向交互式宽带业务的能力。

HFC 网络基本传输模式均是城市或区域有线电视网的总前端为中心的多前端传输模式。与 HFC 网络相关的主要产品有前端所需的频道放大器、调制器和混合器；传输系统用的各种宽带放大器；分配系统用的分支器、分配器、用户端和串接单元以及滤波器、均衡器、陷波和天线等无源器件，其配套产品有各种电缆和接插件。如图 7-1 所示，HFC 通常由信号源、前端、分前端（分中心）、光纤主干网、同轴分配网和用户引入线等组成。

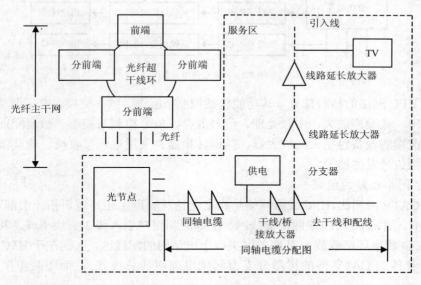

图 7-1 典型的 HFC 网络组成

有线电视网一般是由前端、星型结构或环—星型结构的光纤干线传输网以及树型结构的同轴电缆分配网 3 部分组成。目前 HFC 接入网的光纤传输干线可从前端一直延伸到每个小区并终止于该小区的最后一个光节点，小区内每个光节点一般有 3～4 个同轴电缆支路输出，包括 500～2000 户用户终端。前端到光节点的典型距离为 5km～25km，光节点到用户终端的距离一般小于 2km。

在 HFC 网络结构中，模拟电视和数字电视、电话和数据业务在中心局进行综合，它们合用一台下行光发射机，将下行业务用一根光纤传输至相应的光节点。在光节点处，将下行光信号变换成射频信号。每个光节点可分出若干条双向同轴电缆线，以星—树型网络拓扑结构覆盖约 500 户用户。从用户来的电话和数据信号在综合业务用户单元（ISU）处变换为上行射频信号，送到光节点变换成光信号，通过上行发射机和光纤传回中心局，由上行光接收机接收并变换成射频信号，将电话信号送至主数字终端 HDT 和 PSTN 互连，将数据信号送到路由器与数据网互连，将 VOD 的上行控制信号送到 VOD 服务器。在 HFC 网络中，目前最常见的是调幅传输型（中小城市有线电视网）和大功率传输（调幅+光放大器，大中城市有线电视网）。

1. 独立总前端模式

同一城市或同一区域的有线电视网共用一个前端，所有信号都汇集在总前端。汇集于总前端的广播电视信号通过光发射以 VSB-AM 方式转换为光信号（即 E/O 转换）从总前端输出后，通过星型或星—树型结构的光纤网络传输到各小区光节点，各光节点的光接收机将接收到的信号还原为射频电信号（即 O/E 转换），再经同轴电缆分配网络，将信号传送到各家各户的用户终端，这种系统模式是有线电视 HFC 网中最基本的传输模式，如图 7-2 所示。

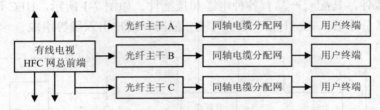

图 7-2 独立总前端示意图

前端是 HFC 网络的核心部分，其功能包括调制、解调、频率交换、电平调整、信号编解码、信号处理、低噪声放大、中频处理、信号混合、信号检测与控制、频道配置和信号加密等，相应的前端的设备包括天线放大器、频道转换器、卫星电视接收机、滤波器、Modem、混合器和导频信号发生器等。

2．HFC 网络线路的组成

与传统 CATV 网相比，HFC 线路网络结构上无论从物理上还是逻辑拓扑上都有重大变化，如图 7-3 所示。通常 HFC 线路网由馈线网、配线网和用户引入线 3 大块组成，其结构很像电话网中的 DLC(数字环路载波)，其服务区类似于电话网的配线区，区别在于 HFC 网服务区内仍基本保留着传统 CATV 网的树形分支型同轴电缆网（总线式），而不是星型的双绞线铜缆网。

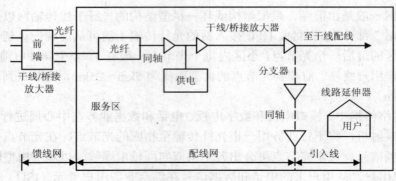

图 7-3 HFC 线路结构

（1）馈线网

HFC 的馈线网指前端至服务区（SA）的光纤节点之间的部分，大致对应 CATV 网的干线段。但区别在于从前端至每一服务区的光纤节点都有一专用的直接的无源光纤连接，即用一根单模光纤代替了传统的粗大干线电缆和一连串几十个有源干线放大器。从结构上由相当于用星型结构代替了传统的树型一部分分支结构。由于服务区又称光纤服务区，因此这种结构又称光纤到服务区（FSA）。目前，一个典型的服务区用户数为 500 户，将来可进一步降至 125 户或更少。

HFC 网的网络拓扑结构，概括起来有 4 种形式：树型结构、星型结构、星—树型结构和环型结构，现在建造的 HFC 网基本上是星型/总线结构。馈线网实质就是 HFC 光纤骨干网，其形状有树型、环型和环—树型，典型的城市 HFC 光纤骨干网结构如图 7-4 所示。

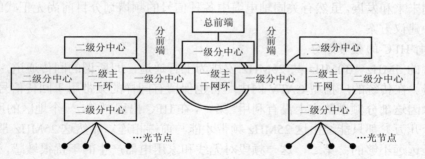

图 7-4 典型的城市 HFC 光骨干网

（2）配线网

配线网指服务区光纤节点与分支点之间的部分，大致相当于电话网中远端节点与分线盒之间的部分，如图 7-5 所示。

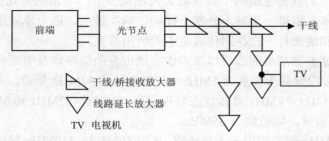

△ 干线/桥接收放大器

▽ 线路延长放大器

TV 电视机

图 7-5 电缆分配网结构

在 HFC 网中，配线网部分采用与传统 CATV 网基本相同的同轴电缆网，很多情况常为简单的总线结构，但其覆盖范围则已大大扩展，可达 5km～10km，因而仍须保留几个干线/桥接放大器。这一部分的好坏往往决定了整个 HFC 网的业务量和业务类型。

采用服务区的概念可以灵活构成与电话网类似的拓扑，从而提供低成本的双向通信业务。将一个大网分解为多个物理上独立的基本相同的子网，每个子网为相对较少的用户服务，得以简化及降低上行通道设备的成本。同时，各子网允许采用相同的频谱安排而互不影响，最大程度地利用了有限的频谱资源。服务区越小，各个用户可用的双向通信带宽越大，通信质量也越好，并可明显地减少故障率及维护工作量。

（3）用户引入线

用户引入线指分支点至用户之间的线路，与传统 CATV 网完全相同。

7.2.2 HFC 频谱与业务划分

HFC 网的频谱资源十分宝贵，特别是回传通道的可用频带仅为 25MHz～37MHz，因而 HFC 网必须具有灵活的、易管理的频段规划，载频必须由前端完全控制并由网络运营者分配。一种解决方案是将整个回传通道频带划分为一个个较小的子频带单位，例如 2MHz、3MHz 或 3.5MHz 等，使网络运营者可以针对任何业务最有效地使用可用频谱。

由于 HFC 网采用副载波频分复用方式，各种图像、数据和语音信号需通过调制解调器调制后在同轴电缆上同时传输，因此合理的频谱划分是十分重要的，既要考虑到历史和现在，又要考虑到未来和发展。虽然有关同轴电缆中各种信号的频谱划分目前尚无正式的国际标准，但已有多种建议方案。

1. 双向 HFC 的频带划分

低频端的 5MHz～30MHz 共 25MHz 安排为上行通道，即所谓的回传通道，主要用来传输电话信号。在传统的广播型 CATV 网中尽管也保留有同样的频带用于回传信号，然而由于以下两个原因这部分频谱基本上没有利用。第一，在 HFC 出现以前，一个地区的所有用户（可达几万至十几万）都只能经由这 25MHz 频带才能与前端相连。显然这 25MHz 带宽对这么大量的用户是远远不够的；第二，这一频段对无线和家用电器产生的干扰很敏感，而传统树形分支结构的回传"漏斗效应"使各部分来的干扰叠加在一起，使总的回传信道的信噪比很低，通信质量很差。

HFC 网则妥善地解决了上述两个限制因素。首先，HFC 将整个网络划分为一个个的服务区，每一个服务区仅有几百户，这样几百户共享这 25MHz 频带就不紧张了；其次，由于用户数少了，由之引入到回传通道的干扰也就大大地减少了，可用频带几乎接近 100%；另外采用先进的调制技术也将进一步减小外部干扰的影响；最后，进一步减小服务区的用户数可以进一步减小干扰和增加每一户在回传通道中的所用带宽。

近年来，随着滤波器质量的改进以及考虑点播电视的信令以及电话和数据等其他应用的需要，上行通道的频段倾向于扩展为 5MHz～42MHz，共 37MHz 频带，有些国家计划扩展至更高的频率。其中 5MHz～8MHz 可传状态监视信息，8MHz～12MHz 传 VOD 信令，15MHz～40MHz 用来传电话信号，频带仍为 25MHz。

50MHz～1000MHz 频带均用于下行通道，其中 50MHz～550MHz 频段用来传输现有的模拟 CATV 信号，每一通路的带宽为 6MHz～8MHz，因而总共可以传输各种不同制式的电视信号 60～80 路。

550MHz～750MHz 频段允许用来传输附加的模拟 CATV 信号或数字 CATV 信号，但目前倾向用于双向交互型通信业务，特别是电视点播业务。假设采用 64QAM 调制方式和 4Mbit/s 速率的 MPEG-2 图像信号，则频率效率可达 5bit/(s.Hz)，从而允许在一个 6MHz～8MHz 的模拟通路内传输约 30bit/s～40Mbit/s 速率的数据信号，若扣除必须的前向纠错等辅助比特后，则大致相当于 6～8 路 4Mbit/s 的 MPEG-2 的图像信号，于是这 200MHz 的带宽总共可以至少传输约 200 路 VOD 信号。当然也可以利用这部分频带来传输电话、数据和多媒体信号，可选取 6MHz～8MHz 通路传电话；若采用 QPSK 调制方式，每 3.5MHz 带宽可传 90 路 64kbit/s 速率的语音信号和 128kbit/s 的信令和控制信息，适当选取 6 个 3.5MHz 的子频带单位置入 6MHz～8MHz 的通路即可提供 540 路下行电话通路。通常这 200MHz 频段传输混合型业务信号。将来随着数字编码技术的成熟和芯片成本的大幅度下降，这 550MHz～750MHz 频带可以向下扩展到 450MHz 及至最终取代这 50MHz～550MHz 模拟频段。届时这 500MHz 频段可以传输约 300～600 路数字广播电视信号。

高端的 750MHz～1 000MHz 段已明确仅用于各种双向通信业务，其中两个 50MHz 频带可用于个人通信业务，其他未分配的频段可以有各种应用以及应付未来可能出现的其他新业务。

实际 HFC 系统所用标称频带为 750MHz，860MHz 和 1 000MHz，目前用得最多的是 750MHz 系统。

2. HFC 上的视频点播（VOD）系统

VOD 是一种受用户控制的视频分配业务，它使得每一个用户可以交互地访问远端服务器所储存的丰富节目源，也就是说，在家里即可随时点播自己想看的有线电视台服务器储存的电影及各种文艺节目，实现人与电视系统的直接对话；它还可以提供图文信息和综合服务；也可以对各种播出节目进行控制和收费。VOD 系统是由信源、信道及信宿组成的，它们分别对应于 CATV 系统的前端机房传输网络和用户终端，用户根据电视机屏幕上的选单提示，利用机顶盒选择出自己所喜爱的节目，并向前端发出点播请求指令。在具有双向传输功能的 CATV 系统中，利用频道分割方式将用户点播的请求信息通过系统的上行通道传输到前端子系统的控制系统。控制系统将点播的节目和主系统的电视信号混合后，由 CATV 系统的下行通道传输到点播用户终端，经机顶盒解调后观看。

3. HFC 网上的电话

其特点是呼叫一旦建立，两个用户间就通过交换机形成一个直接通路。而在电话线上只能传输模拟信号的声音。

在 CATV 网上传电话业务需要增加 3 种设备，一种是连接交换机和 CATV 网的前端接口单元，另一种是用户电话和 CATV 网的用户接口单元，第 3 种是计算机网络管理设备。

这种 CATV 电话网又称为电缆电话，传统电话网的长途干线和局间中继线带宽比较大，但进入用户环路，由于使用的是双绞线，带宽很窄，因此只能传输 300Hz～3400Hz 的窄带电话和低速数据。电缆电话则不同，其全网都具有宽带的电信业务，因此，不仅可以提供普通电话，也可以提供宽带的电信业务，包括 64kbit/s 数字电话、ISDN 和电视电话等。

4. HFC 网上的双向数据通信

在 CATV 网上进行双向高速数据的传送时，在用户端利用 Cable Modem 上网。Cable Modem 采用先进的调制技术（如 64QAM），分为对称和非对称两种。其中，对称型可为每个用户提供 10Mbit/s 的上下通道速率，可用在远程医疗、远程教学和电视会议等场合；非对称型可为每个用户提供的上行速率为 784kbit/s，下行通道速率可达 30Mbit/s，因此特别适合用在互联网页浏览及视频游戏等。

7.3　Cable Modem

我们平常用 Modem 通过电话线上互联网，而 Cable Modem(电缆调制解调器)是在有线电视网络上用来上互联网的设备，它是串接在用户家的有线电视电缆插座和上网设备之间的，而通过有线电视网络与之相连的另一端是在有线电视台（称为头端：Head-End）。它把用户要上传的上行数据以 5MHz～65MHz 的频率以 QPSK 或 16QAM 的调制方式调制之后向上传送，带宽为 2MHz～3MHz，速率可达 10Mbit/s；它把从头端发来的下行数据，解调的方式是 64QAM 或 256QAM，带宽为 6MHz～8MHz，速率可达 40Mbit/s。

HFC 网络大部分采用传统的高速局域网技术，但是最重要的组成部分也就是同轴电缆到用户计算机这一段使用了另外的一种独立技术，这就是 Cable Modem。

7.3.1 Cable Modem 的结构

Cable Modem 的结构比传统 Modem 更为复杂，它一般包括调制解调器、调谐器、封包/解包设备、路由器、网络接口卡、SNMP 代理和以太网集线器。调谐器负责 RF 数据的接收与传送，经 QPSK 或 QAM 的方式调制，经过加密和解密过程，再由微处理器进行处理，然后才传输给个人计算机做进一步的解调。

Cable Modem 的参考体系结构包括物理（PHY）层、MAC 层和上层，如图 7-6 所示。

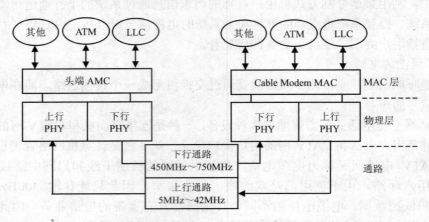

图 7-6　Cable Modem 头端分层体系结构

1. 物理层

数字电缆系统的物理接口是普通的同轴电缆，该物理层包括上行和下行通路。电缆系统上行通路的特性使得上行传输比下行传输更为困难。这是由于共享媒质存在接入冲突以及大量噪声源污染这一频率范围。噪声损害可以通过使用复杂的编码技术并以减小数据传输速率为代价得到一定程度的补偿。因此，数字电缆体系结构在头端只用一个下行发送器，同时包括几个相关的上行接收器。当然发送器比接收器昂贵。

2. MAC 层

MAC 层规范的复杂性来自共享媒质，加之需要保证每个用户应用的服务质量。任何 MAC 的基本功能是设计一种机制，实现网络的随机接入，分解竞争，并当一个以上的站点希望同时发送时对资源进行仲裁，MAC 还需要保证某些特殊应用的服务质量，如果正在传送实时视频或话音，那么必须使迟延抖动达到最小并分配恒定比特率的带宽。与数据分组不同，实时话音分组哪怕只有不大的迟延，也会成为无用。

Cable Modem 的 MAC 甚至更为复杂，因为和至今已经开发出的任何 MAC 相比，它必须在更恶劣的环境下工作。不像设计工作在 LAN 环境下 MAC，电缆网络的 MAC 必须在公共环境下工作，在此环境下服务质量和用户期望是最重要的。Cable Modem 的 MAC 必须涉及需要很大带宽并具有严格要求的交互式多媒体业务。

目前市场上的绝大多数 Cable Modem 可实现某些特定的应用，以满足用户的初步需求，但仅提供高速 Cable Modem 接入还不能解决多媒体业务的要求，为了满足终端用户的未来需求，在制定 MAC 协议时，必须嵌入服务质量的概念。

3．上层

Cable Modem 应当能操纵管理实体和业务接口。

（1）IP 接口

目前大多数 Cable Modem 直接连接到计算机上处理 IP 业务。虽然将来其他接口比如 USB 或 Firewire 有可能也很重要，但这一连接的物理层几乎总是以太网 10Base-T。尽管用内置计算机插卡实现 Cable Modem 可能比较便宜，但是这种方法要求不同的计算机使用不同的 Modem 卡。为了安装这种业务还需要打开用户的计算机，这是许多有线电视运营商希望避免的。

（2）ATM 本原接口

采用 IEEE802.14 标准的 Cable Modem 可以支持本原的 ATM 业务。这意味着要开发 ATM 适配层（AAL）以处理 ATM 应用，包括 CBR、VBR 和 ABR 业务。

Cable Modem 类型可以分为内置式和外置式，其中外置式 Cable Modem 根据接口的不同又可分为以太网接口和 USB 接口。

（1）内置式 Cable Modem

内置式 Cable Modem 采用的是 PCI 接口，可以直接插接到计算机的 PCI 扩展槽上。由于目前计算机中使用最多的是 PCI 扩展槽，而 PCI 总线可以支持最高 133Mbit/s 的数据传输速率，完全可以满足 Cable Modem 数据传输要求（现阶段 Cable Modem 的最高数据传输速率为 36Mbit/s）；另一方面，内置式 Cable Modem 价格便宜，不占用额外的空间，是现阶段较为经济合理的解决方案。

（2）USB 接口的 Cable Modem

USB 接口的 Cable Modem 通过 USB 总线与计算机相连。USB 总线的数据传输速率为 12Mbit/s，而 Cable Modem 采用共享传输方式，单机数据传输速率远远达不到 36Mbit/s，因此 USB 接口基本上可以满足这种传输要求。

（3）以太网接口的 Cable Modem

以太网接口的 Cable Modem 必须通过网卡才能与计算机相连。大部分 Cable Modem 的安装都不太复杂，就是将以太网接口的 Cable Modem 连接到网卡的 RJ-45 接口，再将有线电视同轴电缆连接到 Cable Modem 上。

7.3.2　Cable Modem 的工作原理

Cable Modem 与普通 Modem 在原理上都是将数据进行调制后在 Cable 的一个频率范围内传输，接收时进行解调，传输机理与普通 Modem 相同，不同之处在于它是通过有线电视（CATV）的某个传输频带进行调制解调的。而普通 Modem 的传输介质在用户与交换机之间是独立的，即用户独享通信介质。Cable Modem 属于共享介质系统，其他空闲频段仍然可用于有线电视信号的传输。电缆调制解调器提供双向信道，从计算机终端到网络方向称为上行（Upstream）信道，从网络到计算机终端方向称为下行（Downstream）信道。

上行信道带宽一般为 200kbit/s～2Mbit/s，最高可达 10Mbit/s。上行信道采用的载波频率范围为 5MHz～40MHz，由于这一频段易受家用电器噪声的干扰，信道环境较差，一般采用较可行的 QPSK 调制方式。

下行信道的带宽一般为 3Mbit/s～10Mbit/s，最高可达 36Mbit/s。下行信道采用的载波频率范围为 42MHz～750MHz，一般将数字信号调制到一个 6MHz 的电视载波上，典型的调制方式有 QPSK 和 64QAM 等，前者可提供 10Mbit/s 带宽，后者可提供 36Mbit/s 带宽。Cable Modem 本身不单纯是调制解调器，它集 Modem、调谐器、加/解密设备、桥接器、网络接口卡、SNMP 代理和以太网集线器的功能于一身。它无需拨号上网，不占用电话线，可永久连接。服务商的设备同用户的 Modem 之间建立了一个 VLAN 连接，大多数的 Modem 提供一个标准的 10Base—T 以太网接口同用户的计算机设备或局域网集线器相联。

具体来说，Cable Modem 从下行的模拟信号中划出 6MHz 频带，将信号转化为符合以太网协议的格式，从而与计算机实现通信。用户需要经计算机配置以太网卡和相应的网卡驱动程序。同轴电缆中的 6MHz 频带被用来提供数据通信。电视和计算机可同时使用，互不影响。

那么，有线电视网络实际怎样运行的呢？射频信号在用户和前端之间沿同轴电缆上行或下行。上行和下行信号共享 6MHz 频带，但是调制在不同的载波频率上，以避免相互干扰。一般下行速率为 10Mbit/s，上行速率为 768kbit/s。

Cable Modem 工作在物理层和数据链路层，下面介绍 Cable Modem 在这两层的工作原理。

1. 物理层

最主要的下行协议是 64QAM(正交振幅调制)，调制速率可达 36Mbit/s。上行调制采用 QPSK(四相移键控调制)，抗干扰性能好，速率可达 10Mbit/s。另一个上行协议是 S-CDMA(同步码分复用)，例如摩托罗拉公司，把上行信号更进一步细分为 10kHz～600kHz 频带，把上行信号动态转入干净、无噪声的频带。

2. 媒体通路控制层

媒体通路控制层（MAC）和逻辑链接控制层（LLC），即 OSI 七层组织中的数据链路层。这两个协议层规定了不同信号和用户怎样共享公共带宽。由于目前还没有统一的行业标准，有些 Cable Modem 厂家采用不同的协议。较常见的有用于以太网的公共 CSMA/CD 和先进的 ATM 协议。这些协议都可以有效地使用上行通道，可以根据需要分配带宽，保证通信质量。

在上行方向，Cable Modem 从计算机接收数据包，把它们转换成模拟信号，传给网络前端设备。该设备负责分离出数据信号，把信号转换为数据包，并传给因特网服务器。同时该设备还可以剥离出语音（电话）信号并传给交换机。

为实现上述功能，需要将目前的单向有线电视网转变成双向双纤—同轴电缆混合网，以便实现宽带应用。除了前端设备和现存的下行信号放大器外，还需要在干线上插入上行信号放大器。

7.4 Cable Modem 宽带接入网

7.4.1 网络结构

1. 数据传输的实现

Cable Modem 系统结构如图 7-7 所示。

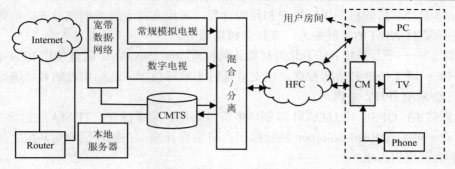

图 7-7　Cable Modem 系统结构

用户可在计算机中运行视频点播软件，通过 HFC 网络到运营商 CMTS 头端设备，由运营商提供视频点播服务。由于在 Cable Modem 技术中，采用了双向非对称技术，在频谱中分配 88MHz～860MHz 间的一个频段作为下行的数据信道，传输速率达到 27Mbit/s 和 38Mbit/s。同时在频谱中分配 5MHz～42MHz 中的一个频段作为上行回传，传输速率达到 0.3Mbit/s～10Mbit/s 的速率，通过上行和下行数据信道形成数据传输的回路。用户也可在计算机中运行浏览器软件，实现上网冲浪。由此可见，Cable Modem 能使用户进入一个虚拟现实世界。采用这种非对称技术，主要考虑到目前数据业务的信息量集中在下行，如因特网网页的浏览，E-mail 的收发，视频点播，家用办公等。系统遵照国际标准 DOCSIS 或 DVB/DAVIC 的规定，通信协议采用 TCP/IP。

2. 语音的传输

采用 IP 技术，提供语音业务，可通过 VoIP 技术来实现。这时整个系统传输的全是 IP 数据，包括用户家的电话，也用的是 IP 电话。通过因特网，可与全球任何的联网用户实现 Internet Phone 功能，但目前的电话用户还是 PSTN，要真正通过 HFC 网提供语音业务必须与 PSTN 互通，实现互通的方法有两种，如图 7-8 所示。

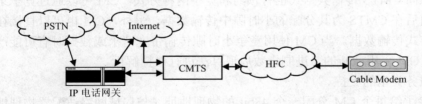

图 7-8　HFC 与 PSTN 互通

一种方法是从因特网通过 IP Phone 网关来与 PSTN 相连；另一种方法是从 HFC 的局端设备 CMTS 通过 IP Phone 网关联向 PSTN。

7.4.2　设备选用原则

目前电缆调制解调器还没有统一的国际标准，下面介绍几种标准。

1. MCNS 标准框架

多媒体有线网络系统（MCNS）由北美主要有线电视运营公司组成，标准内容如下。

① 网络层——运行 IP。

② 数据链路层：逻辑链路子层采用以太网标准，MAC 子层支持变长协议数据单元；采

用前端控制体制；对传输机制进行集中和预约管理；采用支持变长数据包业务提高带宽利用率；留有未来支持 ATM 的扩展能力；支持多级别服务。

③ 物理层——下行信道：基于北美视频传输标准，64/256QAM，联合使用 Reed-Solomon 和 TrellisFEC；既支持延时敏感数据，也支持延时不敏感数据；连续串行的数据流没有暗含的项提供完整 MAC/PHY 去耦。

④ 上行信道：QPSK 和 16QAM 调制，多符号码率；频率捷变；TDMA；支持变长和同步 PDU 格式；可编程 Reed-Solomon 块状编码；可编程开端；在物理层和更高层之间去耦，以满足未来物理层的需求。

⑤ 下行传输各层共有的特性为：

- MPEG 传输流字头按照 TTU-TH222.0 定义；
- 在电视程序辨识场上装 MCNS 数据；
- 在专用数据 PSI 区中携带 MCNSMAC 数据；
- MPEG-2 数据包流编码服从 TTU-TJ.83-B 模式 2。

（1）上行信道带宽的分配

MCNS 把每个上行信道看成是一个由小时隙（mini-slot）组成的流，CMTS 通过控制各个 CM 对这些小时隙的访问来进行带宽分配。CMTS 进行带宽分配的基本机制是分配映射（MAP）。MAP 是一个由 CMTS 发出的 MAC 管理报文，它描述了上行信道的小时隙如何使用，例如，一个 MAP 可以把一个时隙分配给一个特定的 CM，另外一些时隙用于竞争传输。每个 MAP 可以描述不同数量的小时隙数，最小为一个时隙，最大可以持续几十毫秒，所有的 MAP 要描述全部小时隙的使用方式。MCNS 没有定义具体的带宽分配算法，只定义进行带宽请求和分配的协议机制，具体带宽分配算法可由生产厂商自己实现。

（2）上行信道访问方式

CMTS 根据带宽要分配算法可将一个小时隙定义为预约小时隙或竞争小时隙，因此，CM 在通过小时隙向 CMTS 传输数据式也有预约和竞争两种方式。CM 可以通过竞争小时隙进行带宽请求，随后在 CMTS 为其分配的小时隙中传输数据。另外，CM 也可以直接在竞争小时隙中以竞争方式传输数据。当 CM 使用竞争小时隙传输带宽请求或数据时有可能产生碰撞，若产生碰撞，CM 采用截断的二进制指数后退算法进行碰撞解析。

（3）对服务类型的支持

MCNS 除了给每个 CM 分配一个 48bit 的物理地址（与局域网络适配器物理地址一样）之外，还给每 Cable Modem 分配了至少一个服务标识（ServiceID），服务标识在 CMTS 与 CM 之间建立一个映射，CMTS 将基于映射，给每个 CM 分配带宽。CMTS 通过给 CM 分配多个服务标识，来支持不同的服务类型，每个服务标识对应于一个服务类型。MCNS 采用服务类型的方式来实现 QoS 管理。

2. IEEE802.14 标准框架

IEEE802.14 专家组主要制定电缆调制解调器 MAC/PHY 层的标准，内容如下。

① 下行采用 64-QAM 调制；

② 上行发射机为 QPSK 或 16QAM 调制；

③ ATM 信元为基本传输基元之一；

④ 上行符号速率为 256kbit/s、512kbit/s、1024kbit/s、2048kbit/s、4096kbit/s；

⑤ 下行数据采用 DAVIC/DVBFEC；

⑥ 在电缆调制解调器和前端必须用 ATM 信号传输；

⑦ 电缆调制解调器和前端也支持变长数据包。

这两种标准的最大差异在于是否采用 ATM 进行传输。MCNS 代表工业界利益，考虑较多的是现阶段的实际情况；而 IEEE 专家组从科技发展角度考虑。实际上，目前在各地实验网中使用较多的电缆调制解调器都不符合这两种标准。

3．DOCSIS 标准

在同轴电缆上传输数据的接口规范（Data Over Cable Service Interface Specification, DOCSIS）是有线电缆数据服务传输规范标准，如表 7-1 所示。

表 7-1　　　　　　　　　　　　　　DOCSIS1.0 技术标准摘要

数 据 下 行	数 据 调 制	64/256QAM(国际电信联合会 TJ.83Annex B)
	载波频宽	6MHz
	数据速率	27Mbit/s 或 36Mbit/s
	数据结构	MPEG-II
	正向差错校正	里氏·所罗门（Reed Solomon）
	加密/解密	56 位国际标准局数据密码标准（DES）
数据上行	数据调制	QPSK/16QAM
	载波频宽	变量，200kHz～3.2MHz
	数据速率	320kbit/s～10Mbit/s
	正向差错校正	里氏·所罗门（Reed Solomon）
	加密	56 位国际标准局数据密码标准（DES）
访问控制	MCNS	分组基准，争用和备用频槽，多媒体服务质量标准（QoS）
管理程序	SNMP	提供管理信息库定义
用户界面	10Base-T	USB/IEEE1394 标准制定中
网络界面	10/100Base-T，ATM，FDDI	

通常满足 CATV 国标的 HFC 网能满足 DOCSIS 标准对下行通道的要求，如表 7-2 所示。

表 7-2　　　　　　　　　　　　　　DOCSIS 标准对下行通道的要求

参数	DOCSIS 标准	CATV 图标
频率范围	88MHz～860MHz	85MHz～1GHz
RF 信道间隔	6MHz	8MHz
最大传输延时	设计带宽内<0.8ms	
载噪比	>35dB	>43dB
CSQ(模拟调制载波的组合二次失真)	<−50dB	<−55dB
CTB(模拟调制载波的组合三次差拍失真)	<−50dB	<−55dB
载波幅度波动	0.5dB/6MHz	
CMTS 所用带宽内的最大群延时波动	75ns/6MHz	
交流哼声	−26dBc(<5%)	<3%
突发噪声	以 10Hz 平均值不长于 25ms	
信号电平倾斜	50～750MHz：16dB	±1.5dB
CM 输入端的最大模拟电平	17dBmV(77dBμV)	用户电平 67+5dBμV
CM 输入端的最小模拟电平	−5dBmV(55dBμV)	用户电平 67−5dBμV

HFC 网络的上行信号的调制解调体制为正交相移键控（QPSK），为达到 10～8 的符号差错概率，高斯噪声背景下解调器所需的载噪比为 15.2dB，考虑上行通道中的窄带连续波的干扰和冲激干扰的影响，取载噪比为 25dB 可以满足可靠传输的要求，所以 DOCSIS 标准上行 RF 信道取 CNR≥25dB。

依据 DOCSIS 标准，Cable Modem 主要参数可以归纳为：

下行频率：54MHz～860MHz

下行调制方式：64QAM、256QAM

载波带宽：6MHz

信号速率：64QAM 30.336Mbit/s

256QAM 42.884Mbit/s

上行频率：5MHz～65MHz

上行调制方式：QPSK、16QAM

载波频宽：200kHz～3200kHz

信号速率：320kbit/s～10.24Mbit/s

上行误码率：23DbCNR1×10^{-9}

下行信号接收电平：−15dBmV～+15dBmV

上行信号发射电平：8dBmV～58dBmV

与其他接入方式相比，因为受各方面因素的影响，Cable Modem 在国内的应用正在普及，但相关的产品相对较少。在选择 Cable Modem 设备时，一般需要注意以下的问题。

（1）连接速率

所选择的 Cable Modem 应该能够满足网络连接速率。在条件许可的情况下，在速率上建议给出一定的余量，以便在网络规模或网络应用需要很高的带宽时不至于被淘汰。

（2）协议标准

协议是选择 Cable Modem 时需要注意的另一个因素，目前 Cable Modem 分别使用 DOCSIS 和 IEEE802.14 协议，所以在选择 Cable Modem 设备时该尽量同时满足这两个协议。

（3）更多的协议支持

为了便于网络的管理，在选择 Cable Modem 时该选择具有管理功能的设备，目前一些主流的产品都支持简单网络管理（SNMP）、动态地址分配（DHCP）等技术，这些功能可以为用户提供灵活的系统管理和 IP 地址分配策略。目前，多数较高档次的 Cable Modem 设备还提供了基于 HTTP 的接口，以便通过 Web 进行有效的诊断和管理。另外，多功能的 LED 和用户可编程发生指示器可以让用户不仅能够看见而且能够听见各种性能指示，简化了系统排错工作。在数据安全方面，一些加密/解密技术以及前向纠错技术（FEC）可以保证数据传输的可靠性。

（4）方便的连接方式

为了方便与用户计算机之间的连接，在选择 Cable Modem 设备时，建议使用同时提供有 USB 端口、10Base-T RJ-45 多种端口的设备，这样可以满足多种连接方式。

（5）路由功能

Cable Modem 除了提供基本的网络接入功能外，在需要的时候还应该具有路由选择功能，以便为局域网用户提供基于高速 Cable 线路的因特网接入服务，也可以实现两个远程网络之间的互连，从而实现企业用户及其分支机构之间召开电视会议等综合数据应用。

7.4.3　Cable Modem 接入设备安装

Cable Modem 是 HFC 宽带接入中连接有线电视同轴电缆与用户计算机的中间设备，它不仅要起到信号的调制和解调作用，而且能完成部分网桥、路由器、网卡和集线器等功能。与 ADSL Modem 类似，Cable Modem 也分为内置式和外置式，它们的安装连接方法各不相同，但 Cable Modem 比 ADSL Modem 的安装要简单得多。

Cable Modem 设备间的连接比较简单，只要将有线电视同轴电缆接入 Cable Modem 即可。为了在上网的同时收看电视节目，需要在有线电视同轴电缆入户时安装一个分支器，将同轴电缆分成两条支路，其中一条直接连接电视机，另一条连接至 Cable Modem。

1. 分支器的安装

根据输出分支的数量，分支器可以分为一分二、一分三等多种，但连接方法基本相同。连接时，先将有线电视同轴电缆的入户线接入分支器的输入端（IN），再将电视机和 Cable Modem 分别接入分支器的两个输出端（OUT）。

2. 内置式 Cable Modem 的安装

内置式 Cable Modem 的安装与安装内置式 ADSL Modem 的方法基本相同。首先，将内置式 Cable Modem 卡插接到计算机主板上相应的扩展插槽中，然后利用同轴电缆将分支器的一个输出分支与 Cable Modem 相连，如图 7-9 所示。

3. USB 接口的 Cable Modem

USB 接口的 Cable Modem 安装比较简单，只需要通过 USB 连接线将其连接到计算机的 USB 接口上就可以了，如图 7-10 所示。

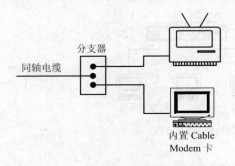

图 7-9　内置式 Cable Modem 的连接

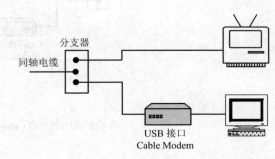

图 7-10　USB 接口 Cable Modem 的连接

USB 接口的 Cable Modem 具体连接方法如下：

第 1 步，将 USB 连接线的正方形插头插入 Modem 的 USB 口，再将长方形插头插入计算机 USB 接口。

第 2 步，将有线电视电缆分支器的一个输出端 OUT 通过同轴电缆与 Cable Modem 的射频接口相连。

4. 以太网接口的 Cable Modem

以太网接口的 Cable Modem 的连接方式比较多，既可以直接连接至计算机，也可以与局域网相连。当直接与计算机相连时，需要在计算机中安装一块 10Mbit/s 中 10Mbit/s/100Mbit/s

自适应网卡，然后通过 RJ-45 交叉双绞线与 Cable Modem 相连，如图 7-11 所示。

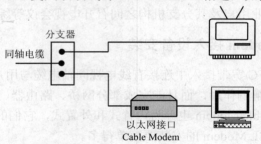

图 7-11　以太网接口 Cable Modem 的连接

以太网接口的 Cable Modem 与计算机相连的具体方法如下。

第 1 步，关闭计算机电源，打开机箱，将网卡插入主板上相应的扩展插槽中，固定好后将机箱重新装好。

第 2 步，用同轴电缆将有线电缆分支器的一个输出端（OUT）与 Cable Modem 的射频连接口相连。

第 3 步，使用交叉双绞线将 Cable Modem 的以太网接口与网卡的 RJ-45 口相连。

与以太网接口的 ADSL Modem 类似，以太网接口的 Cable Modem 与局域网的连接也具有两种方法，即通过交叉双绞连接到代理服务器，如图 7-12 所示；通过直通双绞线连接到局域网中集线器的普通 RJ-45 接口上，如图 7-13 所示。

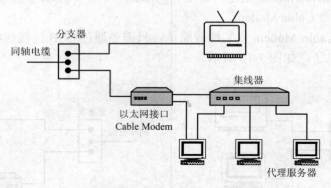

图 7-12　以太网接口 Cable Modem 连接到代理服务器

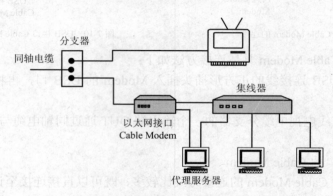

图 7-13　以太网接口 Cable Modem 连接到集线器

思考题与练习题

7-1　CATV 网如何改造为可传输数据的网络？

7-2　HFC 有线电视网发展成为宽带高速综合信息网有哪些有利条件和不足？

7-3　HFC 网络是由哪几个部分组成的？

7-4　HFC 网络线路的组成是怎样的？

7-5　HFC 频带是如何分配的？

7-6　试画图说明 Cable Modem 的参考体系结构。

7-7　简述 Cable Modem 的工作原理。

7-8　Cable Modem 是如何实现数据传输的？

7-9　Cable Modem 设备选用原则是什么？

7-10　Cable Modem 的类型有哪些？

7-11　画图说明如何安装 Cable Modem。

第8章 无线窄带接入技术

无线接入是指从公用电信网的交换节点到用户驻地网或用户终端之间的全部或部分传输设施，采用无线手段的接入技术，即用无线传输代替接入网的全部或部分，向用户终端提供电话和数据服务。无线接入技术在本地网中的重要性正在日益增长，人们正在越来越多地考虑利用无线通信技术将用户终端接入通信网络。与此同时，越来越多的通信厂商和电信运营商，也在积极地提出和使用各种各样的无线接入产品。目前无线通信市场上的各种蜂窝通信、无线市话、移动卫星通信等技术，也在被开发用于无线接入网。本章主要介绍无线通信基础理论、移动通信关键技术和无线市话接入系统。

8.1 无线通信基础

8.1.1 蜂窝通信理论

1. 蜂窝通信的由来

移动通信采用蜂窝结构以前，主要采用大区制的组网方式。所谓大区制，指的是一个基站来覆盖整个地区，系统运行在允许的最大功率和最高天线上，频率不能再用。在这种情况下，由于地理上有足够的隔离，一个发射站一般不会干扰另一个相同频率的发射站，大区制的特点是只有一个基站，覆盖面积大，因此所需的发射功率也比较大，一般为50W～200W。另外大区制的信道数量有限，因此信道容量较小，随着移动通信的发展，渐渐地不能满足系统容量增长的要求。

随着移动电话应用需求的增长，为了更有效地利用无线频谱，引进了蜂窝系统的概念。相对于大区制，蜂窝移动通信系统也被称为小区制，蜂窝系统采用了与大区制相反的方法，即为了允许在最短距离的频率再用，采用低功率发射，以有效使用可用的信道数量，从而使一个地理覆盖区的每个信道再用的次数最大化。

通过控制各小区基站的发射功率，使得频谱资源在一个大区中的不同小区间可以重复利用，增加可用的信道数量，进而增大系统的容量，同时，在用户容量增加的情况下，蜂窝小区可以进一步分裂为更小的小区来增大系统容量。

2. 蜂窝的基本概念

理想状态下，一个具有全方向天线的基站可以覆盖一个圆形的区域，一个大的地理区域可以分成多个相互交叠的圆形区域。但在实际的无线传播环境中，由于地形和建筑物的影响，基站的覆盖区域并不非常规则。为了获得全覆盖，无死角，小区面积多为正多边形，如正三角形，正四边形，正六边形；为理论分析和系统规划的方便，可以将蜂窝小区的现状近似为六边形。采用正六边形主要有两个原因：第一，正六边形的覆盖适用于数量较少的小区，少量的发射站；第二，正六边形小区覆盖相对于四边形和三角形小区覆盖费用低。蜂窝小区大小各不相同，取决于人口密度及分布、人流活动路线和场所。通常根据蜂窝小区的大小将蜂窝划分为巨蜂窝、宏蜂窝、微蜂窝和微微蜂窝 4 类，如表 8-1 所示。

表 8-1 蜂窝小区的分类

蜂窝类型	巨蜂窝	宏蜂窝	微蜂窝	微微蜂窝
蜂窝半径/km	100～500	2～20	0.4～2	≤0.4
业务密度	低	低到中	中到高	高
适用的终端速度/km/h	1500	≤500	≤100	≤10
适用的系统	卫星	陆地移动	陆地移动	陆地移动

陆地移动通信系统通常采用宏蜂窝、微蜂窝和微微蜂窝。每个蜂窝小区设一个基站，该基站与周围的一些基站通过电话线和数据控制线与移动交换中心连接，再经汇接局接入市话网。当移动用户从一个小区向另一个相邻小区移动时，基站控制中心发出越区切换指令，使移动用户进入新的小区以后仍能保持通信的连续性。各小区的特点简述如下。

（1）宏蜂窝

每小区的覆盖半径大多为 2km～20km。由于覆盖半径较大，所以基站的发射功率较强，一般在 10W 以上，天线也做得较高。

（2）微蜂窝

微蜂窝是在宏蜂窝的基础上发展起来的一门技术，覆盖半径大约为 0.4km～2km，基站发射功率较小，一般在 1W 以下。基站天线置于相对低的地方，一般高于地面 5m～10m。微蜂窝小区结构的突出特点是随着用户数的增长，很容易扩容和增大服务区。原有小区可以通过建新的基站而分裂成更多的小区，这样小区的服务面积减少了，但话务量与信道却增加。

（3）微微蜂窝

随着容量需求的进一步增长，运营商可按照同样的方式布置第三层或第四层网络，即微微蜂窝小区。微微蜂窝实质就是微蜂窝的一种，只是覆盖半径更小，一般小于 400m，基站发射功率更小，大约为几十毫瓦，其天线一般装于建筑物内的业务集中地点。微微蜂窝作为网络覆盖的一种补充形式而存在。

目前实际使用的移动蜂窝通信系统是一个多层次网络，往往是宏蜂窝和微蜂窝结合的分级蜂窝系统。

3. 蜂窝小区的频率复用

在频分多址和时分多址系统中，为了降低蜂窝小区的干扰，相邻小区均使用不同的频率。但为了提高频谱利用率，采用空间划分的方法，在不同的空间可以进行频率再用。由若干个小区组成一个区群（Cluster，也叫做"簇"），区群内的每个小区占用不同的频率，另一个区群可重复使用相同的频带。不同区群中的相同频率的小区产生同频干扰，也被称做共道干扰。

4. 蜂窝小区的干扰

移动通信系统蜂窝小区的干扰分为三种：互调干扰、临频干扰和同频干扰。

当有两个以上的频率作用于一非线性电路时，由这两个（或多个）频率会互相调制产生新的频率输出，如果这个新频率恰好落在某一个信道而被工作于该频率的接收机接收，即构成对该接收机的干扰。当产生互调干扰时，可能产生多种互调分量，奇次谐波产生干扰，而偶次谐波产生干扰的有效频率远，所以通常可以忽略。避免或抑制互调干扰主要通过 4 种措施：① 增大发射机之间的耦合损耗；② 提高接收机的抗互调指标；③ 对发射机进行有效的功率控制；④ 不使用三阶互调频率的信道。

临频干扰是指邻近频道或相邻频道之间的干扰，也被称为邻道干扰。临频干扰主要是由于发射机的带外辐射和接收机的选择性共同作用而造成的。由于发射机的辐射并非是单一频率而是一个频带，它对于临频的辐射功率可以和有用信号一起进入接收机，如果接收机的响应对临频发射机的衰减不够大，临频发射机的信号便构成了临频干扰。减少临频干扰的措施有：① 提高接收机的中频选择性以及优选接收机指标，同时限制发射机的临频辐射，规定发射机临频辐射应该≤70dB(和载频功率相比)；② 在移动台功率方面，应在满足通信距离的要求下，尽量采用小功率输出，以减小服务区，可以通过功率控制使得移动台接近基站时降低发射功率；③ 使用天线定向波束指向不同的水平方向以及指向不同的仰角方向。

在蜂窝系统中，由于采用了频率复用，所以存在同频小区。与有用信号具有相同频率的非有用信号对有用信号所造成的干扰称为同频干扰，也被称为共道干扰或同道干扰。

8.1.2 无线传播与天线

1. 无线电波传播

无线电波在自由空间中的传播是电波研究中最基本最简单的方式。严格地说，自由空间应指真空，在理论研究中我们通常把满足一定条件的空间也看做自由空间。实际环境中无线电波传播要复杂得多，可能受到各种因素的影响，如受气候和地形等影响，即使在正常气候条件下，无线电波信号仍然会变化，原因是多径效应的存在，电波能量沿着传播路径发生衍射和散射，使得到达接收天线的部分信号的相位和幅度发生了变化，当所有在接收天线接收的信号叠加后，部分电波信号能量会抵消或增

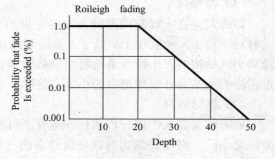

图 8-1 瑞利衰落图

加，因而产生多径衰落。在基础理论研究中，多径衰落可以用瑞利分布来描述和表示，如图 8-1 所示，当衰落的深度增加时，衰落在该深度发生的可能性也会减小。

小灵通系统工作在微波段，微波波长短，绕射能力差，因此在可视直线的情况下传播最好。如果发射点和接收点是在可视的直线上时，除了距离传播及雨雪天引起的衰减外，多径衰落是信号丢失的一个主要原因。从发射点到接收点，由于信号不总是从同一路径传播，比如地形和建筑物的发射及衍射，使得接收点接收到的信号幅度和相位都会不同，其叠加结果会导致失掉部分或全部信号。信号的幅度会随着移动台的移动、气候的变化及地形状况而变化。这种衰落符合统计学上的瑞利分布，瑞利衰落是一种符合多径效应而发生的信号衰落，设计过程中通常都是采用瑞利衰落曲线来分析。

为了减小雨雪天气和多径效应对通信的影响，在 RF 规划设计中可以采用预留保护边带的方式，它是指在系统设计时为避免可能出现的信号而使用的一种保护方式，比如两个基

站之间传播信号，如果下雨或下雪时能使信号衰减一半（即 3dB 衰减），那么设计发射机时要考虑有 3dB 的保护边带，在链路预算中就要考虑 3dB 的余量。对多径衰落的影响，也可以同样进行考虑。从瑞利衰落图中可以看出，衰落深度与其发生可能性的关系，当衰落深度越深时，其发生的可能性就越小。举例来说，当接收点在发射点的直线视距内，且没有其他的障碍物，当接收点信号与衰落深度超过 18dB 的可能性只有 1%，所以在设计时，就可以考虑将传播的信号在发射端要求最低的基础上增加 18dB，这样就能够保证 99%的接收可能性。在这种情况下，称 18dB 为衰落保护边带。实际情况中，信号衰落深度超过 18dB 的可能性很小。

2. 移动通信的电波传播特点

一个移动通信系统质量的好坏，在很大程度上取决于无线传输质量的好坏。而移动通信靠的是无线电波的传播，因此，必须了解和掌握移动通信环境中无线电波传播的基本特点。电波传播的主要特点可归纳如下。

（1）传播环境复杂

移动通信系统工作在 VHF 和 UHF 两个频段（30MHz～3000MHz），电波以直射方式在低层大气中传播。由于低层大气并不是均匀介质，会产生折射和吸收现象，而且在传输路径上遇到各种障碍物还可能产生反射、绕射和散射等。

当电磁波遇到比波长大得多的物体时，就会发生反射，反射发生于地面、建筑物和墙壁等光滑界面处。

当接收机和发射机之间的传播路径被尖利的边缘阻挡时，电磁波就会发生绕射。由于绕射，电磁波可越过障碍物到达接收天线。即使收、发天线间不存在视线路径，接收天线仍然可以接收到电磁信号。

当电磁波穿行的介质中存在小于波长的物体并且单位体积内阻挡体的个数非常巨大时，就会发生散射。散射波产生于粗糙表面、小物体或其他不规则物体。在实际的通信系统中，很多物体会引发散射。

另外，一台位于外面的发射机在建筑物内被接收到的信号场强，对于无线系统来说是非常重要的。无线信号透射能力是频率及建筑物高度的函数。测试显示，随着频率或建筑物高度的增加信号透射能力增加，即建筑物内的信号场强增加。

因此，地形、地物、地质以及地球的曲率半径等都会对电波的传播造成影响。在一个典型的移动通信系统中，用户的接入都是通过移动台与基站间的无线链路，无线电波的传播在通信的过程中始终受移动台周围物体的影响，因此移动台收到的信号是由多个反射波和直射波组成的多径信号。多径信号造成的结果是信号严重衰落，也就是说，移动通信必须克服衰落的影响。

（2）传播环境不断变化

移动通信的信道是变参信道。引起电波传播环境变化的因素很多，主要原因是由于移动台处于移动状态，周围的地形和地物等总在不断变化。另外，城市建设的不断变化对移动通信的电波传播环境也有影响。

（3）环境被电磁噪声污染

传播环境本身是一个被电磁噪声污染的环境，而且这种污染日益严重。

以上这些电波传播特点都会在实际中增加移动通信中无线网络规划的难度。

3. 分集技术

多径传播的信号到达接收机输入端时，会形成幅度衰落，时延扩展及多普勒频谱扩展，这些会导致数字信号的高误码率，严重影响通信质量。为了提高系统的抗多径的性能，一个有效的方法是对信号分集接收。分集技术包括时间分集、频率分集和天线技术中的分集技术。

（1）分集技术的概念

如果一条无线传播路径中的信号经历了深度衰落，而另一条相对独立的路径中仍可能包含较强的信号。所以，可以在多径信号中选择两个或两个以上的信号，这样对接收机的瞬时信噪比和平均信噪比都有提高。

分集技术的基本思想是：将接收到的多径信号分离成不相关的（独立的）多路信号，然后将这些多路分离信号的能量按一定的规则合并，使接收的有用信号能量最大，而提高接收端的信噪功率比，对数字信号而言，使误码率最小。因此，分集技术应该包括两个方面：① 如何将接收的多径信号分离出来，使其互不相关；② 将分离出的多径信号怎样合并，以获得最大的信噪比收益。

（2）时间分集

时间分集指将信源比特分散到不同的时间段中发射出去。这样做可以使在出现深衰落或突发干扰时，来自信源比特中某一块的最重要的码位不会被同时干扰。

交织就是一种时间分集方式，它可以在不附加任何开销的情况下，使数字通信系统获得分集。因此在所有第二代数字蜂窝移动通信系统中都采用了交织技术。交织器的作用就是将信源比特分散到不同的时间段中，以减轻衰落带来的对重要码位的同时干扰。信源比特被分开后，还可以利用信道编码来减弱信道干扰对信源比特的影响，交织器是在信道码元之前打乱信源比特的时间顺序的。

交织器有两种结构类型：分组结构和卷积结构。分组结构是把待编码的 $m \times n$ 个数据位放入一个 m 行 n 列的矩阵中，即每次是对 $m \times n$ 个数据位进行交织。通常，每行由 n 个数据位组成一个字，而交织的深度即行数为 m，其结构如图 8-2 所示。

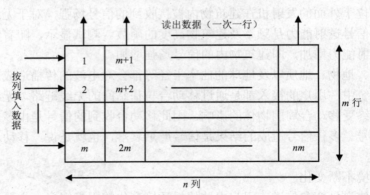

图 8-2 分组结构的交织示意图

由图 8-2 可见，数据位是按列填入的，而在发送时却是按行读出的，这样就产生了对原始数据位以 m 个比特为周期进行分隔的效果。在接收端再进行相反的操作来解交织。由于接收机是在收到了 $m \times n$ 位并进行了解交织后才能解码，因此解码有一定的延时。在现实中，当语音延时不大于 40ms 时，人的耳朵是可以忍受的。所以在所有的交织器中都带有一个延时小于 40ms 的固定延时。另外交织器的字长和深度与所用的语音编码器、编码速率及最大允许时延有关。

如果采用卷积结构的交织器，大多数情况下代替分组结构的交织器。卷积结构在用于编码卷积时能取得很理想的效果。

（3）频率分集

扩频技术就是一种频率分集，采用扩频技术的 CDMA 数字移动通信系统的接收机利用多径信号中含有可利用信息的特点，通过合并多径信号来改善接收信号的信噪比，通常采用 RAKE 接收机来实现。RAKE 接收机是通过多个相关检测器接收多径信号中的各路信号，并把它们合并在一起。CDMA 数字移动通信系统的 RAKE 接收机的接收原理如图 8-3 所示。

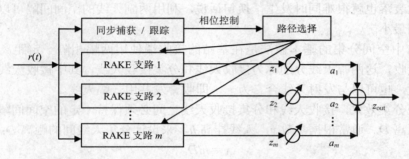

图 8-3　RAKE 接收机原理示意图

RAKE 接收机利用相关器检测出多径信号中最强的 m 个支路信号，然后对每个 RAKE 支路的输出进行加权、合并，以提供优于单路信号的接收信噪比，并在此基础上进行判决。如图 8-3 所示，假设 RAKE 接收机有 m 个支路，其输出分别为 z_1，z_2，…，z_M，对应的加权因子分别为 a_1，a_2，…，a_m，加权因子可根据各支路的输出功率或信噪比确定。在接收端，将 M 条相互独立的支路信号进行合并后，可以得到分集增益。各支路的合并可根据实际情况，采用检测前合并或检测后合并，如图 8-4(a)、(b)所示。这两种合并方法都得到了广泛应用。

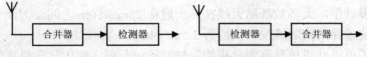

图 8-4　RAKE 接收机中信号的合并和检测位置

具体的合并方法通常有 3 类：选择式合并、最大比合并和等增益合并。

在选择式合并方式中，所有的接收信号都送入选择逻辑，选择逻辑从所有接收的信号中选择出具有最高基带信噪比的基带信号作为输出。

最大比合并方法是对 m 路信号加权后再进行同相合并，输出信噪比等于各路信噪比之和，因此即使各路信号都很差，甚至没有一路信号能被单独解调出来时，最大比合并方法仍能合并出一个达到解调所需信噪比要求的信号，这种方法的抗衰落性能是最佳的。

用最大比合并的方法需要产生可变的加权因子，并不十分简便，这就出现了等增益合并的方法。这种方法也是把各支路信号同相合并后再相加，只是加权时各路的加权因子相等。这样接收机仍然可以利用同时收到的各路信号合成出解调信号。

等增益合并法的性能比最大比合并法略差，但比选择式合并方式的抗衰落性能好。

（4）天线及分集技术

利用两副天线可以实现分集技术，如果在接收端利用天线在不同位置或不同方向上接收到的信号相关性极小的特点，在若干支路上接收载有同一信息的信号，然后通过合并技术再将各个支路信号合并输出，就可以实现抗衰落的功能。在移动通信中，目前最常用的是空间分集和极化分集。

① 空间分集

空间分集是利用场强随空间的随机变化实现的。在移动通信中，空间的任何变化都可能引发场强的变化。一般两副天线间的间距越大，多径传播的差异也越大，接收场强的相关性就越小，因此衰落也就很难同时发生，换句话说，利用两副天线的空间间隔可以使接收信号的衰落降低到最小。

移动通信中空间分集的基本做法是在基站的接收端使用两幅相隔一定距离的天线对上行信号进行接收，这两幅天线分别称为接收天线和分集接收天线，其中接收天线可以与发射天线分别设置，也可以与发射天线合二为一，即收、发共用一幅天线。

为了保证分集效果，接收天线和分集接收天线之间必须保持一定的空间间隔，称为分集天线之间的距离 D。通常根据参数 y，天线挂高 h，来设计分集天线间的距离 D：

$$y = h/D \tag{8-1}$$

式中：h —— 天线有效高度，指楼房和楼顶塔的高度之和；

y —— 参数，在 900MHz 时取 10，在 1 800MHz 时取 20；

D —— 分集天线间的距离。

此时式（8-1）可改写为

900MHz 时 $D = h/10$ （8-2）

1800MHz 时 $D = h/20$ （8-3）

根据实际测量的经验，收、发天线之间的水平距离 d_i 还要求一定的隔离度，在隔离度为 30dB 时是 2λ，当隔离度要求 $\geq$30dB 时，d_i 应 $\geq 2\lambda$。其中，λ 为波长，在 900MHz 时，1λ 为 0.32m；在 1 800MHz 时，1λ 为 0.16m。

在实际工程设计中，大多数基站天线挂高一般在 25m～50m 之间，因此分集天线间的距离可根据现场安装条件的实际情况，大约为 3.5m～4.5m。

空间分集除了可以获得抗衰落的分集增益外，还可获得 3.5dB 左右的系统增益。

② 极化分集

在移动环境中，两个在同一地点极化方向相互正交的天线发出的信号呈现互不相关的衰落特性，利用这一特性，在发端同一地位置分别装上垂直极化和水平极化天线，在收端同一地位置也分别装上垂直极化和水平极化天线，就可得到两路衰落特性不相关的信号。

极化分集是用同一频率携带两种不同极化方式的信号，来获取分集增益。现在普遍使用的双极化天线就是极化分集天线，它是把两副采用±45°正交极化阵子合成一副天线。它的最大优点是节省安装空间，尤其适用于城市高话务密度区的基站，需要安装 GSM900、GSM1800 或更多副天线的场合。

空间分集可以获得 3.5dB 左右的系统增益，极化分集的增益低于空间分集，一般为 1dB～1.5dB。

4. 天线技术

在移动通信中信号是靠无线电波传播的，而无线电波的辐射和接收是靠天线来完成的，天线是用来完成辐射和接收无线电波的装置。

（1）天线的类型

天线有很多类型，根据作用可分为发射天线和接收天线。发射天线是无线电波的辐射器，它将无线电波有效地辐射到天空中；接收天线是辐射场的接收器，它接收来自空间的相应频率的无线电波，并将其变成高频电流或导引波由馈线传输给接收机。

如果按照天线的结构形式，天线可以分为线状天线和面状天线；按照工程对象可分为通信天线、广播电视天线和雷达天线等；按照天线所使用的频率，可分为长波天线、中波天线、短波天线、超短波天线和微波天线。

在移动通信中，通常又分为基站天线和移动台天线。

（2）天线的理论基础

研究天线问题，实质上是研究天线产生的空间电磁场的分布以及由空间电磁场分布所决定的天线特性。求解天线问题实质上是求解电磁场方程并满足其边界条件。所以天线问题实质上是电磁场问题，它的理论基础是电磁场理论。

（3）天线的主要技术指标

① 天线的方向性

天线的方向性表示天线辐射电磁波在空间的相对分布情况，它可以从天线的方向图和方向性系数等多方面来确定。天线的方向图是天线的辐射作用在空间分布情况的图解表示，而天线的方向性系数则是相应的数学表示形式。

天线的方向性系数定义为在最大辐射方向的同一接收点，磁场强度相同的条件下，无方向性天线的发射功率户比有方向性天线的发射功率户增大的倍数，即在接收点场强相同的条件下

$$D = \frac{P_{ro}}{P_r}$$

式中： D——天线的方向性系数；

P_{ro}——无方向性天线的发射功率；

P_r——方向性天线的发射功率。

简单天线的方向性系数小于 10，短波定向天线的方向系数可达几百，用于微波的大口径抛物面天线的方向性系数可达几千、几万或更高。

② 半功率角度

半功率角度是指辐射功率不小于最大辐射方向上辐射功率一半的辐射扇面角度。

③ 输入阻抗

天线的输入阻抗是天线的一个重要指标，因为它直接影响天线输入的效率。天线的输入阻抗就是指加在天线输入端的高频电压与电流之比，即

$$Z_{in} = \frac{U_{in}}{I_{in}} = R_{xin} + J_{xin}$$

式中：Z_{in}——天线的输入阻抗；

U_{in}——天线输入端的高频电压；

I_{in} ——天线输入端的高频电流;

R_{xin} ——天线输入阻抗的电阻;

J_{xin} ——天线输入阻抗的电抗分量,它可以是感抗或者容抗。

当天线的输入阻抗与馈线阻抗匹配时,馈线所传送的功率全部被天线吸收,否则将有一部分能量反射回去而在馈线上形成驻波,并将增加在馈线上的损耗。移动通信天线的输入阻抗应做成 50Ω 纯电阻,以便与特性阻抗为 50Ω 的同轴电缆相匹配。

天线的输入阻抗与天线的长短、粗细、馈电点的选择以及周围环境等因素有关。

④ 天线的效率

天线的效率表示天线辐射功率的能力,天线的效率定义为天线辐射功率 P_r,与输入功率 P_{in}。之比,其表示形式为

$$\eta_A = \frac{P_r}{P_{in}}$$

式中: η_A ——天线的效率;

P_r ——天线的辐射功率;

P_{in} ——天线的输入功率。

⑤ 天线增益

$$dB_i = dB_d + 2.15(dB)$$

⑥ 极化

接收天线与发射天线的极化必须互相适应,即达到极化匹配。若接收与发射天线的极化不一致,将产生"极化损耗",使天线不能有效接收。

(4)移动通信天线

在移动通信中,将天线分为基站天线和移动台天线。

① 基站天线

基站天线按照辐射方向分类,可分为全向天线(亦称无方向性天线)和定向天线。全向天线的水平方向图为一个圆;定向天线的水平方向图为一个确定的方向,辐射方向的范围用半功率角描述,角度越小,方向性越尖锐。

② 移动台天线

由于移动台是不断移动的,即移动台的天线也在不断移动。所以移动台的天线不可能采用像基站那样体大、量重的天线,移动台天线应具有如下特点:

- 移动台收发共用一根天线,由此,移动台天线都具有足够的带宽;
- 在水平方向内天线是无方向性的;
- 在垂直面内尽可能抑制角方向的辐射;
- 天线的电器性能不应受到因移动而产生的振动、碰撞和冲击等的影响;
- 体积小,重量轻,由于用户量大,造价要低廉。

8.2 移动通信关键技术

移动蜂窝系统是连接移动用户与 PSTN 或因特网的一种无线接入网形式。如果将移动交

换中心划为核心网的一个节点，那么，移动蜂窝基站子系统则是一个典型的无线接入网。作为无线接入网，移动蜂窝系统的主要特征是能为用户提供移动性接入业务。下面简单介绍移动通信的信道分配技术、编码技术、多址接入技术和交换技术。

8.2.1　信道分配技术

1. 空闲信道的选取方法

在移动通信系统中，采用多信道共用技术是提高频率利用率的有效方法。大量用户共用若干个无线信道，首先要解决的是移动台发出呼叫时，如何知道哪一个信道是空闲的，又是如何占用上空闲信道的。目前在移动通信公网中常用的空闲信道的选取方式为专用呼叫信道方式，而技术相对陈旧的标明空闲信道方式已基本不用。

专用呼叫信道方式是在系统所使用的信道中设置 1 个或两个专门用于呼叫的信道，这些信道不用于通话，而是作为控制信道，专门用于处理用户的呼叫、向用户发出选呼和指定通信用的语音信道等。

专用呼叫信道的具体工作方式为：只要移动台未通话，均停在呼叫信道上守候。当某一移动台要发起呼叫时，就通过该专用呼叫信道发出呼叫请求信号。基站收到呼叫请求信号并确认其有效后，通过专用呼叫信道给它指定一个可用的空闲语音信道，主叫移动台根据指令转入该空闲语音信道。然后基站再在专用呼叫信道上发被呼叫移动台的选呼信号，被呼叫移动台应答后，接收基站指令，转入另一空闲语音信道。这时主叫移动台和被呼叫移动台就可以进行通话了。通话结束后，移动台再自动返回到专用呼叫信道守候。

专用呼叫信道方式的主要优点是处理呼叫速度快，用户等待时间短，当用户数很多，呼叫又比较繁忙时，专用呼叫信道的效率较高，因此这种方式适用于呼叫频繁的大容量系统，目前 800MHz、900MHz 与 1 800MHz 频段上的公用移动电话网均采用专用呼叫信道方式。专用呼叫信道方式的主要缺点是会发生同抢，因此要根据用户的多少及用户呼叫的频繁程度，正确地设计专用呼叫信道的数目。

2. 信道分配

在蜂窝移动通信系统中，整个系统的服务区被分成许多个小区。每个小区有若干个基站，每个基站又有许多不同的信道。因此一个移动通信系统中常常需要许多组信道，在相邻的系统中还要使用不同的信道组。就系统而言，信道分配技术使用的好坏，既与系统的可靠性有关，又与频率资源的利用率有关。目前常用的主要有固定信道分配和动态信道分配两种信道分配方式。

（1）固定信道分配方式

固定信道分配方式是把某个（些）信道固定分配给某个小区。对于固定信道分配方式，小区之间的频率配置是固定的。当位于某小区的移动台发起呼叫时，该小区的基站就为它服务，这时移动交换中心就在分配给小区的信道中搜索空闲信道。如果能搜索到空闲信道，就可以进行呼叫，否则用户就会听到忙音。

相对其他信道分配方式，固定信道分配方式的优点是信道分配方法相对固定，分配技术成熟，已在许多移动通信系统中使用。缺点是信道的利用率不如其他方式，当话务量增加时，容易造成阻塞。

（2）动态信道分配

动态信道分配方式是根据用户话务量随时间和位置的变化情况，对信道进行动态分配，即不将信道固定分配给某一个小区，移动台在小区内可使用系统内的任一个信道。要做到这一点，移动通信交换中心在分配空闲信道时，要注意满足同信道复用规则，以免发生同频干扰。若找不到这样的空闲信道，则该小区就无法对新发起的呼叫提供服务；反之，如果有多个信道同时可供使用，就需要从中挑选出一个信道。

动态信道分配方式的优点是可以使有限的信道资源得以充分利用，但采用动态分配方法时，需要混合使用任意信道的天线共用设备，而且在每次呼叫时，需要高速处理横跨多个基站的庞大算法。为解决庞大的算法问题，目前正在进行神经元网络处理方法的研究。

另外，在实际应用中还经常采用固定分配与动态分配混合使用的方案，即混合信道分配方法。该方法是将系统的总信道分成 A、B 两组。若 A 为固定信道分配，B 为动态信道分配，则首先将 A 按固定信道分配到各基站，B 则作为在 A 组信道忙时系统中各基站所共用。当有移动台发起呼叫时，如果该小区内有空闲的固定信道，则这个信道立即服务于发起的呼叫；如果没有固定信道是空闲的，就按动态分配的方法寻找 B 组中的空闲信道。在这种混合信道的分配方式中，系统的软件编程要做到：占用了固定信道的某用户通话一结束，空闲出的信道还应设置为固定信道，此时系统要检查该小区内有无占用动态分配信道。如果有，则应立即退出该信道，由刚空闲下来的固定信道取代它，从而使固定信道得到最充分的利用，而动态信道则工作于话务量最大的小区。

另外，对于某些预先可预测的话务量变动的情况，可以采用柔性信道分配的方法。例如早上话务量由郊区移到市中心，晚上则相反，话务量随时间、位置变化。所谓柔性信道分配指的是首先分配给多个小区共用信道，利用这些小区话务量高峰时间带的移动，控制话务量高峰小区顺序地使用话务量小的小区不使用的共用信道，为话务量高峰小区服务。

8.2.2　编码技术

通信系统的任务就是将由信源产生的信息通过无线信道有效、可靠地传送到目的地。移动通信的编码技术包括信源编码和信道编码两大部分，信源编码是为了提高信息传输的有效性，信道编码（差错控制编码）是为了提高信息传输的可靠性。下面分别对信源编码和信道编码加以介绍。

1．信源编码

信源编码的目的是有效地将信源转化成适于在信道中传输的数字信号。按照信源信号是离散的信号还是连续的信号，可以将信源编码分为离散信源编码和模拟信源编码。在移动通信系统中，模拟信源编码主要指语音编码。

（1）离散信源编码

离散信源只有有限种符号，可以将它看成是一种具有有限个状态的数字随机序列，对于这种数字随机序列，在数学上可以用离散型随机过程的统计特性来描述。如果离散信源输出的数字随机序列各符号间是相互独立的，即各位码元之间没有依赖关系，则称为"离散无记忆信源"。对于这种信源，由于各符号间是相互独立的，因此可以对每个符号分开编码。如果离散信源输出的数字随机序列各符号间是相互关联的，即各位码元之间有一定的依赖关系，通常不是对一个符号进行编码，而是对一个符号块进行编码，因为可以利用各符号之间的依赖关系来提高编码效率，人们将这类信源编码称为"离散平稳信源"。

（2）语音编码

任何模拟信源的编码，首先都需要将连续的模拟信号经抽样、量化和编码，将模拟信号转换成数字信号。由于模拟信号在时间上是连续的，因此存在信号的压缩问题，其目的是减少信源冗余，解除信源的相关性，压缩传码速率，提高信源的有效性。在移动通信中，更多时候传输的是语音信号，因此下面重点介绍语音编码。

① 语音编码分类

各种语音编码方式在信号压缩方法上是有区别的，根据信号压缩方式的不同，通常将语音编码分为波形编码和参量编码两种基本类型。

波形编码是将随时间变化的信号直接变换为数字代码，力图使重建的语音波形保持原语音信号的波形形状。波形编码的基本原理是在时间轴上对模拟语音按一定的速率进行抽样，然后将幅度样本分层量化，并用代码表示。解码是与其相反的过程，将收到的数字序列经过解码和滤波恢复成模拟信号。

参量编码与波形编码不同，称为声源编码。它是利用人的发声机制，对语音信号的特征参数进行提取，再进行编码。参量编码仅传送反映语音波形的主要变化参量，在接收端，再根据发声机制，由传送来的变化参量合成语音，力图使重建语音信号具有尽可能高的可靠性，即保持原语音的语意。参量编码可以实现低速率语音编码，比特率可以压缩到 2kbit/s～4.8kbit/s，甚至更低，但语音质量较差。

混合编码将波形编码和参量编码组合起来，即以参量编码为基础，并附加上一定波形编码的特征，克服了原有波形编码和参量编码的弱点，结合各自的长处，保持了波形编码的高质量和参量编码的低速率，在 4kbit/s～16kbit/s 速率上能够得到高质量的合成语音。多脉冲激励线性预测编码（MP-LPC）、规则脉冲激励线性预测编码（RPE-LPC）、码本激励线性预测编码（CE-LP）等都是属于混合编码技术。混合编码的主要参量是比特率、语音质量、复杂度与处理时延。

② 移动通信中的语音编码

根据移动通信的条件，它对语音编码的要求是：编码速率要适合在移动信道内传输，纯编码速率应低于 16kbit/s；在一定编码速率下语音质量应尽可能高，即解码后的复原语音的保真度要高；编、解码时延要短，总时延不得超过 65ms；要能适应衰落信道的传输，即抗误码性能要好，以保持较好的语音质量；算法的复杂程度要适中，应易于大规模电路的集成。

根据移动通信对语音编码的要求，混合编码是移动通信系统语音编码的优选方向。因为移动通信频率资源有限，低码率、高压缩比至关重要，并且入公用网的信噪比又不能太低，所以数字移动通信系统中均采用混合编码。GSM 系统采用的就是规则脉冲激励长期预测编码（RPE-LTP）的混合编码方式，PHS 系统采用 ADPCM 语音编码。

2. 信道编码

信道编码的目的是以加入多余的码元（监督码元）为代价，换取信息码元在传输中可靠性的提高，即信道编码的主要作用是进行差错控制。

（1）信道编码的基本类型

按照监督位完成功能的不同，信道编码可以分为检错码和纠错码两种类型。检错码仅具有发现错误的能力。纠错码不仅能够检出错误，并且具有一定的自动纠错能力。

按照信息码元和监督码元之间的检验规律，信道编码又可以划分为线性码和非线性码。如果信息码元和监督码元之间存在线性关系，则称为线性码，反之则称为非线性码。

按照信息码元和监督码元之间的约束方式的不同，信道编码还可以划分为分组码和卷积码。在移动通信系统中常用线性分组码和卷积码。

（2）线性分组码

分组码是往要发送的信息比特中添加一些监督比特，以形成一定长度的码组，记为(n,k)。其中 n 为一个码组的码长，k 为信息码的长度，$n-k$ 为监督码的长度。监督码与信息码之间具有某种特定的关系，利用这种关系可以在接收端对接收到的码元进行检错或纠错。分组码的特点是码组的长度固定，误码不扩散。

所谓线性分组码中的分组是指编、译码过程是按分组进行的，即按每 k 个信息为一组，进行编译码；而线性则是指分组码中的编码特别是监督码按线性方程生成。比如 $n-k$ 个监督位是由 k 个信息位的线性组合产生的。

循环码是一种非常实用的线性分组码，它具有以下主要特征。

① 循环码具有循环推移不变性。若 $C = (c_0 \quad c_1 \quad c_2 \cdots c_n)$ 为循环码，则将 C 左移或右移若干位后它仍为循环码，且具有循环周期 n。

② 对任意一个 n 维循环码，均可找到一个 n 次码多项式惟一确定。

绝大多数实用化的线性分组码都是循环码。它的最主要特点是在理论上有较成熟的代数结构，在实际应用中有结构简单的循环移位特性的工程可实现性，因此广泛得到理论与工程界的好评。其中有在每一个信息码元分组 A 中可以纠正一个差错的汉明（Hamming）码、纠正多个独立差错的 BCH 码以及纠正单个突发差错的 Pire 码。

（3）卷积码

卷积码是在一定长度的编码中，把前后码元按一定的规则相关连起来以形成整个的码输出。它是一种非分组的有记忆编码。卷积码可记为(n, k, m)，其中 n 表示码元输出的路数，k 表示输入信息的路数，而 m 表示编码器中寄存器的节数，其纠错能力随着 m 的增大而增加。与分组码不同的是，输出码元 n 不仅与输入信息 k 有关，而且还与编码器中记忆的 m 位有关。通常 k 和 n 都很小，特别适合于以串行方式传输信息，因为延时小。

在编码器复杂程度相同的情况下，卷积码的性能优于分组码。但是，分组码理论上有严格的代数结构，而卷积码尚未找到如此严密的数学手段把检错、纠错性能与码的构成有规律地联系起来。目前大多采用计算机来搜索好的编码的方法，译码大多采用概率的方法实现。较常用的一种译码方法是 Viterbi 算法以及在此基础上产生的 Turbo 码。

（4）移动通信中的信道编码

在现代数字移动通信系统的信道编码中，常常是既使用分组码也使用卷积码。GSM 数字蜂窝移动通信系统中的信道编码就是这种编码的一个典型应用。

在 GSM 中无线信道按其功能可分为业务信道（TCH）和控制信道（CCH），其中业务信道用于传送语音和数据，控制信道用于传送信令和同步码。各类信道的基本编、译码方式如图 8-5 所示。

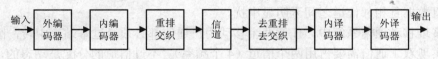

图 8-5　GSM 信道的基本编译码方式

在 GSM 系统中，信道编码从总体上讲可分为以下 3 个步骤。

① 用分组码（系统循环码）进行外编码，建立由"信息比特+奇偶校验比特"构成的码字，然后在其后面加若干个比特的"0"作为尾比特。

对于不同的信道，所采用的系统循环码可以不同。对数据业务信道它不经过分组编码，其外编码部分只是加尾比特。而对于全速率语音业务信道 TCH/FS，在加尾比特之前，先将外编码得到的码字"信息比特+奇偶校验比特"进行重排。

② 用卷积码进行内编码，即将步骤①中得到的"信息比特+奇偶校验比特+尾比特"用卷积码进行编码，建立"编码比特"。

③ 采用重排（随机接入信道 RACH 和同步信道 SCH 除外）和交织技术分离由衰落引起的长突发错误，改造突发信道为独立错误信道。

需要注意的是，上面介绍的是 GSM 信道的基本编码、译码方式，对于不同类型的信道，它们都遵从上述 3 个步骤，但不同信道具体的编码、译码方案可以不同。

8.2.3　多址接入技术

在无线频率资源有限的条件下，在公众移动通信系统中均采用多用户共享一个通信信道来发送和接收信息。为了保证多用户正常地进行通信，需要采用有效的多址接入技术，简称多址技术。移动通信系统的多址方式有频分多址（FDMA）、时分多址（TDMA）、码分多址（CDMA）和空分多址（SDMA）4 种方式。多址方式直接影响到通信系统的容量，移动用户数不断增多、通信业务量不断加大，多址方式的选择也显得越来越重要。

在频域和时域都可以实现双工通信，分别称为频分双工（FDD）和时分双工（TDD）。

频分双工指为一个用户提供两个确定的频段——上行（从移动台到基地台）频段和下行（从基地台到移动台）频段，其上行频段和下行频段的频率分配在整个系统中是固定的。频分双工适用于为每个用户提供单个无线频率的移动通信系统。因为每个收、发信机要同时接收和发送相差大于 100dB 的无线信号，所以必须分配好上行信道和下行信道的频率，使其与占用这两个频段的其他用户之间保持协调。

时分双工是用时间而不是频率来提供上行链路和下行链路。只要上行链路和下行链路之间的时间间隔很小，对于语音的发送和接收，用户听起来就像是同时的。时分双工允许在一个信道上通信，每一个收、发信机在同一频率上要么作为发送机要么作为接收机运行，接收和发送之间有一段时间间隔。

通常把多址系统的多址接入方式和双工技术一起来描述。例如有 FDMA/FDD 接入系统，TDMA/FDD 接入系统，CDMA/FDD 接入系统和 CDMA/TDD 接入系统。下面对基本的多址接入技术分别加以介绍。

1. 频分多址（FDMA）技术

频分多址技术是将可以使用的带宽分成多个频率互不重叠的信道，每个信道具有一对频率（接收频率和发射频率），每个用户需要通信时都被分配给一个信道，该信道的宽度应能传输一路信息数据且相邻信道之间无明显串扰。

频分多址移动通信系统中，任意两个移动用户通信都必须经过基站来中转，因此一对移动用户要实现双工通信需要占用两个信道（4 个频率）。不过信道的分配是动态的，一旦通信结束，用户就退出占用的信道，这些信道就可以分配给其他移动用户使用。

频分多址技术的优点是技术成熟、设备简单，缺点是容量小、抗干扰能力差。

模拟移动通信系统采用频分多址技术，典型的模拟蜂窝移动通信系统有美国的 AMPS 系统、英国的 TACS 系统、瑞典的 NMT-900 系统和日本的 HCMTS 系统。我国 900MHz 模拟蜂窝移动通信网采用英国的 TACS 系统。随着移动通信的发展，用户数量剧增，采用频分多址的模拟移动通信系统在频率利用率、保密性、系统容量和语音质量等方面都暴露出了不足。现代的数字移动通信系统都采用了性能比频分多址先进的时分多址和码分多址技术。

2. 时分多址（TDMA）技术

时分多址技术将时间轴划分成许多时隙，不同用户使用不同的时隙，N 个时隙组成一帧，以帧的形式传送，达到共用信道目的。因为是按时间来划分，所以对每个用户而言，其发射和接收都不是连续的，但由于速率很高，人耳不会感觉到语音是断续的。在时分多址移动通信系统中所有用户都使用同一射频带宽，按一定的秩序分不同时间发射。

在 TDMA/TDD 系统中，每帧中的时隙一半用于上行链路，一半用于下行链路。而在 TDMA/FDD 系统中，上行链路和下行链路具有完全相同或相似的帧结构，但它们使用的频段不同。与采用频分多址的模拟移动通信系统相比，采用时分多址的数字移动通信系统的移动用户容量提高了 5～6 倍。在频率利用率、保密性、数据传输和语音质量等方面也都有了很大的改善。

典型的应用时分多址技术的数字移动通信系统有欧洲电信联盟建议的泛欧数字移动通信系统（GSM 系统）、美国电信工业协会（TIA）提出的基于 IS-54 标准的 D-AMPS 系统和日本的 JDC 系统。欧洲的 GSM 系统产生的目的是将欧洲第一代互不相容的模拟系统淘汰，采用标准一致的数字系统；美国的 D-AMPS 系统主要解决了现有模拟系统容量不足的问题，基本模式是模数兼容；日本的 JDC 系统的技术与 IS-54 标准接近，其频带利用率略高一些。

尽管时分多址数字移动通信系统比频分多址的模拟移动通信系统在很多方面有了提高，但它仍没有很好地解决抗多径干扰问题，并且它对时间的同步要求非常严格，导致设备也比较复杂。这就促使了采用码分多址（CDMA）技术的数字移动通信系统的产生。

3. 码分多址（CDMA）技术

码分多址技术是建立在扩频技术基础之上的一种多址技术，故码分多址又称为扩频多址（SSMA）。扩频技术的主要特征是使用码速率比信息数据速率高得多的伪随机码扩展基带信号的频谱，使其成为具有极低功率谱密度的宽带信号。在接收端使用相关处理的方法，将宽带信号恢复成窄带的基带信号。码分多址移动通信系统就是利用扩频通信的多址性，每个移动用户使用不同的扩频伪随机码，这些伪随机码相互之间是正交或接近正交的，使得每个用户之间没有影响或相互影响极小。因而码分多址的移动通信系统能在同一宽的频带内，允许较多数量的移动用户同时发送或接收信号，实现多址通信。

码分多址方式的移动通信虽然起步较晚，但它具有许多频分多址和时分多址所不具有的独特优点，使它成为未来移动通信系统的主要多址接入技术。码分多址技术具有以下主要优越性。

① 具有很强的抗干扰能力，特别是在抗多径效应方面效果显著。

② 在码分多址移动通信系统中，无论采用的是 TDD 方式还是 FDD 方式，许多用户都共享一个频率。

③ 能工作在低功率谱密度下，低的发射功率对移动用户的辐射小，对健康有利。

④ 由于不同用户使用不同的扩频编码，使得没有正确的扩频码就无法实现解调，所以码分多址移动通信系统具有一定的保密性。

⑤ 由于采用相关接收方式，码分多址移动通信的接收机可以在信噪比很低的情况下工作，使信号具有很强的隐蔽性。

⑥ 与频分多址和时分多址不同，码分多址系统是干扰受限系统，减小干扰可以直接增加系统容量。采用相关技术的码分多址移动通信系统的容量可以达到时分多址移动通信系统的 4 倍，是频分多址移动通信系统的 20 倍。

⑦ 在 CDMA 蜂窝移动通信系统中，由于相邻小区使用相同频率，可以实现软切换技术。所谓软切换技术简单地说就是"先接后断"，即当移动台越区时，移动交换中心先给移动台接续上，当确认后才断掉原有话路。与采用时分多址的 GSM 系统所用的"先断后接"的硬切换相比，CDMA 蜂窝移动通信系统基本上消除了掉话现象。

在 FDMA 和 TDMA 蜂窝移动通信系统中，由于频率复用，系统本身存在着同频干扰，这是系统本身存在的固有干扰。CDMA 蜂窝移动通信系统的固有干扰是多址干扰，在 CDMA 移动通信系统中，不同用户的传输信号是靠不同的编码序列来区分的，采用码分多址的 CDMA 数字移动通信系统则是靠编码的不同来区别不同的移动用户的。因此无论从时域或频域上看，多个 CDMA 信号都是互相重叠的。在接收端，不同用户的接收机采用相关器（匹配滤波器）可以在多个 CDMA 信号中选出自己预定码型的信号。而其他信号因为和接收机本地产生的码型不同而不能被解调，形成了对特定用户的干扰。这些其他信号在接收端的存在，就相当于在信道中引入了噪声或干扰，这称为多址干扰。

对蜂窝移动通信系统容量起主要制约作用的正是系统本身存在的固有干扰，例如在 FDMA 和 TDMA 蜂窝移动通信系统中，由于频率的重复利用，为保证一定的通信质量要求，系统内的同频干扰必须小于某一门限值，这就要求同频复用距离不能太小，从而限制了系统容量。在 CDMA 蜂窝移动通信系统中，随着移动用户数量的不断增多，多址干扰不断加大，当多址干扰大到一定程度，接收机的信噪比达不到所要求的值时，接收机就无法正确解调出信息信号。

在 CDMA 蜂窝移动通信系统中，由于不同用户工作在相同频段，所以"远近效应"是一个突出的问题。为解决这一问题，实际的 CDMA 通信系统均采用功率自动控制技术。

4. 空分多址（SDMA）技术

空分多址是利用用户空间特征的不同来实现多址通信的。目前利用最多也最明显的特征就是用户的位置，配合电磁波传播的特征，可以使不同地域的用户在同一时间使用相同频率实现互不干扰的通信。可以利用定向天线和窄波束天线，使电磁波按一定指向辐射，为小区内的每一个用户形成一个波束。不同波束范围可以使用相同的频率，也可以控制发射的功率。当移动用户移动时，基站会跟踪它，以空间区分不同的用户。这是近几年新兴的一种多址技术，有些问题还有待于进一步研究。

8.2.4 移动通信交换技术

关于通信交换技术大家在"程控交换技术"这门课程中已有所了解，移动通信系统除了具有一般市话所具有的控制交换功能外，还有移动通信所特有的一些交换功能及其技术。这主要是由移动台的移动性造成的，由于移动台的不断移动，它的位置总在变化，要想正确地完成交换，首先系统要能准确地跟踪移动台的位置，然后根据其位置进行相应的交换。因此移动通信的交换技术比市话交换系统要复杂。

1. 移动台位置的确定

（1）位置登记的基本概念

在移动通信中，移动台的位置是通过位置登记的方法来确定的。所谓位置登记就是移动台通过接入信道向网络报告它的当前位置。

移动交换中心（MSC）是与归属位置寄存器（HLR）和拜访位置寄存器（VLR）相连的，这两个寄存器就是用来存储移动台位置信息的。如果移动台当前位置发生变化，新的位置信息就由移动交换机经拜访位置寄存器通知归属位置寄存器登记。借此使系统能动态地跟踪移动用户，完成对移动用户的自动接续。

（2）位置登记方式

位置登记有两种基本方式：定期登记和位置区登记。

① 定期登记

每个移动交换中心（MSC）要求每个移动台定期地、周期性地发送自己的位置登记信号，MSC 据此得知移动台的位置。当移动用户越出该交换区域进入其他交换区域时，新交换区域的 MSC 会收到该移动台的位置登记信号，并能从该登记信号中判断出该移动台来自哪个交换区。因此新交换区域的 MSC 一方面将该移动台的位置登记下来，一方面又将该移动台的位置信息告知原 MSC，使原移动交换中心及时更换该移动台的位置信息。当要呼叫某一个移动用户时，在移动台当前所在的交换区域的所有基站一起发选呼信号，以便将这一移动用户呼出。

② 位置区登记

当每个移动交换区域的移动用户数量大时，按上述定期登记方法，为寻呼出大量的用户，移动用户所在交换区域上的各基站无线信道上的信号传输量就会很大。为解决这一问题，在大容量移动通信系统中，首先将每个交换区划分成若干个位置区。位置区识别码通过所有的广播控制信道（BCCH）发出，只要移动台一开机，即可从 BCCH 上搜索到位置区识别码，并将它提取出来，存储在移动台的存储器中。当移动台由一个位置区进入另一个位置区时，如果所收到的位置区识别码与移动台中存储的不一致，就自动发出登记请求信息，一方面更新原来移动台中存储的位置区码，一方面向 MSC 进行新位置登记。

在大容量的蜂窝移动通信系统中大多采用位置区登记方式。

2. 切换的分类

切换是移动台在移动过程中为保持与网络的持续连接而发生的，一般情况下，切换由无线测量、网络判断和系统执行 3 个步骤完成。

首先，通过无线测量确定移动台的位置。按照上面介绍的位置登记方法，移动台不断地搜索本小区和相邻所有小区基站信号的强度及信噪比的大小，同时基站也不断地测量移动台的信号，当移动台收到的信号强度或信噪比小于某一预定值时，就将测量结果报给相应的网络单元。这时就进入网络判断阶段，接收报告的移动交换中心（MSC）或基站控制中心（BSC）要确定移动台当前目标小区的位置，并确认该目标小区可以提供目前正在服务的用户业务后，开始进入到系统执行阶段。移动台进入特定的切换状态，开始接收或发送与新基站所对应的信号。

（1）越区切换

一个蜂窝移动通信系统的服务区通常由许多小区组成。在 GSM 网中，每个相邻小区都有不同的频率组，当一个正在通信的移动台从一个小区进入邻接的另一个小区时，移动交换中心（MSC）或基站控制中心（BSC）就要使在原小区的一个信道上的通话切换到另一小区的无线信道上，并且切换时不能影响正常的通信。将实现这一技术的切换称为越区切换。

（2）漫游切换

漫游是指移动台从一个通信管理服务区移动到另一个通信管理服务区，仍能继续享受服务的功能。漫游是移动通信的一种业务，完成这种业务必须要经过位置登记、转移呼叫和越局信道切换，把这种切换称为漫游切换。

（3）硬切换

当移动台从一个基站覆盖区进入另一个基站覆盖区时，先断掉与原基站的联系，然后再与新进入的覆盖区的基站进行联系，这就是通常所说的"先断后接"。把这种"先断后接"的切换方式称为硬切换。在 GSM 数字移动通信网中采用的就是硬切换技术。

通常，移动台越区时都不会发生掉话的现象，但当移动台因进入屏蔽区或信道繁忙而无法与新基站联系时，掉话就会产生，这是硬切换的缺点。

（4）软切换

软切换是指在越区切换时，移动台并不断掉与原基站的联系而同时与新基站联系，当移动台确认已经和新基站联系上后，才将与原基站的联系断掉，也就是"先接后断"。CDMA数字移动通信系统采用的就是软切换技术。采用软切换的主要优点是使切换引起掉话的概率大大降低，提高了通信的可靠性。当然，由于同时占有多个信道资源，它会增加设备的投资和系统的复杂性，但是由于直扩 CDMA 系统的相邻小区工作在同频状态，为避免由于同频在重叠覆盖区域的强干扰，必须采用软切换技术，它是直扩 CDMA 数字移动通信系统必不可少的核心技术之一。

3. 漫游技术

漫游是移动通信的一种业务，它可使不同地区的蜂窝移动网实现互连，移动台不但可以在归属交换局的业务区中使用，也可以在访问交换局的业务区中使用。具有漫游功能的用户，在整个联网区域内任何地点都可以自由地呼出或呼入，其使用方法不因地点的不同而变化。它是移动通信特有的交换技术，下面做较详细的介绍。

（1）漫游的分类

根据系统对漫游的管理和实现的不同，可将漫游分为 3 类。

① 人工漫游。两地运营部门预先订有协议，为对方预留一定数量的漫游号，用户漫游必须提出申请。人工漫游主要用于 A、B 两地尚未联网的情况。

② 半自动漫游。漫游用户至访问区发起呼叫时由访问区人工台辅助完成，用户无需事

先申请，但漫游号回收困难，故实际很少使用。

③ 自动漫游。这种方式要求网络数据库通过 No.7 信令网互连，网络可自动检索漫游用户的数据，并自动分配漫游号，对用户来说没有任何感觉。

（2）自动漫游技术的实现

① 位置登记

归属位置寄存器（HLR）和拜访位置寄存器（VLR）主要是为实现漫游功能而设置的部件，也是数字移动网中所特有的，它们在位置登记中起数据库的作用。位置登记指移动通信网不断跟踪移动台在系统中的位置，位置信息存储在 HLR 和 VLR 中。也就是说，当移动用户作为漫游用户时，首先必须在所拜访的移动业务交换中心（VMSC）进行位置登记，然后经过 No.7 信令网向 HLR 发回一个位置信息信号，以更正这个用户的必要数据。位置区识别码通过所有的广播控制信道（BCCH）发出，只要移动台一开机，即搜索这些 BCCH，并从中提取相关的位置信息，同时存储在 MS 的存储器中。当移动台从 BCCH 中提取的位置信息与现存的位置信息不相符时，说明它已漫游到新的位置区（"被访区"）了。如果 MS 是非保密用户，则它便向拜访局的移动交换中心（VMSC）发出位置登记请求，请求信息包括 IMSI（国际移动台标识），这一过程将涉及被访区的位置寄存器（VLR）。而 VMSC 收到 MS 的位置登记请求后，要向 MS 发确认信息。如果 MS 收到"不确认"的信息，可能是由于越区切换失败或此 MS 为非法用户等因素所造成。如果 MS 收到"确认"的应答，则可重发该请求三次，每次尝试至少间隔 10s。当 VMSC 确认此 MS 确实漫游到自己管辖的 MSC 后，VLR 利用 IMSI 向 MS 的 HLR 和交换网络发送一个临时漫游号码（MSRN）给这个漫游用户，以更改该用户的信息，并据此确定漫游用户的呼叫方向。而该漫游用户还必须被 HLR 确认，若不被 HLR 确认，则位置登记失败。当 HLR 确认了该 MS，则 HLR 返回拜访局的 VLR(VVLR) 有关呼叫控制和附加业务操作所需的全部用户参数，同时 HLR 也修改该用户的相应参数，如 MSRN 号等，并自起始位置开始注销过程，即 HLR 向原 VLR 发送命令注销此 MS。一边是原先的 MSRN 可分配给另一 MS，这就完成了一次位置登记。若 MS 是通过由 VLR 原先分配给它的 TMSI(临时移动台标识)来识别的话，则此时位置登记请求信息为 TMSI，而不是 IMSI。

以后的过程与上述一般的位置登记的过程相同，如 VVLR 向 HLR 发 MSRN 等。

② 路由重选

由于漫游用户已经离开其原来所属的交换局，他的号簿号码（MSDN）已不能反映其实际位置。因此呼叫漫游用户应首先查询 HLR 获得漫游号，然后根据漫游号重选路由。根据发起向 HLR 查询的位置不同，有两种重选方法：原籍局重选和网关局重选。

原籍局重选是指不论漫游用户现在何处，一律先根据 MSDN 接至原籍局的 MSC(HMSC)，然后再由原籍局查询 HLR 数据库后重选路由。这种方法的优点是实现简单，计费也简单。缺点是可能发生路由还回。

网关局重选是指 PSTN/ISDN 用户呼叫漫游用户时，不论原籍局在哪里，固定网交换机按就近接入的原则，首先将呼叫接至最近的 MSC(GMSC)，然后由 GMSC（网关移动交换中心）查询 HLR 后重选路由。这种方法可以达到路由优化，但是会涉及计费问题。

模拟移动通信网常采用原籍局重选方法，GSM 数字移动通信系统规定采用网关局重选法。对于计费，国际漫游规定采用原籍局路由重选法。

（3）移动用户漫游号码（MSRN）分配

MSRN 用作路由重选，它对 MS 和 PSTN 用户均不可见。从选择路由的角度来看，对 MSRN 的数字分析与一般的 PSTN 呼叫相同，MSRN 由 VLR 分配，分配结果告知 HLR。具体分配方法有以下两种。

① 按位置分配：漫游用户进入新的业务区发起位置登记时，VLR 就为其分配一个固定的 MSRN，并通知 HLR 保存。此号码一直保留到该用户离开此业务区时才收回。这种方法的优点是管理简单，GMSC 只要询问 HLR 就可以获得 MSRN；它的缺点是号码资源占用量大，虽然规范给出了这种方法，但只在人工漫游中使用。

② 按呼叫分配：漫游用户登记时仅记录其位置区号供来话寻呼使用。只有当该用户有来话呼叫时才为其分配一个临时的 MSRN，呼叫建立过程完成后即刻收回。这种方式的优点是需要预留的 MSRN 号码资源少；它的缺点是每次呼叫 HLR 都要向 VLR 索要 MSRN 号，信令和管理过程较复杂。目前的移动通信系统都采用按呼叫分配的方法。

由于网络运营部门或用户的需要，常常需要对漫游用户的呼叫权限作一定的限制。作为运营部门，通常希望优先为本地用户服务，对漫游用户只提供基本的服务项目，为此将对漫游用户的服务类别、补充业务权限等作一定的限制。另一种可能的限制是不允许漫游用户进行本地呼叫，原因是运营部门仍然将他们视作外地用户，要求他们仍按长途方式呼叫本地用户，以便收取相应的资费。这类权限控制通过局数据设定。

MSRN 是分配给漫游移动台的号码，用以实现漫游呼叫，其组成取决于它登记的位置、组网方式以及分配和处理的方法。

它是 VLR 所处的地理区域的一个 PSTN/ISDN 号，为解决临时需要由 VLR 分配的，仅在固定网中为呼叫用。根据各国对 PSTN/ISDN 的要求，移动台漫游号（MSRN）具有可变的长度。MSRN 为临时性用户数据，存储在 HLR 和 VLR 中。

MS 当前所在国际码	移动网号	VLR 地址号	MSC 区内统编号

① 国际移动台漫游号码

国际移动台漫游号码由漫游移动台所在的国家（或地区）号码（如中国为 86）+ 国内漫游移动台所在地区的移动业务的临时有效号码组成。

例如假定某一移动通信系统的一个移动台从城市 X 到了城市 Y，其识别号码为 1391 PQRABCD。该台在移动电话局获准登记后，被分配一临时电话号码，设为 8610900 A'B'C'D'。当其他用户按临时号码呼叫该台时，则该临时号码在 Y 城市移动电话局被变换成 1391 PQRABCD，再将其转换成相应的二进制码，从下行专用信令发送出去，即可找到此漫游用户。

② 国内移动台漫游号码

在国内各城市的移动电话局之间有的只设有信号专线，通话是利用公用长途网的线路实现的。有的在移动电话局之间信号链路和语音线路均采用专线连接。对于第一种情况，一种可行的办法是由漫游移动台在登记的移动电话局申请一个临时号码；对于第二种情况，漫游移动台只需要在当地的移动电话局登记其母局的电话号码，外局无需给它分配临时号码。

位置区识别码（LAI）包括 3 部分，分别是移动国家代码（MCC）、移动网络代码（MNC）

和位置区号。MCC 和 MNC 是国际移动台漫游号码的一部分。位置区号用于标识 PLMN 位置区的位置区码。具有可变长度并可采用全十六进制编码。位置区识别码的总长度有待于进一步研究。位置区识别码用于 BCCH 中，MS 也在不易丢失的存储器中存储该识别码，用来判断是否需要位置登记，它是临时性用户数据，存于 VLR 中。

移动台国家码	移动网号	位置区号

VLR 地址是一个 PSTN/ISDN 号码，根据各国要求具有可变长度，它是临时性用户数据，存储在 HLR 中。

国家码	移动网号	VLR 地址编号

8.3 无线市话接入系统

小灵通是我国电信工程技术人员根据中国国情在低轨道卫星通信、GSM、CDMA、无绳电话和无线环路等众多通信方式的基础上，选择无线环路技术并充分利用固定电话网的充裕资源来实现的一种个人通信接入手段。小灵通无线市话是运用高质量语音数字化技术，将用户终端以无线接入方式接入市话网，使传统意义上的有线市话能在无线网络覆盖范围内，随时随地进行通信。小灵通系统与 PHS 有密切的关系，其无线部分采用了 PHS 空中接口。下面介绍 ZXPCS 个人无线通信系统的主要特点、基本结构、系统组成、软件系统和组网方式。

8.3.1 ZXPCS 系统特点

ZXPCS(中兴个人无线通信系统)主要有以下特点。

（1）通过开放标准的接口，提供全网的互连互通功能，同时方便了各种新业务的引入

IGW 与 HLR 之间的接口采用 GSM 系统的 MAP 协议实现漫游呼叫；IGW 与外部网络之间通过 No.7 信令互连。在 ZXPCS 系统中，MAP 信令接口部分、TUP/ISUP 用户部分已经非常成熟。HLR 和手机鉴权的协议采用兼容日本国内算法和国外两种协议：FEAL32 协议和 STEPHI 协议。CSC 和 CS 之间采用标准的 Q.931 协议，CS 和 PS 终端设备之间空中接口协议采用标准的 RCR STD-28 协议，无线信道是 32kbit/s 的 ADPCM 编码，可以进行高速率的数据通信。由于整个系统各个接口都采用了开放标准的协议，使得系统很容易实现全网的互连互通，提供跨城市、跨区域的漫游呼叫；同时也方便了各种新业务的引入。

（2）容量大、性能高、扩容便捷

系统设计容量达到 60 万用户的业务处理能力。支持 27 000Erl 的话务量，具有大于 2 700K BHCA 的处理能力,待遇 1 800K 位置更新/忙时,大于 1800K 切换/忙时处理能力。两个 ZXPCS 系统可以采用共用移动管理中心（MMC）方式，承担 54 000Erl 的话务量。可按实际通信需要，分期分批投资，前期投入成本低、见效快；然后采用边经营，边投资的方式，逐步扩容、延展，提高运营商的投资效益。

（3）采用大小基站混合组网的方式，达到良好的覆盖性能

采用大小基站混合组网方式，提供 PHS 制式的 1C4T 智能型基站（500mW，本地供电）、1C3T 智能型基站（500mW，本地供电）、1C3T 增强性基站（500mW，本地供电）、1C8T 增强性基站（500mW，本地供电）、1C7T 基站（200mW，本地供电）和 1C3T 室内普通型基站（20mW，远端供电）、1C3T 室外普通型基站（20mW，远端供电）等不同类型的基站。智能性基站采用自适应天线技术，大大提高了系统对电波传播途径变化的适应性；增强性基站采用大功率 500mW，选择分集技术，大大提高了系统的电波覆盖距离；1C4T 智能型基站采用 SDMA 技术，增加了单基站的容量和频谱利用率；200mW 1C7T 基站、20mW 普通型基站在话务量高密集地区方便增扩，大大提高系统的话务量。先采用大功率基站进行基本的大范围覆盖，再采用小功率基站进行话务量覆盖，采用层次化的覆盖来达到网络良好的覆盖性能。既节省了投资，又保证系统的通话质量和接通率。

（4）信道利用率高，组网灵活方便

同类型的基站可捆绑使用，有效提高了信道利用率和话务处理能力；采用帧同步技术，大大提高了系统的容量和频谱效率；加之基站采用动态信道分配（DCA）技术，系统组网非常灵活方便。采用微微蜂窝结构和时分多址（TDMA）制式，每个小区用户数可达到一般蜂窝系统小区的 9 倍左右。运营商可以根据实际话务量需求，灵活调配布局，方便地实现网络扩展。

（5）通信质量高、保密性强、通信安全可靠

全数字化系统，采用 32kbit/s ADPCM 编码，提供高质量的语音通信。设置专门加密标识符对信道加密，防止窃听和干扰，提高保密性。采用时分多址（TDMA）/时分双工（TDD）传输方式，提供 4 个双向信道，提供高可靠性的通信。

（6）综合性网管、架构清晰、功能强大、安全可靠、使用方便

提供一体化的网络管理平台，综合管理各种接入设备。提供 TMN 四大管理功能：性能管理、故障管理、配置管理和安全管理。可以纳入本地网管系统，支持多级服务器（最多 5 级），实现了分布式数据存储与处理，极大地提高了网管系统的处理能力和稳定性；避免灾难性崩溃。提供字符人机命令，全中文图形界面和 Web 浏览 3 种操作方式，操作使用方便；采用数字化地图技术显示网络拓扑结构，使网络状态一览无遗，便于系统维护。

8.3.2　ZXPCS 系统结构

ZXPCS 个人无线通信系统是中兴通信公司推出的功能强大的个人无线通信产品。它综合了接入网技术、个人手持电话系统（PHS）技术和全球移动通信系统（GSM）技术的优点，将原来各个孤立的 PHS 网络，整合成可以全网互连互通统一的网络，通过标准的 MAP 协议可以方便地实现用户的漫游呼叫，满足了人们日益增长的随时随地通信的需求，为人们提供优良的语音和数据通信服务。

ZXPCS 个人无线通信系统包括 3 个功能层次：业务提供层、业务控制层和无线接入层。业务提供层主要包括短消息（SMC）、智能网（IN）和语音信箱（VM）；业务控制层主要包括归属位置寄存器（HLR）、互联网关（IGW）和操作维护模块（OMM）；无线接入层主要包括接入网络单元（ANU）、基站控制器（CSC）、基站（CS）、移动终端（PS）和无线接入侧网管。ZXPCS 个人无线通信系统结构如图 8-6 所示。

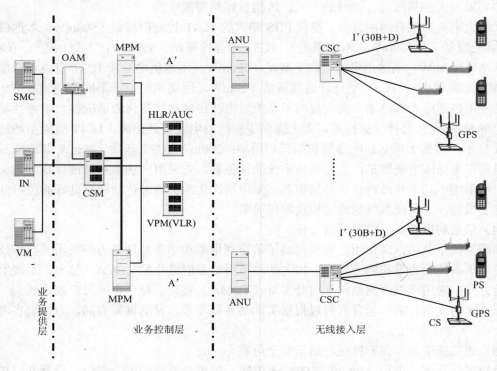

图 8-6 ZXPCS 系统结构

归属位置寄存器（HLR）和鉴权中心（AUC）与互联网关（IGW）通过 MAP 信令交互；互联网关包括 CSM、MPM、VPM，与外部网络通过 No.7 信令相连；IGW 与网络接入单元（ANU）通过 A' 接口相连，A' 接口是在 A 接口的基础上修改、简化后形成的简洁、高效的内部接口。A' 接口把 ZXPCS 系统分成了无线网络业务控制部分和无线网络接入部分，A' 接口的功能基于 No.7 信令系统的消息传递部分（MTP），采用 2Mbit/s 信令数据链路。

1. 互联网关（IGW）

IGW 提供话路分配及跨地市互连互通接口，实现不同地市无线市话网的互连互通。IGW 采用基于移动交换机的架构，中心交换模块采用单板 64K 的网板，外围交换模块采用 16K 的网板，单 MPM 模块可以支持 6 万用户，系统终局容量可达 60 万线，极大地提升了网络容量，适用于大中城市较大规模的组网。对于一般的大中城市，1 套 IGW 即可以满足容量的要求；对于较大规模的城市组网，可以通过叠加多个 IGW 来满足需求，这也符合当前电信领域"大容量、少局所"的发展趋势。同时系统采用标准的 No.7 信令，可以实现 1 个 HLR 带多个 IGW 的组网方式，也可以通过 HLR 个数的增加进一步扩充系统容量。

IGW 在 ZXPCS 系统中处于业务控制层，主要完成功能为：提供话路管理、话路接续及移动性管理、本地数据库，同时提供操作维护等管理平台所需的集中监控通道。

IGW 系统采用多模块全分散控制的结构形式，主要包括中心交换模块（CSM）、移动外围模块（MPM）、访问外围模块（VPM）和操作维护模块（OMM），其中中心交换模块包括交换网络模块和消息交换模块，IGW 系统结构如图 8-7 所示。

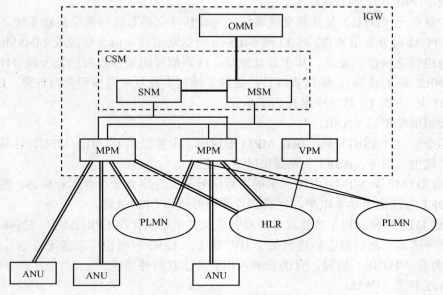

图 8-7　ZXPCS-IGW 系统结构

　　IGW 与 ANU 间采用 2Mbit/s 数字接口（A'接口）连接，与 VLR 采用内部接口（B 接口）连接，与 HLR 采用 2Mbit/s 数字接口（C 接口）连接。

　　2．业务处理模块（MPM）

　　MPM 是 ZXPCS-IGW 中基本的独立模块，可完成本模块内部用户之间的话路接续和信令的处理，可将本交换模块内部的用户和其他交换处理模块的用户之间的信令和话路接到 SNM 中心交换网络模块上，如图 8-8 所示。

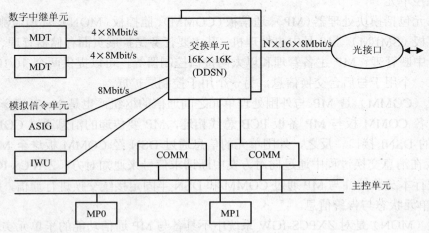

图 8-8　MPM 硬件原理图

　　MPM 包括数字中继单元（DTU）、模拟信令单元（ASIG）、互连单元（IWU）、主控单元（CLTU）、数字交换网单元（NETU）和光接口单元。光接口单元包括 FBIU 和 SDTU 两种，FBIU 的主要功能是将 MPM 与中心模块网之间用多对主备光纤连接起来，SDTU 主要用于与

PSTN 网大容量汇接时，提供传输与中继处理功能。

（1）数字中继单元（DTU）

数字中继单元（DTU）是移动交换系统之间或移动交换系统与数字传输系统之间的接口单元，根据 PCM 时分复用原理，将 32 路 64kbit/s 的话路信号和信令复接成 2.048Mbit/s 信号，在本系统内进行交换接续处理。其主要功能是：线路信号码型接收发送及变换（HDB3/AMI 码与内部 NRZ 码的转换）、帧同步时钟的提取、帧同步及复帧同步和检测告警。DTU 包括 MDT，MDT 是 16 路 E1 数字中继接口子单元。

（2）模拟信令单元（ASIG）

模拟信令单元（ASIG）只出现在 MPM 模块中，主要提供 DTMF、MFC、音频信号、语音提示和会议电话服务。ASIG 主要提供以下功能。

① 接收 DTMF 和 MFC，由 T 网来的下行信号最先经串并变换存入存储器，然后由信号处理机按 DFT 方法测出功率电平，判断信号类别再通知 CPU 处理。

② 发送 DTMF 和 MFC，将要发送的双音频及其电平固化在 EPROM 中，发送时按 125μs 周期对其循环读取，然后将它们送到某个 HW 线上。ASIG 同时也可发送无音信号。

③ 作为音（TONE）板时，有语音录入和语音读取两种功能。

（3）互连单元（IWU）

互连单元（IWU）主要由中央处理单元、交换芯片、DSP、Modem 芯片组、HDLC 及 EPLD 等构成，用来实现移动数据业务。主要提供对 PSTN 和 ISDN 网络的互连功能（IWF）；透明/非透明，异步/同步 300bit/s、1.2kbit/s、2.4kbit/s、4.8kbit/s、9.6kbit/s 及 12kbit/s 非限制数字等双工电路型承载能力；传真等电信业务。每个 IWU 单元完成 36 路的数据业务处理能力，可同时连接 36 个数据通信呼叫，共用 IWU 与 IGW 之间交换网上的 72 个时隙。其中 36 个时隙用于移动接入侧，另外 36 个时隙用于与网络到（PSTN 或 ISDN）的连接侧。

（4）主控单元

主控单元包括模块处理器（MP）、通信板（COMM）、监控板（MON）、环境监测板（PEPD）和共享内存板（SMEM）。MP 是中央处理机，其主要任务是扩展页面存储器管理、总线驱动、总线管理、中断管理、MP 主备管理和以太网接口控制器等，可以提供两个 10/100Mbit/s 以太网接口，一个用于与后台交换信息，另一个用于控制层扩展。

通信板（COMM）是 MP 与外围处理单元之间通信的枢纽，也是 No.7 信令单元的第 2 层处理层。各 COMM 板与 MP 备板 PCB 总线相连，MP 要传递的消息通过 COMM 板送至 DSN(T 网)的 DSNI 接口。反之，外围单元的信息通过 DSN 经 COMM 板送至 MP。COMM 板与 MP 板在消息交换过程中通过向对方发中断请求信号来通知对方。ZXPCS-IGW 的部分单元可以进行本身监控并与 MP 通过 COMM 和 DSN 半固定接续交换进行通信，能够随时与 MP 交换各单元状态与告警信息。

监控板（MON）是对 ZXPCS-IGW 系统中不具备与 MP 通信功能的子单元实现监控。例如 POWERB 子单元、FBI 子单元、SYCK 子单元和 DSNI 板等。MON 在定时查询发现某子单元出错或故障报告后，通过 DPRAM(存储器)向 MP 报告告警信息或通知维护人员介入处理。

环境监测板（PEPD）能处理外接传感器提供的二次信号，对交换机工作环境参数如温度、湿度、烟雾和红外等实时监测，并上报 MP，一旦发生异常情况立即启动告警箱报警。

共享内存板（SMEM）为主备 MP 提供可同时访问的 8k 字节的双端口 RAM 和共享的 2M 字节 RAM，同时提供相应容量的一位数据奇偶校验位。MP 可利用它作为消息交换通道和数据备份，便于主备 MP 之间的快速倒换。

（5）数字交换单元

数字交换单元包括数字式时隙交换网络子单元（DDSN）、数字式时隙交换网络接口子单元（DSNI）。交换网络子单元为时分交换网络（以下简称 T 网）是 16kts×16kts 的无阻塞交换网，采用双平面，主备复用形式，主要完成以下功能：

① 完成模块内部用户的话路接续交换（MPM 中）；
② 与中心局交换网模块互连实现模块间的话路接续；
③ 提供 MP 与外部单元信息通信的半固定接续；
④ 支持 $n\times64$kbit/s 动态时隙交换。

交换网络单元主要由时隙交换网络、与控制层 MP 通信电路、核心 CPU 系统、控制和告警电路、时钟处理电路、PCM 8Mbit/s 总线接口、驱动隔离电路及主备控制电路组成。时隙交换网络采用专用的交换芯片来组成交换矩阵，以顺序写入、控制读出的方式进行时隙交换；与控制层 MP 通信电路是与 MP 通信，用以控制时隙交换网络的接续；核心 CPU 本身自带两条 HDLC 链路，可用于与 MP 通信，接收 MP 送来的接续指令，根据接续的指令操作控制存储器 CM，以完成交换接续控制；控制电路实现对出、入 HW 线的控制；时钟控制电路接收来自系统时钟输入，产生本板所需的各种工作频率；主备切换电路实现对主备 T 网板的倒换可分两种情况，即上电复位时两板处于备用状态，由 CPU 指定其中一块主用，避免上电竞争现象，正常工作时主备用切换由维护人员通过人机命令实现主备切换，当主网板出现故障时，CPU 便发出主备切换命令实现倒换。

16K 网 MPM 模块共有 128 条 8M HW 线，可用 HW 共 123 条，具体分配如下：

板　位	HW 线
DSNI(MP)	HW0～3
DSNI0	HW4～19
DSNI1	HW20～35
DSNI2	HW36～51
DSNI3	HW52～67
FBI0	HW68～83
FBI1	HW84～99
FBI2	HW100～115
FBI3	HW116～121
DDSN	HW123～127

其中 HW4～67 可由 DSNI 驱动通过电缆接至 DTI，HW68～121 与中心网相连。

DSNI(MP)提供 4 条 8M HW 的转换用于消息转发。DDSN 板除了完成交换功能外，还提供 5 条 8M HW 的差分驱动，用于与资源板连接，1 条与 TONE 板相连，4 条与 MFC 板相连。DSNI 主要是提供 MP 与 T 网和 SP 与 T 网之间信号的接口，并完成 MP、SP 与 T 网之间各种传输信号的驱动功能。DSNI 分为两大类：MP 级接口板完成 SP 级至 MP 级的消息通道 8Mbit/s 流与 2Mbit/s 流的转换，并完成供给通信板 4M 与 8K 时钟的分发；SP 级接口板完成 HW 线单端驱动与差分驱动的转换，并完成供给各级 SP 的 8MHz 与 8kHz 时钟分发。

（6）光接口单元

由于外围模块（MPM、VPM）、中心模块局（SNM）采用的是全分散控制技术，外围模块与 SNM 之间的传输信息量大，速率高，因此在 ZXPCS-IGW 系统中采用了先进的光纤技术，在外围模块和 SNM 之间利用一对光纤实现 16×8Mbit/s 信息传输。近距离（2km 内）的 MPM 可采用多模光纤，对较远距离建议采用单模光纤收发组件（可达 30km～50km）。

（7）同步时钟系统

ZXPCS-IGW 的时钟同步系统由基准时钟板（CKI）、同步振荡时钟板（SYCK）及时钟驱动板（CKCD）构成，为整个系统提供统一的时钟，又同时能对高一级的外时钟同步跟踪。

同步时钟同步基准信号由 SNM 模块提供，各外围模块由与 SNM 模块对接的 MDT 或 FBI 从传输线路上提取此基准时钟信号（E8K），将此基准时钟送至本外围模块的时钟同步单元进行跟踪同步，由此达到外围模块与 SNM 模块时钟的同步。CKI 板完成时钟提取。

SYCK 板与 CKI 板配合，为整个系统提供统一的时钟，又同时能对高一级的外时钟同步跟踪。SYCK 可直接接收数字中继的基准，提供 CKI 可接收 BITS 接口、原子频标的基准。SYCK 板能输出 8MHz/8kHz 时钟信号 20 组，16MHz/8kHz 的帧头信号 10 路。

CKCD 板接收从 SYCK 板送来的 16MHz/8kHz 时钟，处理后分配给中心架中一些无法得到时钟的单板。CKCD 板可提供 4 组 16MHz、8kHz 时钟信号给交换网，提供 28 组 8MHz、8kHz 时钟信号给 DSNI 或 FBI 板。SYCK 板输出的时钟将送到各分系统，其中 10 路 16MHz/8kHz 时钟信号为 SNM、DSN 交换网层使用，20 组 8MHz/8kHz 时钟信号提供给 DSNI 作为时钟源。

3．中心数据库模块（VPM）

VPM 模块完成 VLR 中心数据库功能，单个 VPM 模块支持 60 万用户集中数据库。VPM 模块硬件结构和 MPM 基本相同，只比 MPM 模块少了 DTU、ASIG、IWU。

在实际运行环境中，一般不配置独立的 VPM 模块，VLR 中心数据库配置在中心交换模块 CSM 上；在不采用中心模块组网方式下，VLR 中心数据库配置在某个 MPM 上。

4．消息交换模块（MSM）

MSM 模块主要完成各模块之间的消息交换。MPM、VPM 经光纤连接到 SNM，由 SNM 的半固定接续将其中的通信时隙连至 MSM，MSM 中的 MP 根据路由信息完成消息的交换。

MSN 与 MPM 中的主控单元结构相同，由一对主备 MP 和若干 COMM 子单元组成，当系统较大一对 MP 处理能力不够时，可以通过以太网进行扩充，提高数据交换能力。

5．中心交换模块（SNM）

ZXPCS-IGW 多模块系统的话路交换是 T-S-T 的网络结构，S 网由单平面 64K 交换网构成，S 网在系统中实际上起到网络互连的路由作用（即空间交换）。中心交换模块是多模块局系统的核心模块，主要完成多模块系统的各模块之间的话路交换，并将来自多模块的通信时隙经半固定连接后送至 MSM。中心交换模块的结构如图 8-9 所示。

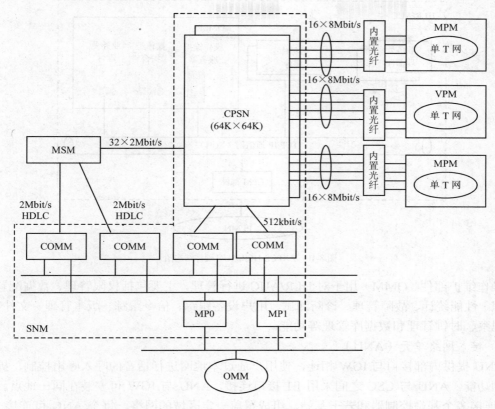

图 8-9　SNM 原理图

中心交换模块 SNM 可以有以下几种单元。

（1）中心数字交换单元（简称 S 网），由主备复用的单平面 64K 交换网组成。

（2）主控单元，其结构与 MPM 中的主控单元结构相同，主要是控制中心交换网的接续监控。

（3）多模块局时，中心交换模块侧还配备光接口单元，与 MPM、VPM 中的光接口单元对接，用于下带一些外围模块。

6. HLR/AUC 系统

HLR 与 IGW 同处于 ZXPCS 系统的业务控制层，HLR 主要作用是存储网络中所有的移动用户的信息，包括用户的标识、用户的位置区信息及用户的服务类别等。ZXPCS-HLR/AUC 系统主要由四部分构成，分别为共路信令处理部件（CPM）、业务处理部件（HSM）、数据部件（HDM）和操作维护部件（OMM），每级内部采用模块化设计，如图 8-10 所示。

共路信令部件（CPM）采用全分散控制结构。随容量的不同，CPM 部件可由 1～4 个组成。CPM 部件是 ZXPCS-HLR/AUC 的 No.7 信令处理模块，提供与 IGW 的 No.7 信令链路连接，完成 No.7 信令的 MTP、SCCP、TAP 功能并提供与业务处理机的接口。业务处理机是实现整个 HLR/AUC 系统功能的核心，采用 TCP/IP 与数据库服务器、No.7 前置级、操作维护等模块通信。运行多种应用软件，完成 MAP 信令处理、数据访问、版本管理和告警管理等功能，实现 HLR/AUC 系统业务功能。

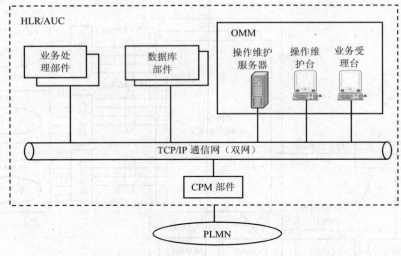

图 8-10　ZXPCS-HLR/AUC 硬件结构图

　　操作维护部件（OMM）用于对 HLR/AUC 进行管理，主要包括权限管理、数据配置、安全管理、性能统计、故障管理、诊断测试、用户设备跟踪、信令跟踪、版本管理、文件管理、业务观察、时钟管理和数据库管理等功能。

　　7. 接入网络单元（ANU）

　　ANU 提供内部接口与 IGW 相连，使用户通过本地网进行话音的呼入呼出控制，提供集线控制功能。ANU 与 CSC 之间采用 E1 接口连接，ANU 与 IGW 可安装在同一地点。通过ANU 连接多个基站控制器和若干基站，组成覆盖一定区域的网络。每个 ANU 可连接 16 个CSC，接入网络单元的功能结构如图 8-11 所示。

　　ANU 的主要功能包括：

　　（1）提供与互连网关的接口；

　　（2）提供与基站控制器的接口；

　　（3）对用户呼叫、漫游、切换、补充及数据业务提供无线接入部分支持；

　　（4）提供无线接入部分网络管理接口；

　　（5）实现对无线接入部分设备（ANU，CSC，CS）的操作维护功能。

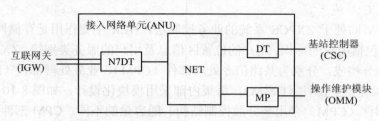

图 8-11　ANU 功能结构图

　　接入网络单元（ANU）采用分层控制结构，一个 ANU 单元包括 48 个功能单元，由主备用的两个 MP 控制，每个功能单元分配一个子节点号，其子节点号与它所在 NET 层背板上的36 芯插座位置有关，各功能单元对应的子节点号如下。

　　CSC 单元：习惯占用 1～26 子节点

No.7 中继单元：习惯占用 27～42 子节点

TONE 信号音单元：占用 43～44 子节点

交换单元（NET）：占用 45～46 子节点

功能单元未用：47～48 子节点

CSC 基站控制器单元由 1 块 PPT 板和 5 块基站控制板（CSI 或 CSMC 板）组成，提供与基站接口，其 PPT 板与 ANU 上的 PDT 通过 E1 口对接，再由 36 芯线将 PDT 输出的信号送到 NET 层背板的 36 芯插座，该 PDT 所对应的 36 芯插座必须和分配给该 CSC 的子节点对应。

No.7 中继单元由一块 No.7 中继板组成，每块 DT 板可提供两条 2.048Mbit/s 的 PCM 线到 IGW 侧，一个 No.7 中继群可由一块或多块 No.7 中继板组成，其功能是根据 PCM 时分复用原理将 32 路 64kbit/s 的话务信号和信令信号复接成 2 048kbit/s 信号。

交换网络单元（NET）由一块 NET 板组成，两块 NET 板占用两个子节点（45，46），每板提供 2k×2k 时隙的时分交叉连接，两个单元为负荷分担工作方式。主处理机（MP）是 ANU 机架的控制核心，是系统的总控制单元。单元处理机（PP）主要任务是定期对单元内的电路进行扫描，将电路的状态通过通信处理机（MPPP）上报给主处理机（MP），并通过通信处理机接收 MP 的指令，根据 MP 的指令来对硬件电路进行相应的控制。MPPP 是模块内部通信板，MP 通过 MPPP 通信板控制 PP 功能单元，由 4 块通信板以功能分担方式负责 PP 到 MP 的通信任务，提供数据链路功能和消息转发（MP 和 PP 间的通信消息）功能，信令终端板（STB）主要完成 No.7 信令系统的第 2 层功能，提供 ANU 与 IGW 之间的 No.7 信令处理功能，每块 STB 板能够处理两条 No.7 信令链路。

同步定时单元（CKG）有两块时钟驱动板，为各功能单元提供 8kHz、4MHz 同步时钟信号，采用主备用方式。

8. 基站控制器（CSC）

CSC 提供对基站（CS）的控制，执行信令转换、分配话音和信令时隙。CSC 从 PCM 数字链接中提取同步时钟，然后把同步时钟传送给基站，使所有的基站同步工作，CSC 通过 U 接口与基站链接，CSC 的功能结构如图 8-12 所示。

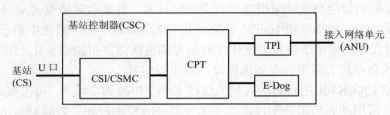

图 8-12　CSC 功能结构图

每个 CSC 单元由一块控制板（PPT）和 5 块基站接口板组成。基站接口板分为 CSI 和 CSMC 板，分别与大、小基站接口。每块 CSI 板提供 8 个无远端供电的 U 接口（2B+D），用双绞线与大基站相连，每个大基站接两个 U 接口，因此一块 CSI 板连 4 个大基站；每块 CSMC 提供 4 个远端供电的 U 口，每个 U 口接 1 个基站，每块 CSMC 最多可带 4 个普通型基站；1 个 CSC 最多可提供 40 个 U 接口（5 块 CSI 板），连接 20 个基站。基站控制器通过 1 个或两个 E1 口与 ANU 的 PDT 连接。

CSC 的主控板采用 PPT 板，完成对 CSI 和 CSMC 板的控制，并与 ANU 通过 E1 接口相连,同时提供 4 个 HDLC 链路;也可以通过 2×2Mbit/s 链路连接到传输系统,再通过传输系统与 ANU 连接,因此 CSC 可作为远端控制单元放置在基站附近,提高系统组网的灵活性。当 ANU 与 CSC 通过 SDH 相连时,如果时钟抖动过大,可采用 TPI 板减少抖动。

基站控制器的主要功能包括:① 提供多个基站的接口,对基站进行控制;② 分配话音和信令时隙,接续 LC 网,同时对多个基站进行信道分配;③ CSI 和 CSMC 板及 U 口状态监控,并向 ANU 报告;④ 将从 CS 侧过来的 ISDN 信令转换成内部信令送给 AUN;⑤ 将 ANU 发来的内部信令转换成 ISDN 的信令发给 CS 侧;⑥ 在协议转换的基础上,配合完成呼入、呼出及切换流程;⑦ 请求鉴权密匙三元组,对用户进行鉴权控制。提供从操作维护台到 CS 的远程加载通道,支持操作维护台对远端 CS 的控制和查询。

9. 基站(CS)

CS 是无线收发单元,是用户与基站控制器之间的通信传输中继站,CS 与手机之间的无线链路采用基于 RCR STD-28 Ver.2 标准的 PHS 技术。CS 的主要功能如下:① 提供与基站控制器的 I'接口;② 提供状态指示、维护测试功能;③ 提供无线收发功率和信道的管理;④ 提供帧同步控制功能;⑤ 提供空中协议 RCR STD-28 Ver.2 与 I'协议的相互转换。

基站支持组控方式工作,多个基站可以进行捆绑,共用一个控制信道,这样就提高了话务处理能力。基站有智能基站、增强型基站、无线市话大基站和无线市话小基站等几种不同的类型。

(1)大基站

ZXPCS-CS4:1C4T 500mW,智能型大基站,带智能天线,空分多址

ZXPCS-CS28:1C7T 500mW,智能型大基站,空分多址,可软件升级为 1C8T

ZXPCS-CS17:1C7T 500mW,增强型大基站

ZXPCS-CSL:1C7T 200mW

(2)小基站

ZXPCS-CSA:室内型 1C3T 20mW,支持远端供电

ZXPCS-CSB:室外型 1C3T 20mW,支持远端供电

中兴 500mW 的智能型基站采用高接收灵敏度技术,使接收灵敏度提高到 1dBuV,高接收灵敏度保证了 500mW 基站和 10mW 手机间上下链路间的平衡。城市中由于密集区域建筑结构复杂,终端在移动中由于位置的变化发射信号强度随之发生剧烈变化,500mW 基站的高接收灵敏度技术会在极大范围内有效地恢复、再生源信号。

智能型基站 CS/CS4 采用自适应阵列天线技术和空中帧同步技术,可以很好地抑制干扰,提高通话质量。采用动态信道分配技术,不需要复杂的频率规划。智能型基站与基站控制器之间采用两个(2B+D)U 口连接,信号通过两对双绞线传送。智能型基站采用时分多址(TDMA)技术,提供 1 个控制和 3 个业务信道(1C3T)。CS4 采用空分多址(SDMA)技术,提供 1 个控制和 4 个业务信道(1C4T)。

随着网络的发展,话务量的增加,多信道基站渐渐成为网络中的主力军,中兴公司的 7 信道基站有 500mWCS28、500mWcs17、200mWCSL,这 3 种基站已经在网上得到广泛应用,成为无线市话网络中的中坚力量。

CS28 智能型 1C7T 基站不仅提供对大话务量支持的能力,还保证网络对高速移动的支持,由于其具有智能天线的功能,使得 CS28 基站可以和 CSL 基站有机地结合在一起,进行无缝

混合组网，CS28 智能型 1C7T 基站在今后网络发展过程中，可以在不增加频点的情况下，软件升级至 1C8T 基站，充分利用现有的空中频点。

CS17 增强型基站提供 7 个信道，随着网络的发展，话务量的增加，多信道 CS17 基站和 CS28 基站一样渐渐成为网络中的主力军，CS17 增强型 1C7T 基站可以提供对大话务量支持的能力。

CSL200mW 是中兴公司自主研发的基站，通过帧同步技术和现有的智能型基站有机地结合在一起，完成高话务量地区的话务吸收，当话务量密集时，基站的布放将越来越多，由于可用于 PCS 建设的频点数是有限的，所以随之而来的问题是频率资源的有效利用，200mW 基站是解决这一问题的有效手段。CSL200mW 基站同时具有良好的性能价格比，在新疆、福建、吉林、重庆、绵阳等地的组网和实测中，CSL 基站同智能型基站组网的结构已经得到充分认可，CSL200mW 基站主要应用在居民小区和集市等话务量较高的地方。

小基站在网络中主要作用是覆盖盲区，在一些建筑物的内部，如地下室或停车场等处，只能用小基站进行覆盖。所以尽管小基站功率小，仍然是组网中必不可少的部分。

10. 移动终端（PS）

ZXPCS 终端为可移动手机。手机具有通话时间和待机时间长、重量轻等特点，并支持语音信箱、短消息业务和手机之间直接对讲功能。手机的主要功能如下：具有独立识别用户的用户号码和鉴权键，用于加密、用户鉴权保护；可支持基本业务及相应的补充业务；信道编/解码；产生振铃电流；摘挂机通知；正确地产生呼叫进程中提示音（忙音、拨号音、通话中断音等）。手机的工作方式如下。

（1）开机搜索过程

CS 每隔 100ms 发送 CCH 信号，当 PS 开机时，马上开始寻找 CS，当 PS 与 CS 同步后，手机每隔 100ms 向 CS 发送一次短跟踪消息，手机开始寻求登记，当 CS-ID 是同一个 ID，手机不会再登录，接下来开始短跟踪和长跟踪。

（2）本地登记

如果手机烧过号，其登记过程如下：① 开电；② 每隔一段时间寻找 CCH，检测载波信号；③ PS 向 CS 发接入信号，但是如果所给的操作号不对，PS 将不发 CCH；④ 如果 PS 检测到 CCH 信号大于某个设定值（如 26dBuV），将显示"公众"标志，接下来，PS 寻找自己内存中的 CS-ID，如果无 CS-ID 或检测到的 CS-ID 与内存中不同，PS 会要求本地登记，如果是一样的 CS-ID，PS 会显示接收信号强度。

（3）手机作主叫

PS 手机发起呼叫时，先到接收信号最强的 CS 去发起请求，如果 CS 信道忙会切换次强的 CS 请求，最多可以切换 8 个基站，仍然失败则手机送忙音。手机选择 CS 接入并非严格按照信号的强弱顺序来接入。

（4）手机作被叫

如果 PS 未结束本地登记，PS 将无法接听电话。如果打电话时登记基站忙，则在预先分好的呼叫区内寻找其他的基站接入。当 PS 作被叫时，访问 HLR 由 MP 控制到 HLR 中查找位置，由 HLR 得知被叫所在的呼叫区（PA），由 MP 控制 PA 所有的 CS 发寻呼消息。

PS 手机被寻呼时，当收到基站控制信道广播的寻呼消息，PS 会收到信号最强的 CS 发出接入请求，如果 CS 信道忙，则切换到次强的 CS 请求接入，最多可以切换 4 个 CS。如果仍然没有信道，此时网络侧一般情况下已经寻呼超时，从而产生一次被叫不振铃。另外在基站之间的同步不太好时，基站之间的干扰会导致基站和手机之间的消息丢失，也会产生不振铃。

（5）手机切换

PS 从和某基站的连接转换到和另一个基站的连接时，通话依然保持着，称为切换。当 PS 的接收信号强度低于某个阀值时（26dBuV），PS 将接收另一个基站的信号，如果 CS 无空闲信道，还需寻找下一个 CS 进行切换。在切换时如果信道忙，最多搜索 12 个 CS，搜索最长时间为 8s，此时还不能完成切换，将返回原基站进行通话，如果信号仍然很弱，手机会很快发起第二次切换。如果返回时原基站信号太弱，就会断话，听忙音。在信号很弱的交叉覆盖区，手机可能会在几个 CS 间反复切换，从而导致话音时断时续。

当手机移动到新的呼叫区时，会向网络侧发出登记请求，通话过程中跨 PA 切换时，先切换，等通话结束后再向网络侧发起登记。

8.3.3　ZXPCS 系统软件

ZXPCS 系统软件采用模块化层次化及面向对象的设计方法。

1. ZXPCS-IGW 软件概述

ZXPCS-IGW 软件系统主要由运行子系统、数据库管理子系统、信令子系统、移动用户子系统和操作维护子系统构成。

（1）运行支撑子系统

运行支撑子系统又分为操作系统、控制子系统、装载子系统和文件管理子系统等部分，向上层应用程序提供一个虚拟机环境。

（2）信令处理子系统

信令子系统分为以下功能模块：随路信令处理（S/R2）模块；No.7 信令的链路级模块（第 2 级）；No.7 信令的消息传输模块（第 3 级 MTP）及信令连接控制模块（SCCP）；No.7 信令的综合业务数字网的用户部分模块（ISUP）；No.7 信令的电话用户部分模块（TUP）；No.7 信令的事务处理能力部分模块（TCAP）；No.7 信令的有线智能用户部分模块（INAP）。

（3）移动用户子系统

移动用户子系统主要完成移动用户的基本交换功能，同时完成移动性和安全性管理，进行切换、补充业务、短消息业务和智能业务等业务，并完成与 PSTN 等公网、专网之间的信令转换，与 ANU 的接口处理。

移动用户子系统包括接入处理部件、MAP 处理部件和 TM 处理部件 3 部分。MAP 处理部件向接入处理模块发送相应的消息，完成位置更新、切换、呼叫处理、补充业务和短消息等功能；接入处理部件主要完成移动用户的呼叫处理，与 ISUP、TUP、CS/R2、INAP 等的信令转换，交换及无线资源管理，对 ANU 和 PS 来的信号进行处理等功能；TM 部件主要完成 MAP 与 TCAP 之间的转换功能。

（4）操作维护子系统

操作维护子系统的软件结构分为前台模块、服务器模块与客户端模块。服务器模块是运行在操作维护服务器上，完成对各操作维护台以及前台的管理，并完成对统计、故障信息以及其他操作维护信息的存储，承担各网元与客户端之间的消息转发与数据存储的功能，是整个操作维护子系统的核心；前台模块是运行在 HLR、VLR、IGW、SC 等网元的主处理器中，为操作维护子系统对网元的访问提供接口，并同时收集各网元的统计信息、故障信息以及其他信息；客户端模块运行在操作维护台上（即客户端），是操作维护与操作员的人机界面，可以完成操作维护的功能设置、数据的显示与历史信息的查询等操作。

（5）数据库管理子系统

数据库管理子系统主要包括数据表的定义、描述、操作和维护等方面，能方便灵活地提供和进行系统数据配置，提供呼叫路由选择、号码分析、数据的配置和维护等功能，并且对用户数据及其他信息进行存储和管理，为移动用户子系统提供高效而可靠的数据服务。

2. ZXPCS-HLR/AUC 软件概述

ZXPCS-HLR/AUC 软件由运行支撑子系统、信令处理子系统、业务处理子系统、数据库子系统和操作维护子系统 5 部分组成。

运行支撑子系统位于实时操作系统之上，为上层业务提供开发平台和统一的操作接口，提供调度和定时功能、通信功能、系统控制功能、异常处理功能和文件管理功能。

信令处理子系统实现 No.7 信令消息的接收与发送，与业务处理机部件进行信息交互，提供 ZXPCS-HLR/AUC 系统的信令传输功能，包括 No.7 信令链路级模块（MTP2）、No.7 信令的消息传输模块（MTP3）、信令连接控制模块（SCCP）和 No.7 信令的事务处理能力部分（TCAP）。

业务处理子系统是整个系统的核心部件，实现 HLR/AUC 与 IGW 之间信息交换，完成 MAP 业务处理。业务功能包括移动性管理、呼叫处理和补充业务等，由移动应用模块、转换层模块和消息分配模块组成。

数据库子系统实现 ZXPCS-HLR/AUC 系统中基本用户信息、用户业务信息和鉴权信息的永久可靠性保存，提供数据备份功能，以及各种配置信息加载的功能。

操作维护子系统提供用户数据管理、数据配置、权限管理、故障管理、诊断测试、用户设备跟踪、信令跟踪、安全管理、文件管理、时钟管理、数据库管理、业务观察、版本管理、操作日志和性能统计等操作维护功能，并提供 ZXPCS 网络系统与操作维护中心（OMC）的接口。

3. IGW/VLR 业务及软件处理流程

（1）IGW/VLR 业务

主要提供语音业务、短消息业务、移动用户的双音多频（DTMF）二次发号和移动用户的附加业务等。

语音业务包括本地网移动用户的接入、漫游、呼入呼出及话路切换。

短消息业务包括两种方式：点到点短消息业务和广播式短消息业务。点到点短消息业务使移动用户可以收发长度有限的数字和文字消息，广播式短消息业务向特定地区的移动用户周期性的广播具有通用性的数据信息，如交通、气象信息等。

移动用户的附加业务包括来电显示、呼叫限制、呼叫转移和免打扰等业务。

（2）位置更新

移动用户由位置区 PA1 移动到位置区 PA2，用户发起位置更新，基站将位置更新请求上报基站控制器。基站控制器对用户进行鉴权操作，识别用户是否是合法用户，鉴权操作需要承载管理层、信令层和 IGW、HLR 共同完成。鉴权通过后，承载管理层经信令管理层发送请求给 IGW，VLR 按照数据更新策略依次进行用户位置信息的更新操作。返回更新结果给基站，基站通知用户更新完成。

位置更新操作就是数据库相关用户位置信息的更新，数据库的数据更新体现在分布式数据库的数据更新，在系统中 HLR 的用户数据作为整个系统的信息来源，应该先更新 HLR，再更新相关的 VLR。

位置更新的处理流程如下：

① 请求鉴权信息　IGW 在收到请求鉴权信息事件后，VLR 判别本地数据库中有无此用户的数据拷贝（包括鉴权信息），如没有，则 VLR 向 HLR 请求鉴权信息，最终 IGW 将输出鉴权信息到 CSC；

② 位置更新请求　IGW 在收到位置更新请求事件后，VLR 判别本地数据库中有无此用户的数据拷贝，有则更新本地数据库中的位置信息；无则向 HLR 发起插入用户数据请求，从 HLR 中获得用户数据成功后，发出位置更新完成通知，确认位置更新完成后，通知 HLR 更新用户数据并删除原 IGW 中用户数据。

（3）呼叫流程

主叫呼叫流程如下：

① 呼叫建立　IGW 在收到呼叫建立事件后，呼叫控制进程将申请地面电路、T 时隙，在 CallProc 事件中，通知 ANU 相应的 CIC(提供 ANU 接续)；

② 请求鉴权信息　GW 收到请求鉴权信息事件后，VLR 将判别本地数据库中有无此用户记录，有则直接返回鉴权信息，无则 VLR 将和 HLR 同步用户数据后，再返回鉴权信息；

③ 接入完成　在鉴权正确后，CSC 以接入完成事件通知 IGW 向被叫方接续，IGW 经过号码分析，确定被叫号码局向，做出局呼叫或局内呼叫处理；

④ 回铃　主叫处理进程收到接入完成（ACM）后，接续网络侧单向话路，并通知到 PS；

⑤ 应答　主叫进程在收到被叫摘机事件后，接续网络侧双向话路，并通知 PS；

⑥ 进入通话　PS 向网络返回连接证实，确认手机进入通话状态。

被叫的呼叫建立流程如下：

① 入局呼叫建立　IAM 入局（漫游号码），呼叫控制进程向 VLR 查询用户所在的 ANU 索引和模块号，向数据库申请地面电路和 T 网时隙，向被叫所在的 ANU 单元发送呼叫建立事件（包括地面电路 CIC）；

② 请求鉴权信息　IGW 在收到鉴权请求，从 VLR 获得鉴权信息后，输出到 CSC；由于没有上行回铃事件，因此，IGW 在收到此事件后设置一个定时器，定时器到时，向主叫侧回送 ACM，放音乐；

③ 接入完成　IGW 收到此事件后，有一个处理，保证向主叫侧回 ACM，放回铃音；

④ 应答　被叫用户摘机，PS 上行连接消息，IGW 连接双向话路，向主叫侧回送应答事件 ANC，并给 PS 回连接证实。

（4）切换

切换分为两种：ANU 内部切换和 ANU 间切换。ANU 内部切换包括 CSC 内部或 CSC 间切换，ANU 可以在内部进行处理，完成后通知 IGW。

ANU 内部切换处理流程如下：

① 切换要求　IGW 收到切换要求后，需要有一种方法找到相关的处理进程，这需要本地数据库提供支持。具体为：呼叫处理进程以内部操作方式通知本地数据库，本地数据库以 PS ID 与呼叫参考号码建立对应关系表，这样，处理进程就可以完成内部的资源分配和话路

接续，并且申请切入侧的地面电路和 T 网时隙；

② 切换证实　IGW 以切换证实事件通知 ANU，进行话路接续，完成切换处理；

③ 释放资源　IGW 负责释放原资源，并通知原 ANU 释放资源。

IGW 间切换处理流程如下：

① 切换要求　IGW 收到切换要求，向本地数据库请求切换处理对应关系，本地数据库在判断数据库中无此用户后，向 HLR 请求切换号码，从而完成局间建路过程；

② 切换证实　切入 IGW 在完成局间建路，并且申请到地面电路和 T 网资源后，通知 ANU 接续话路，完成切换处理；

③ 释放资源　原 IGW 负责释放占用资源，并通知 ANU 释放资源。

（5）短消息处理

起呼短消息处理流程如下：

① 请求鉴权信息　IGW 收到此请求后，向本地数据库请求此用户的鉴权信息；

② 输出鉴权信息　本地数据库没有此用户的信息，需要从 HLR 获得该用户的所有信息，返回鉴权信息到 CSC；

③ 短消息请求　IGW 在收到短消息请求后，根据短消息中心地址（手机发上来，或 HLR 设定），向主叫归属短消息中心发送短消息请求；

④ 短消息证实　短消息中心返回短消息证实，IGW 给 CSC 返回短消息证实，完成起呼短消息处理流程。

终呼短消息处理流程如下：

① 短消息路由　短消息中心向被叫的归属 HLR 发起短消息路由操作，获取被叫的拜访 IGW 号码；

② 短消息请求　短消息中心根据被叫的拜访 IGW 号码，发起终呼短消息流程；

③ 鉴权过程　IGW 收到终呼短消息请求后，向所在 ANU 发起短消息建立请求，CSC 发起鉴权过程；

④ 接入完成　CSC 完成鉴权后，通知 IGW 接入完成，IGW 向 PS 传递短消息；

⑤ 短消息证实　PS 成功接收短消息后，通知 IGW，IGW 给短消息中心证实。

8.3.4　ZXPCS 系统组网方式

ZXPCS 系统利用光传输系统，灵活方便地将接入网络单元（ANU）和基站控制器（CSC）连接起来，实现大范围的有效覆盖，完成手机在不同 CSC 和 CS 之间的漫游和切换。

系统主要有以下两种组网方式。

（1）单模块 MPM 组网

每个 MPM 可带 6 个 ANU；每个 ANU 可带 16 个 CSC；每个 CSC 可带 20 个 CS；总共可带 1920 个 CS。

单模块 MPM 最大可提供 256 个 E1，单模块 MPM 最大可提供 No.7 信令链路数 64 条。

（2）以中心架 CSM 为核心带多个 MPM 组网

每个 CSM 可带 10 个 MPM；每个 MPM 可带 6 个 ANU；每个 ANU 可带 16 个 CSC；每个 CSC 可带 20 个 CS；总共可带 19200 个 CS。

以 CSM(64K 网)为中心的组网方式，可挂接 1～10 个 MPM，满足 60 万大用户容量需求，各模块间采用 FBI 连接。

1. IGW/VLR 组网方式

· ZXPCS-IGW 具有强大的、灵活的组网能力，中小容量成局组网方式如图 8-13 所示，大容量成局组网方式如图 8-14 所示。

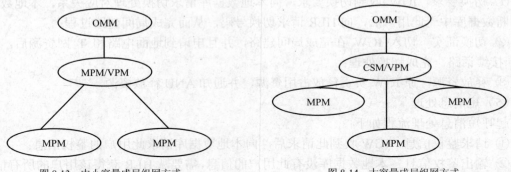

图 8-13 中小容量成局组网方式   图 8-14 大容量成局组网方式

① 组成纯无线局，可根据用户要求组成小、中、大容量的无线局。

② 具有 TUP(PSTN)、ISUP(ISDN)信令，可与 ISDN 和 PSTN 网联网运行。

图 8-13 所示的组网方式适合于中小容量的交换局，可以满足 6～18 万用户的需求，IGW 处理模块（MPM）可以配置 1～3 个，每个 MPM 提供的处理能力和单模块 MPM 相同，可支持 6 万用户，VLR 处理模块（VPM）1 个，OMM 为操作维护系统。

VPM 一般不单独存在，其本地中心数据库功能在指定的 MPM 上实现；VPM 和外围 MPM 都通过中继或光纤和中心 MPM 相连；MPM 模块都提供 ANU、PSTN、ISDN 等的接口。

图 8-14 所示的组网方式适合于大容量的交换局，可以满足 60 万用户的需求。其中包括中心交换模块 CSM，1～10 个 IGW 外围处理模块（MPM），每个 MPM 可支持 6 万用户，并提供到公网、专网和 ANU 的接口；VLR 处理模块（VPM）1 个，MPM、VPM 与 CSM 之间通过光纤相连，在这种组网方式下，本地数据库一般指定在 CSM 上实现；OMM 为操作维护系统。

2. HLR/AUC 组网方式

ZXPCS-HLR/AUC 由共路信令处理部件（CPM）、业务处理部件（HSM）、数据库部件（HDM）以及操作维护部件组成。

（1）组网形式

CPM 既可单独成局，也可多模块组网；HSM 为负荷分担工作方式，可以多节点扩充；HDM 可以多节点扩充。

（2）组网原则

CPM 单模块最大可以提供 48 条 No.7 信令链路；CPM 多模块组网时，最大可以提供 192 条 No.7 信令链路；HSM 处理机至少 2 台，为 n+1 备份方式，一台 HSM 处理机可以处理 12 万用户；多节点扩充后（11 台），可以处理 120 万用户；一套 HLR/AUC 数据库服务器可以满足 60 万用户容量；多节点扩充后（2 套）可以处理 120 万用户。

3. 系统基站数量估算

由于服务区域内话务量并不是均匀分布的，地形地貌也不同（但基站覆盖的面积不同），可根据当地情况分类（密集区、次密集区和稀疏区），每类地区按下述的过程分别计算基站数。各类地区的基站总和即为该系统的基站总数。

（1）计算区域数量

$$区域数=服务区域面积/单基站的覆盖面积$$

（2）计算服务区内总的用户话务量

$$总用户话务量=用户数×每用户话务量$$

（3）计算每个区域的话务量（假设话务量平均分布）

$$区域话务量=总用户话务量/区域数$$

（4）计算每个区域内能处理以上话务量所需的信道数

根据爱尔兰－B 公式、要求的呼损率，可以得到区域内所需的信道数。

（5）计算每个区域的基站数

按每个基站 3 个业务信道计算每个区域的基站数：

$$区域内基站数=区域内信道数/3$$

（6）计算总的基站数

$$基站总数=区域内的基站数×区域数$$

思考题与练习题

8-1　简述蜂窝的种类及各自的特点。

8-2　移动通信蜂窝小区的干扰有哪几种，如何避免？

8-3　移动通信中无线电波传播的特点是什么？

8-4　分集技术有几种，它们的基本思想是什么？

8-5　天线的主要技术指标有哪些，它们的含义是什么？

8-6　移动通信系统有几种信道分配方式，它们各有什么特点？

8-7　信源编码和信道编码的目的是什么？

8-8　混合编码的主要参量是什么？

8-9　GSM 系统中采用的是哪种形式的信道编码，它可以分为哪三个步骤？

8-10　时分多址数字移动通信系统与频分多址的模拟系统相比有哪些改善？

8-11　采用码分多址技术的移动通信系统具有哪些优势？

8-12　移动通信的切换由哪三个步骤来完成？

8-13　什么是越区切换，什么是漫游切换？

8-14　什么是"软切换"，在什么系统中采用软切换？

8-15　分集技术的作用是什么，它可以分成哪几类？

8-16　天线技术中的空间分集和极化分集各是什么工作原理？

8-17　天线的主要技术指标是什么？

8-18　简述 ZXPCS 系统的主要特点。

8-19　MPM 包括哪几个功能单元？各功能单元的作用是什么？

8-20　简述 VPM 的主要功能及其组成。

8-21 简述 ZXPCS-HLR/AUC 系统的组成及其各部件的功能。

8-22 简述 ANU、CSC、CS 的主要功能。

8-23 简述 PS 手机切换原理。

8-24 简述 ZXPCS-IGW 软件系统的组成及其主要功能。

8-25 简述 ZXPCS 系统的组网方式。

第 9 章　　　　　　　　　　　　　　　　无线宽带接入技术

　　无线接入技术是指从业务节点接口到用户终端全部或部分采用无线方式，即利用卫星、微波等传输手段向用户提供各种业务的接入网技术。无线接入技术经历了从模拟到数字、从低频到高频、从窄带到宽带的发展阶段，无线接入技术将随着通信网络技术的发展向宽带化、综合化、IP 化和智能化方向发展，在构建未来的全球个人通信网中将发挥有线接入网无法替代的重要作用。

　　无线宽带接入技术具有组网灵活、成本较低等特点，成为有线宽带接入的有效支持、补充与延伸，适用于不便于铺设光纤尤其是电话基础网络较薄弱的农村以及沙漠、山区等地区，它利用无线信道实现高速数据、VOD 视频点播、广播视频和电话业务等。宽带固定无线接入技术主要有 3 类：本地多点分配业务（LMDS）、多路多点分配业务（MMDS）、直播卫星系统（DBS）。宽带移动无线接入技术主要是第三代移动通信（3G）和无线局域网（WLAN），全球主流 3G 制式有 3 种：WCDMA、CDMA2000、TD-SCDMA。

　　目前，各电信运营商充分重视接入方式的多样化，因地制宜地解决用户最后一公里的接入问题，例如中国移动长远目标以光纤接入为主，近期以固定无线接入作为市场切入手段，因为固定无线接入具有无须敷设线路、建设速度快、受环境制约少、安装灵活、维护方便、初期投资省、提供业务快以及用户较密时成本较低等优点，是新兴运营商争夺大客户十分有效的手段。

9.1　本地多点分配业务

　　本地多点分配业务（LMDS）起源于微波视频分布系统（MVDS）技术，这是一种高吞吐量、可提供多种宽带业务的点对多点的微波技术，工作频段一般为 10GHz～40GHz，可用带宽大于 1GHz。LMDS 采用小区制技术，小区半径一般在 5km 左右，LMDS 利用高容量点对多点微波传输，用户接入速率高达 155Mbit/s，因此被誉为"无线光纤"技术。LMDS 具有高带宽、双向无线传输等特点，主要应用是向用户提供双向话音、宽带交互式数据和多媒体业务等，如宽带视频分配业务，它克服传统本地环路的瓶颈，适用于高密度用户地区或光纤、铜线等有线手段很难到达的区域，满足用户对高速数据和图像通信日益增长的需求，特别适用于突发性数据业务和因特网接入。

　　我国信息产业部发布的 LMDS 相关通信行业标准有：① 《接入网技术要求－26GHz 本地多点分配系统（LMDS）》（YD/T 1186-2002）；② 《接入网测试方法－26GHz 本地多点分配系统（LMDS）》（YD/T 1301-2004）。

9.1.1 LMDS 系统结构

　　LMDS 是结合高速率的无线通信和广播的具有交互性的系统。LMDS 网络结构主要由核心网、网络运行中心（NOC）、服务区中的基站系统和服务区中的用户端设备组成。核心网一般由光纤传输网、ATM 交换、IP 交换或 IP+ATM 架构而成的核心交换平台以及与因特网、公共电话网（PSTN）的互连模块等组成。

　　典型的 LMDS 系统结构由基站（又称中心站）、终端站（又称远端站或用户站）和网管系统组成，如图 9-1 所示。其中基站和终端站均包括室内单元和室外单元两部分，基站通过 SNI 接口与核心网相连，终端站通过 UNI 接口与用户驻地网（CPN）相连；基站与终端站之间采用微波传输，空中接口一般采用 10GHz 以上频带，并满足视距传输条件，基站至终端站下行链路可以采用 TDM 或 FDM 复用方式进行广播传输，终端站至基站上行链路可以采用 TDMA、FDMA、CDMA 方式进行传输。另外，LMDS 系统还可以通过接力站的中继传输来扩大基站的服务范围。

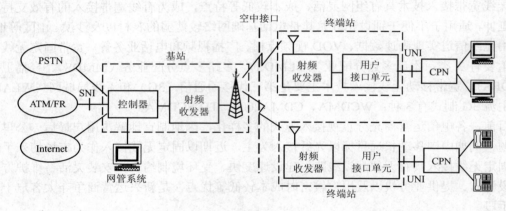

图 9-1　LMDS 系统结构

1. 基站

　　LMDS 采用一种类似蜂窝的服务区结构,将一个需要提供业务的地区划分为若干服务区,每个服务区内设基站,基站位于服务区的中心,负责进行用户端的覆盖,可对不同扇区的多个终端站提供服务,提供与核心网的接口,完成 SNI 接口与空中无线接口之间信号的处理与变换,并负责 LMDS 系统无线资源管理。

　　基站包括室内单元和室外单元两部分。室内单元作为控制器将来自各个扇区不同用户的上行业务信息进行适配和汇聚复用,送往核心网,同时将来核心网的下行业务信息分送至各个扇区。基站控制器主要包括调制解调单元、MAC 卡和光网络接口,其中,调制解调单元将来自核心网的基带信号进行调制处理,变换为中频信号后送往基站射频收发器,或将来自基站射频收发器的信号进行解调,变换为基带信号后送往核心网;MAC 卡用于终端站的接入请求控制和无线资源管理;光网络接口提供 LMDS 系统与核心网之间的接口。室外单元作为射频设备将中频信号变换至相应的微波频段,通过天线发射出去,或将天线收到的微波信号变换至中频信号送往基站控制器,射频设备包括射频收发器和天线,基站天线可以采用全向天线对整个服务区进行覆盖,也可以采用定向天线进行扇区化覆盖。基站控制器与室外单元之间通过中频电缆相连。

LMDS 系统的基站采用多扇区覆盖，使用在一定角度范围内聚焦的喇叭天线来覆盖用户端设备。基站的容量取决于以下因素：可用频谱的带宽、扇区数、频率复用方式、调制技术、多址方式及系统可靠性指标等。系统支持的用户数则取决于系统容量和每个用户所要求的业务。基站覆盖半径的大小与系统可靠性指标、微波射频收发器性能、信号调制方式、电波传播路径以及当地降雨情况等许多因素有关。

2. 终端站

终端站位于用户驻地，主要任务是接收基站的下行广播信号，从中提取属于自己的业务信号，将其分配到各个用户；同时将来自本站各个用户的信号进行复用，采用 TDMA 或 FDMA 或 CDMA 方式发送到基站。

终端站均包括室内单元和室外单元两部分。室外单元包括射频收发器、天线和馈线，终端站室外单元通常安装在建筑物的屋顶上，通常采用口径很小的室外定向天线；室内单元包括调制解调单元和用户接口单元，可提供多种业务接口，一般有 E1、10/100Base-T、POTS、ATM、FR、ISDN 等接口，可以支持多种应用，如 E1 接口与用户交换机相连，支持普通电话和 ISDN 业务；10/100Base-T 接口与 Hub 或路由器等设备相连，支持 IP 数据业务，因此，LMDS 系统可以作为电信接入网使用，也可以作为 IP 接入网使用。

3. 网管系统

网管系统提供故障管理、配置管理、性能管理、安全管理和计费等基本功能，如自动功率控制、自动性能测试和远程管理等。网管系统可对基站和终端站设备进行集中监控、实现无人值守。

9.1.2　LMDS 主要技术

LMDS 系统采用点对多点的微波通信技术，主要包括调制技术、多址技术、无线频谱规划和组网技术等。

1. 调制技术

LMDS 系统采用的调制方式主要有相移键控（4PSK 又称 QPSK）和正交幅度调制（4QAM、16QAM、64QAM）等，如表 9-1 所示。

表 9-1　　　　　　　　　　　　　　LMDS 系统调制方式比较

调制方式	4PSK	16QAM	64QAM
信噪比要求	低	中	高
技术复杂性	低	中	高
系统容量	小	中	大
覆盖范围	大	中	小
频谱利用率	低	中	高

目前，P-COM 公司、北方电讯和 Alcatel 公司等设备制造商生产的 LMDS 设备都能同时提供对表 9-1 中 3 种调制方式的支持，并通过采用自适应调制技术来动态改变所采用的调制方式，即在 4PSK、16QAM、64QAM 之间进行动态切换，为每个用户设定最佳的调制方式，以适应基站与终端站之间的环境和干扰变化。

在相同的传输带宽下，调制技术复杂，其系统容量较大，但降雨对其影响越大，系统覆盖范围就越小。LMDS 系统选择不同的调制方式将直接影响系统的频谱资源利用率、系统的抗干扰与抗衰落能力以及设备的复杂程度等，这是 LMDS 系统设计时需要考虑的问题。

2. 多址技术

多址技术是指同一个基站与多个不同位置的终端站之间当许多用户同时使用同一频谱时，采用不同的滤波器和处理技术使不同用户信号互不干扰分别被接收。

在 LMDS 系统中，通常采用 TDMA、FDMA 和 TDMA/FDMA 混合方式。TDMA 方式是指使用同一载频的不同时隙来区分不同的终端站；FDMA 方式是指使用不同的载频来区分不同的终端站；TDMA/FDMA 混合方式是指先将所用频段划分为多个不同的载频信道，然后对每个载频信道分别使用 TDMA 方式。

LMDS 无线收发双工方式大多数为频分双工（FDD）。由基站到用户端设备的下行链路一般通过 TDM 的方式进行复用，基站采用 TDM 的方式将信号向相应扇区广播，每个用户终端在特定的频段内接收属于自己的信号，目前绝大多数设备厂家都采用 ATM 信元流的形式进行下行业务的分配工作。多个用户端设备可通过上行链路采用 TDMA、FDMA 方式与基站进行通信，如果采用 TDMA 方式，则相同扇区中若干终端站使用相同频段的不同时隙向基站发射信号，这种方式适用于大量的连续非突发性数据接入；如果采用 FDMA 方式，则相同扇区中不同终端站在不同频段上向基站发射信号，彼此互不干扰，由于这种方式终端需长期占用频率资源，因而适用于租用线业务，支持多个突发性或低速率数据接入。LMDS 运营者应根据用户业务的特点及分布来选取适合的多址方式。

3. 无线频谱规划

LMDS 系统的工作频段一般为 10GHz～40GHz，这个频段是微波频段，在毫米波的波段附近，由于该波段的微波在空间直线传输，只能实现视距接入，其无线传输路径必须满足视距通信要求，因此，在基站和终端站之间的无线传输路径上不能存在任何阻挡。

目前，很多国家规划了 LMDS 的应用频段，一般在 10GHz～40GHz 频段上，主要有10GHz、24GHz、26GHz、31GHz 和 38GHz。例如美国为 LMDS 系统占用频段为 28GHz 与31GHz，带宽为 1.3 GHz，其他国家对 LMDS 占用频段划分各不相同，但一般都在 20GHz～40GHz，带宽通常为 1GHz 以上。

我国信息产业部于 2002 年发布了《接入网技术要求－26GHz 本地多点分配系统（LMDS）》（YD/T 1186-2002），我国 LMDS 系统占用频段为 26GHz，按 FDD 双工方式规划的 LMDS 工作频率范围为 24.450～27.000GHz，具体规定如下：

- 下行射频（基站发、终端站收）为 24.507GHz～25.515GHz；
- 上行射频（终端站发、基站收）为 25.575GHz～26.765GHz；
- 可用带宽为 2×1.008GHz，双工间隔为 1.25GHz；
- 基本信道间隔为 3.5MHz、7MHz、14MHz 和 28MHz。

目前，LMDS 系统空中接口协议还没有形成统一的标准，在一定程度上给运营商的技术选择带来了一些困惑。

4. 组网技术

LMDS 系统主要采用多扇区蜂窝组网技术。将一个需要提供业务的地区划分为若干服务区（又称小区），一个基站为一个小区，每个小区可分为多个扇区，根据使用的天线不同，扇区覆盖范围不同。每个小区内的基站设备经点到多点无线链路与服务区内的用户端通信。当由多个基站提供区域覆盖，即多扇区组网时，需要进行频率复用与极化方式规划、无线链路计算、覆盖与干扰的仿真及优化等工作。

LMDS 系统一般具有自动增益控制功能，即在满足一定误码率和系统可用性的情况下，自动调整天线发射功率，使扇区之间的干扰最小。另外，不同扇区之间可以采用正交极化的方式进行频率重用，并减少相邻扇区之间的干扰。

可见，LMDS 具有以下技术特点。

① 频率复用高、系统容量大。LMDS 基站的容量可超过其覆盖区内可能的用户业务总量，适合于高密度用户地区。

② 工作频带宽、可提供宽带接入。工作频带带宽通常大于 1GHz，用户接入数据速率高达 155Mbit/s，能够满足广大用户对通信带宽日益增长的需求。

③ 运营商启动资金较小，后期扩容能力强，投资回收快。在网络建设初期，服务商只需小部分投资建立一个配置较简单的基站，覆盖若干用户即可开始运营。运营者所需的初期投资较少，仅在用户数量增加即有业务收入时才需再增加资金投入，所以投资回收也很快。

④ 提供业务种类多、速度快。LMDS 的宽带特性决定了它几乎可以承载任何业务，包括话音、数据和图像等业务。LMDS 系统实施时，不仅避免了有线接入开挖路面的高额补偿费，而且设备安装调试容易、建设周期大大缩短，因此，利用 LMDS 系统可以在最短的时间内以最经济的成本将业务提供给用户。

⑤ 在用户发展方面极具灵活性和可扩展性。LMDS 系统服务区部署简便、无需布线，具有很大的灵活性。同时，LMDS 系统也具有良好的可扩展性，使容量扩充和新业务提供都很容易，服务商可以随时根据用户需求进行系统设计或动态分配系统资源，添加所需的设备，提供新的服务，不会因用户变化而造成资金或设备的浪费。

LMDS 系统有如下局限性：

① LMDS 服务区覆盖范围较小，小区半径一般在 5km 左右，不适合远程用户使用；

② 不适用于降雨量大的地区，会受"降雨衰减"效应的限制，降雨衰减指的是雨滴对微波的散射和吸收所造成的信号失真的现象；

③ 不适用于地形、地物变化较大的地方，因为微波直线传输，所以只能实现视距接入，地形、地物的阻挡会使基站与远端站间的通信中断；

④ 传输质量在无线覆盖区边缘不稳定；

⑤ LMDS 仍属于固定无线通信，缺乏移动灵活性。

9.1.3　LMDS 提供的业务

LMDS 系统可在较近的距离实现双向传输语音、数据、图像、视频和会议电视等到宽带业务，能够支持从 $N×64kbit/s$ 到 2Mbit/s 甚至高达 155Mbit/s 的用户接入速率，并支持 ATN、TCP/IP、MPEG-Ⅱ 等标准，还可以提供承载业务。

（1）语音业务

LMDS 系统是一种高容量的点对多点微波传输技术，可实现 PSTN 主干网无线接入，可提供高质量的语音服务。

（2）数据业务

LMDS 的数据业务包括低速数据业务、中速数据业务、高速数据业务，支持局域网互连，并支持多种协议，包括帧中继、ATM、TCP/IP 等。

（3）IP 接入业务

LMDS 可以直接实现因特网的无线接入，数据传输速率为 1.2kbit/s～155Mbit/s，也可以通过 ATM 交换机间接实现因特网的无线接入。

（4）视频业务

LMDS 能提供模拟和数字视频业务，如远程医疗、高速会议电视、远程教育和 VOD 等。

9.1.4　典型的 LMDS 设备

目前 P-Com、NewBridge、Nortel、Alcatel、Lucent 等公司正在研制和完善 LMDS，并推出了相应的 LMDS 系统，其中 P-Com 公司已经成功地实现了为美国电信运营商 Winstar 公司提供 LMDS 无线接入解决方案，加拿大 Maxlink 公司采用 Newbridge 的设备建立了全球第一个 LMDS 商用网。1999 年世界上第 1 套商用 LMDS 系统在美国投入正式运行，利用 P-Com 公司的 LMDS 系统，为用户提供高速因特网接入，会议电视，视频点播，LAN 互连以及话音服务，取得了非常好的商业效果。

1．P-COM LMDS 系统

美国 P-Com 公司于 1991 年就向我国引入 LMDS 技术，先后完成了中国电信（广州、绵阳、上海）、中国移动（广州、武汉）、中国联通（广州）、中国网通（北京）等试验网，其中中国联通（广州）LMDS 试验网工作频段为 38GHz，市内设立两个扇区，3 个远端站组成，开通语音、数据和视频业务，建立起基本的测试验收环境，测试内容分 7 大部分 49 项，包括系统基站与 ATM 交换机接口物理层测试、基站 ATM 信元结构测试、系统传输 ATM 信元 QoS 参数测试、2Mbit/s 接口参数测试、网管及业务开通能力等。2001 年，P-Com 公司在广州建设了第 1 个 LMDS 商用网。美国 P-Com 公司的 LMDS 系统包括基站和用户站设备。

（1）基站设备

基站系统负责进行用户端的覆盖，并提供骨干网络的接口，包括 PSTN、因特网、帧中继、ATM、ISDN 等。P-Com 的 LMDS 系统的基站系统采用扇区覆盖，即使用在一定角度范围内聚焦的喇叭天线，覆盖用户站。根据采用的天线的不同，最少 4 个扇区，最多 24 个扇区。由基站至用户端的下行链路采用 TDMA 模式，射频调制方式可选 4PSK、16QAM 和 64QAM 等多进制调制方式，特别是采用 64QAM，可大大提高频道利用率。

基站设备可分为室内单元、室外单元、天线和连接室内单元与室外单元的中频电缆 4 部分。室内单元是标准 19 英寸机箱，机箱内含冗余电源，机箱内共有 21 个插槽，可插入各种板卡。室外单元采用特有的圆柱型结构，体积小，重量轻。天线接口使用 P-Com 公司的专利，可直接与天线相接，无需波导，减小损耗，安装简单。LMDS 基站设备支持冗余配置，即使用两套设备互为热备份，以保证基站的稳定性。另外，LMDS 系统还支持按比例冗余配置，即 $N+1$ 备份。

（2）用户站设备

用户站设备包括室外安装的微波发射和接收装置以及室内的网络接口单元（NIU），NIU

为各种用户业务提供接口，并完成复用／解复用功能。P-Com 的 LMDS 系统可提供多种类型的用户接口，包括电话、交换机、图像、帧中继和以大网等。

美国 P-Com 公司的 LMDS 系统具有超大容量、多种调制技术、同扇区支持 FDMA 与 TDMA 多址方式、性能价格比高等特点：① 大容量，基站可达到 4.8Gbit/s，每扇区可达到 200Mbit/s；② 多种调制方式，支持 4PSK、16QAM、64QAM 调制方式；③ 支持频率范围宽，工作频段可在 10GHz～40GHz，支持中国 LMDS 系统的 26GHz 频段；④ 采用两种多址方式，远端站可同时支持 FDMA 与 TDMA 方式，TDMA 方式可以实现带宽按需分配；⑤ 抗雨衰能力强，具有自动功率控制（ATPC），可减少网络干扰，增加频率复用率，提高无线链路的可靠性，并有效地抗击降雨衰减的影响；⑥ 丰富的远端接口，可提供包括 E1、Ethernet、帧中继、ATM 等多种业务接口。

2. Alcatel LMDS 系统

Alcatel 公司的 LMDS 系统包括基站和终端站设备，系统结构如图 9-2 所示。

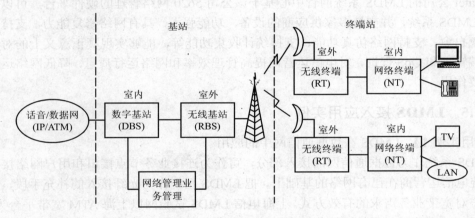

图 9-2　Alcatel　LMDS 系统结构

（1）基站设备

每个基站设备由无线基站（RBS）和数字基站（DBS）组成。

数字基站是 LMDS 系统基站设备的接口和控制部分，主要包括与核心网的接口（主要有 ATM 和 E1 两种方式）、信号调制板、中频信号板、操作终端以及在多扇区结构下与无线基站的接口部分。在核心网局端设备与多个用户端设备之间，DBS 和 RBS 一起通过无线方式来接入语音、宽带数据、视像和因特网等多种业务。数字基站主要性能如下：① 模块化设计；② 高可靠性，所有功能单元均能提供 1+1 备份；③ 系统集成度高，1 个 DBS 最多可提供 64 个 E1 接口；④ 通过 ATM 方式，对用户端服务提供 QoS 保障；⑤ 提供稳定的动态带宽分配业务和灵活的超额预订功能；⑥ 1 个 DBS 可接入数百个网络终端（NT），带宽可达 128Mbit/s，其中 1 个扇区下行带宽为 32Mbit/s，上行带宽为 8Mbit/s。

无线基站是 LMDS 系统基站设备的无线部分，主要包括天线、收发信机、报杆连接件与中频电缆，与无线终端（RT）形成点对多点的无线连接，通过无线方式来接入语音、宽带数据、视像和因特网等多种业务。无线基站的频率适用范围是 24GHz～30GHz，射频带宽大于

200MHz，可采用标准型或高增益型扇形天线，结构紧凑，安装简便，配置灵活，适应性强，支持垂直极化、水平极化和双极化方式。

（2）终端站设备

无线终端（RT）是 LMDS 终端站设备的无线部分，主要包括天线、收发信机、报杆连接件与中频电缆，与无线基站形成点对多点的无线连接，通过无线方式来接入语音、宽带数据、视像和因特网等多种业务，RT 是高度集成的射频单元，它与网络终端（NT）之间采用中频电缆连接，可采用定向集成天线（直径 26cm）和可选高增益天线（直径 60cm），结构紧凑，重量轻，配置灵活，适应性强，支持垂直极化和水平极化。

网络终端（NT）是 LMDS 终端站设备的用户接口单元，主要包括 Modem 和用户接口，可提供 E1/T1、10Base-T/100Base-T/100Base-FX、STM1/OC3/E3、V52、ISDN 等接口，为用户提供种类繁多的接入服务，配置非常灵活。

（3）网管中心

Alcatel 公司的 LMDS 系统网管中心基于该公司 5620 网络管理的硬件平台，可以同时管理多个 LMDS 系统，并支持多家供应商的设备，功能强大，具有网络修复能力，支持网络故障的恢复自愈，支持网络仿真功能，支持统计收集功能等，能够实现真正意义上的对用户端的端到端管理和 QoS 保证，对电信运营商提高管理效率和网络运行质量，降低网络运营成本具有重要作用。

9.1.5 LMDS 接入应用实例

【应用实例 1】 LMDS 在数据通信网中的应用

LMDS 系统作为数据通信网的接入部分，可作为连接业务节点接口和用户网络接口的桥梁，传统电信运营商在已有网络的基础上，把 LMDS 系统作为光纤接入的补充手段，短期内满足用户对宽带业务需求的有效方式。上海电信 LMDS 试验网以上海 ATM 宽带平台为基础，采用基于 ATM 信元复用的连续载波在基站和用户站间的传输数据，对视频点播、会议电视和因特网接入等业务进行了测试，结果表明 LMDS 系统可作为宽带 ATM 网一种灵活的接入方式，为宽带用户提供良好的服务。

【应用实例 2】 LMDS 在宽带城域网中的应用

LMDS 技术的出现与成熟，为运营商解决宽带城域网的用户接入提供了理想的解决方案。LMDS 技术以其特有的高带宽、多业务、易部署、投资低的优势，彻底打破缺乏线缆资源的网络运营商在城域网最后 1 公里接入上的瓶颈。

对于采用 ATM 技术宽带城域骨干网的运营商，LMDS 基站可以通过 ATM 接口直接与城域网中的 ATM 交换机相连；对于采用多业务传送平台（MSTP）与 SDH 结合作为宽带城域骨干网的运营商，LMDS 基站可以通过 E1 接入城域骨干网络；对于采用纯 IP 技术的运营商，则可以通过前置以太网交换机实现 IP 与 ATM 的转换进行接入。每个基站最多可以支持多个终端站的接入，适用于各种密度的用户区域，由此可见，LMDS 系统设备适用于国内各大电信运营商在宽带城域网中的接入应用。

在用户端，为电信终端用户提供最丰富的业务接口，包括模拟话音 POTS 接口、ISDN 接口、E1 以及 N×64kbit/s 数据专线接口、10Base-T/100Base-T 以太网接口、ATM over STM-1 接口。提供的业务包括：① 话音业务，如简单话音业务、企业交换机 PABX 的接入以及通过增加一个 VoIP 网关实现 IP 电话等等；② 宽带数据业务，如企业内部网（Intranet）、虚拟企业专网（VPN）、ATM 数据网络接入，还可以实现 xDSL 接入；③ 专线业务，如 $N\times64$kbit/s、2Mbit/s 数据专线等。

在网络管理方面，根据用户网络规模有两种网管系统可以使用，分别为基于普通笔记本电脑的简单网管和 5620 综合网管。前者可以对单个 LMDS 系统通过友好的图形界面进行管理；后者功能更加强大，除了可以管理 LMDS 系统之外，还可以对上海贝尔阿尔卡特所有的数据产品进行管理。

【应用实例 3】　LMDS 在移动通信网中的应用

在 GSM 移动网中，基站控制器（BSC）经光纤与基站收发信号机（BTS）相连，光纤虽具有带宽的特点，但铺设施工困难，不利于网络拓扑结构的变化。采用 LMDS 系统实现 BSC 和 BTS 间的互连，既保留了光纤连接带宽的优点，又缩短了系统建设的周期，实现了 BSC 和 BTS 间的"软连接"，并为网络拓扑结构的进一步优化提供了便利。

【应用实例 4】　LMDS 在广播电视网中的应用

在 CATV 宽带城域网的接入网中，固定无线接入技术不是主要的接入方式，但它作为光纤接入方式的补充，在适当情况下可以替代光纤接入方式。在拥有 HFC 网络的城市和地区，利用已有的光纤网络来连接各个 LMDS 基站，利用 LMDS 无线通信特有的优势，即实施迅速、投资降低、可靠性高等特点，作为光纤接入网的补充手段，通过 LMDS 基站向覆盖区内的固定用户提供双向数据业务和宽带交互式多媒体业务，用户不仅可以收看多套电视节目，还可以进行网络游戏、视频点播、居家购物、远程医疗和远程教学等活动。另外，利用 LMDS 系统可以构建本地交互式电视分配网，因此，LMDS 为广播电视网络运营者开展各类接入业务、发展宽带用户提供了高成效和低成本的有效方法。

基于先进可靠的技术性能、丰富的业务支持以及全球成功的商用案例，LMDS 系统将成为国内各大电信运营商在解决城域网最后一公里的用户接入的重要手段。

9.2　多路多点分配业务

多路多点分配业务（MMDS）是一种点对多点分布、提供宽带接入业务的无线接入技术，MMDS 工作频段主要集中在 2GHz～5GHz，由于 2GHz～5GHz 频段受雨衰的影响很小，并且在同等条件下空间传输损耗比 LMDS 低，所以 MMDS 系统可应用于半径为 40km 左右的大范围覆盖。

我国广播电影电视总局发布的 MMDS 相关广播电视标准有：

① 《多路微波分配系统（MMDS）下变频器技术要求和测量方法》（GY/T 173-2001）
② 《多路微波分配系统（MMDS）接收天线技术要求和测量方法》（GY/T 172-2001）
③ 《多路微波分配系统（MMDS）发射机技术要求和测量方法》（GY/T 171-2001）

这些标准规定了采用多路微波分配方式、工作在 2500MHz～2700MHz 频率范围内的广播电视系统用 MMDS 下变频器、MMDS 接收天线、MMDS 发射机（单频道）的技术要求和测量方法。多路微波分配系统（MMDS）下变频器、接收天线和发射机（单频道）的设计、生产、测量、入网验收及运行维护均应符合本标准。

9.2.1　MMDS 系统结构

MMDS 系统分为模拟 MMDS 系统与数字 MMDS 系统，早期 MMDS 系统是模拟 MMDS 系统，它是一个单向广播系统，把接收到的电视节目和调频立体声节目，经技术处理后形成载有多路电视节目的微波信号通过无方向性的微波天线或定向天线发送出去。数字 MMDS 系统与模拟 MMDS 系统相比较具有传输容量大、传输质量高、覆盖范围大、可进行信号加密及收视收费控制、可实现双向交互功能和因特网接入等特点，随着数字化技术的发展，数字 MMDS 系统正在取代模拟 MMDS 系统。

MMDS 系统构成与 LMDS 相似，一般由基站、用户站和网管系统组成。一个数字 MMDS 系统主要由 MMDS 发射机、发射天线、接收天线和机顶盒等设备组成，如图 9-3 所示。

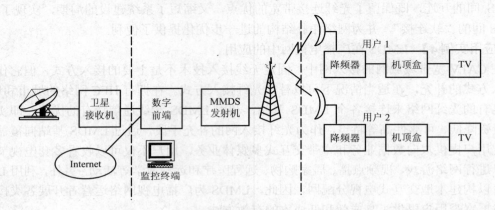

图 9-3　MMDS 系统结构

1. MMDS 发射机

数字 MMDS 发射机的主要任务是将输入的视频、音频和数据信号，经 MPEG-2 数字压缩、数字复接和 QAM 调制，再经过上变频器后输出 MMDS 微波信号。数字 MMDS 发射机分为单频道 MMDS 发射机和宽频 MMDS 发射机。单频道 MMDS 发射系统先将多路信号调制到微波频段，再频道合成后送入发射天线；宽带 MMDS 发射机是多频道发射机，先将多频道电视信号调制成 VHF 或 UHF 射频频道信号，混合后再在宽带发射机中上变频到微波发射频段及功率放大再送入发射天线。

对于传输距离较远的县、乡、镇，建议用单频道 MMDS 发射系统，每频道发射功率较大，传输距离可达 40km～50km；宽频 MMDS 发射机与单频道 MMDS 发射系统比较，具有性能好、价格低、体积小、安装方便、维护简单、易于扩容等特点，对于自然村来说，采用宽带 MMDS 发射系统，传输距离为 1km～2km，如覆盖 2km 的自然村，只需用 10W 宽带 MMDS 发射机便可传输十多套节目，采用低价格的喇叭天线覆盖，成本很低。

宽频 MMDS 发射机一般包括室内单元和室外单元两部分。室内单元主要是发射机的监控、监测部分和电源组成，工作人员通过监控单元能全面掌握置于铁塔上的发射机工作状态；室外单元主要是发射机模块、功放模块、电源模块、监测和诊断模块、下变频组件及风机组成。对于小功率宽带 MMDS 发射机，不分室内单元和室外单元，室外主机仅配有 MMDS 下变频器，输出射频测试信号到室内，直接用场强仪或电视机监测、监视，省略了室内单元，降低了设备成本。

2. 天线

数字 MMDS 发射天线即基站天线，提供水平或垂直极化、全向或不同方位角、不同辐射场形，不同天线增益的各种 MMDS 发射天线，与波导或同轴电缆连接有两种接口方式，有加压密封或非加压密封、顶端安装或侧面安装等各种形式，可根据各种 MMDS 系统要求选择，以求最佳覆盖。一个发射塔的服务区就可以覆盖一座中型城市，同时控制上行和下行的数据流，MMDS 发射天线功率一般为 500W、800W，覆盖范围可达 40km～50km。

MMDS 接收天线即用户站天线，可采用比较简单的屋顶天线，天线尺寸一般为 0.5m～3.0m，天线形状一般为矩形栅状或圆形栅状。

3. 降频器

降频器即降频变换器，是数字 MMDS 的下变换器，它将数字 MMDS 信号变换到射频（RF）数字信号，MMDS 最显著的特点就是各个降频器本振点可以不同，可由用户自选频点，即多点本振。对集体接收必须在分前端把已解调解码后输出的视频、音频信号，再调制到 VHF 或 UHF 射频频段上，然后混合其他模拟电视 RF 信号，再送入 CATV 分配网；对个体用户接收，只要连接一台综合解码器便可使用普通模拟电视接收。

4. 机顶盒

数字 MMDS 机顶盒是数字 MMDS 接收解码器（又称数字 MMDS 解扰器）。它将数字 MMDS 的下变换器输出的 RF 数字信号转换成模拟电视机可以接收的信号。

机顶盒（STB）一般分为电视机顶盒和网络机顶盒。电视机顶盒通过接收来自卫星或广播电视网、使用 MPEG 数字压缩方式的电视信号，获得更清晰、更稳定的图像和声音质量；网络机顶盒内部包含操作系统和 IE 浏览软件，通过 PSTN 或 CATV 连接到因特网，使用电视机作为显示器，从而实现上网。

9.2.2　MMDS 主要技术

MMDS 系统采用的微波通信技术与 LMDS 相似，主要包括调制技术、多址技术、无线频谱规划和组网技术等。

1. 调制技术

MMDS 系统采用的调制方式与 LMDS 系统相似，主要有相移键控（4PSK 又称 QPSK）和正交幅度调制（4QAM、16QAM、64QAM）等。正交频分复用（OFDM）是一种新的调制方式，OFDM 适用于多径环境和频率选择性信道中的高速数据传输，具有抗多径能力强、频谱利用率高的优点。

2. 多址技术

MMDS 系统采用的调制方式与 LMDS 系统相似，上行多址方式为 TDMA、CDMA，下行复用方式为 TMD、FDM 方式等。

3. 无线频谱规划

MMDS 系统的工作频段与 LMDS 系统的工作频段不同，MMDS 系统工作频段主要集中在 2GHz～5GHz，这个频段的资源比较紧张，各个国家能够分配给 MMDS 使用的频率要比 LMDS 少得多。

FCC 承诺 MMDS 工作频段为 2.2GHz～2.7GHz，目前在国际标准中 MMDS 工作频段为

2.5GHz～2.7GHz，带宽为 200MHz，传输 24 个频道节目。

我国国家无线电管理委员会规定：MMDS 的工作频段为 2.535 GHz～2.599 GHz，只有 64MHz 带宽，只能传送 8 个 PAL-D 频道节目，在目前节目源日益丰富的情况下，很难满足实际的需求，在实际应用中，通过采用数字压缩技术来扩大频道容量。

4. 组网技术

MMDS 系统为准视距传播，支持多扇区组网方式。一般情况下采用单基站系统、点到多点应用形式。

9.2.3 MMDS 提供的业务

MMDS 技术是以视距传输为基础的图像分配传输技术，MMDS 可提供模拟视频、数字视频、双向数据传输、因特网接入和电话业务等，还支持用户终端业务、补充业务、GSM 短消息业务和各种 GPRS 电信业务，适合于用户分布较分散，而业务需求却不大的用户群。

MMDS 最初用于传输单向电视和网络广播，早期 MMDS 主要是一种单向非分配型图像业务传输系统，近来，高速数据接入的发展促进了 MMDS 的发展，1998 年 9 月，FCC 批准运营商采用双向的数据业务传输，允许更加灵活地使用 MMDS 频段，提供点对点面向连接的数据业务、点对多点业务、点对点无连接型网络业务，同时 MMDS 的数字化发展也使得它更具竞争力。

基站侧可提供 100Base-T 接口、STM-1/OC-3 接口或 V5 接口与和核心网相连，终端侧可提供 E1、FE1、$N \times 64$kbit/s、POTS、10Base-T 接口以及 FR、ISDN 接口，根据支持业务情况，可选择基于电路方式、IP 方式或 ATM 方式的设备。

LMDS 具有较丰富的频率资源，便于运营商特别是大运营商在全国范围内进行网络的统一规划和统一建设，同时利用 MMDS 良好的传播特性，在网络的覆盖上，对无线宽带网络的覆盖能力进行有力的补充，高频段（26GHz）的 LMDS 技术和低频段（2.5GHz，3.5GHz）的 MMDS 技术比较如下。

① MMDS 与 LMDS 都是微波技术，视距传输。

② MMDS 与 LMDS 系统在容量上、传播距离上各有优势与劣势，MMDS 的传播距离可达 40km 的范围。

③ 在业务上，MMDS 系统适合于用户分布较分散、而业务需求却不大的用户业务群，而 LMDS 系统则适合于用户分布集中、业务需求量大的用户群，如大中城市密集城区的商业大厦、高档写字楼、大集团等用户。

④ 在成本上，MMDS 低于 LMDS。

⑤ MMDS 所能提供的数据带宽同样与可利用的频段、采用的调制方式（QPSK、16QAM 或 64QAM）和扇区数量有关。

⑥ 在产品供应上，MMDS 比 LMDS 要弱一些，但目前已经有一些生产厂家。MMDS 同样能够作为 IP、TDM 和帧中继等接入核心网络的宽带无线接入解决方案。用户通过它可以实现因特网接入、本地用户大容量数据交换、语音、VoIP、VOD、数据广播和标准清晰度或高清晰度电视信号等多种业务。

目前，结合中国市场的具体情况和各宽带无线接入设备的特点，提出 LMDS/MMDS 混合型无线宽带接入的整体解决方案。以 LMDS 容量优势，解决集中在密集城区具有大容量业务需求的商业用户，利用 MMDS 低价位的无线设备满足现阶段中小企业用户及个体用户的业务需求。同时，在网络覆盖上，LMDS/MMDS 混合组网以部分区域重叠覆盖的形式，实现大面积多业务的提供，这样就可以克服 LMDS 系统覆盖受限及 MMDS 容量受限的缺点，最大程度上降低初期的投资。

但是，由于信道数量的限制，对运营商而言，用更高调制技术的方式来提高应用频率是很冒险的，这是限制 MMDS 在大型商业区应用的最重要的一点，而且大的覆盖范围也容易引起 MMDS 小区之间的干扰。因此，必须对目前开展的业务及短期内的发展做一个综合的评估，根据用户的需求和分布来选择适当的系统和解决方案。

9.2.4　MMDS 接入应用实例

【应用实例】　MMDS 在卫星直播电视网中的应用

卫星直播电视网是国家和省级广播电视主干传输网，连接各乡、镇、村有线网的纽带。卫星直播电视是大功率的数字压缩的卫星电视广播，采用小口径卫星接收天线以乡、镇或自然村为单位集体接收，数字卫星节目接收下来后再通过 MMDS 多路分配网或 CATV 分配网传送到每个用户。国家为了加快农村广播电视建设步伐，在偏远山区、老少边穷地区建立以发展卫星直播电视为主体、以 MMDS 传输分配网为辅助的覆盖网，采取卫星接收、有线接入、无线转播、多路微波分配等各种传输媒体，推进县、乡、村区域性联网。宽带 MMDS 发射系统是卫星直播电视进入千家万户的最佳途径。

从卫星接收信号传送到个体用户的传输手段有传统的同轴电缆分配网传输、光纤传输和 MMDS 传输。传统的同轴电缆分配网传输，技术落后，面临淘汰；光纤传输频带宽、传输节目多，但因投资大，施工周期长，尤其对边疆山区、河流、沙漠地带目前无法实施；MMDS 传输具有图像质量好，可靠性高，投资低，建网快，维护管理简单等显著特点，优越于 CATV、HFC 传输，已在我国普遍应用。

对于传输距离较远的县、乡、镇，建议用单频道 MMDS 发射系统，每频道发射功率较大，传输距离可达 40km～50km。对于自然村来说，采用宽带 MMDS 发射系统，传输距离 1km～2km，如覆盖 2km 的自然村，只需用 10W 宽带 MMDS 发射机便可传输十多套节目，采用低价格的喇叭天线覆盖，成本很低。

9.3　无线局域网

无线局域网（WLAN）是指以无线电波或红外线作为传输媒质的计算机局域网。无线局域网支持具有一定移动性的终端的无线连接能力，是有线局域网的补充。无线局域网除了保持有线局域网高速率的特点之外，采用无线电或红外线作为传输媒质，无需布线即可灵活地组成可移动的局域网。无线局域网的主要应用是作为 IP 接入网技术，提供高速因特网无线接入业务。

美国电气和电子工程师协会（IEEE）标准组织发布了 IEEE802 系列无线网络标准。① 无线局域网（WLAN）：IEEE 802.11 系列；② 无线个人区域网络（WPAN）：IEEE 802.15 系列，如蓝牙技术（Bluetooth）；③ 固定宽带无线接入（FWBA）技术（2GHz～11GHz）：IEEE 802.16，如无线城域网（WMAN）。另外，IEEE 正在提出制定的无线网络标准还有移动宽带无线接入

（MBWA）技术：IEEE 802.20。

9.3.1 WLAN 协议

无线局域网与有线局域网的区别是标准不统一，不同的标准有不同的应用，目前，最具代表性的 WLAN 协议是美国 IEEE 的 802.11 系列标准和欧洲 ETSI 的 HiperLAN 标准。

IEEE 802.11 是 IEEE 在 20 世纪 90 年代制定的一个无线局域网标准，主要用于解决办公室局域网和校园网中，用户与用户终端的无线接入，业务主要限于数据存取，速率最高只能达到 2Mbit/s。由于 IEEE 802.11 在速率和传输距离上都不能满足人们的需要，因此，IEEE 小组又相继推出了 IEEE 802.11b 和 IEEE 802.11a 两个新标准，速率最高可达 54Mbit/s，三者之间技术上的主要差别在于 MAC 子层和物理层。IEEE 802.11 系列规范主流标准有：

IEEE 802.11　　无线 LAN 媒介通路控制控制（MAC）和物理层（PHY）规范

IEEE 802.11a　　无线 LAN 媒介通路控制控制（MAC）和物理层（PHY）规范—5GHz 频带高速物理层

IEEE 802.11b　　无线 LAN 媒介通路控制控制（MAC）和物理层（PHY）规范—扩展到 2.4GHz 带宽的高速物理层

（1）IEEE 802.11

IEEE 802.11 工作在 2.4GHz 频段，支持数据传输速率为 1Mbit/s、2Mbit/s，用于短距离无线接入，支持数据业务。

该标准是 IEEE 于 1997 年提出的第 1 个无线局域网标准，主要定义物理层和媒体访问控制（MAC）规范，允许无线局域网及无线设备制造商建立互操作网络设备。物理层定义了数据传输的信号特征和调制方法，定义了两个射频（RF）传输方法和一个红外线传输方法，其中 RF 传输方法采用跳频扩频（FHSS）和直接序列扩频（DSSS），DSSS 采用 BPSK 和 QPSK 调制方式；FHSS 采用 GFSK 调制方式。MAC 层使用载波侦听多路访问/避免冲突（CSMA/CA）方式来让用户共享无线媒体，原因是在 RF 传输网络中冲突检测比较困难，所以该协议用避免冲突检测代替在 802.3 协议使用的冲突检测。

（2）IEEE 802.11a

IEEE 802.11a 工作在 5GHz 频段，数据传输速率为 6Mbit/s～54Mbit/s 动态可调，支持语音、数据和图像业务，适用室内、室外无线接入。

该标准在 IEEE 802.11 基础上扩充了标准的物理层，可采用正交频分复用（OFDM）、BPSK、DQPSK、16QAM、64QAM 调制方式，可提供无线 ATM 接口、以太网无线帧结构接口、TDD/TDMA 空中接口，一个扇区可接入多个用户，每个用户可带多个用户终端。

（3）IEEE 802.11b

IEEE 802.11b 工作在 2.4GHz 频段，数据传输速率可在 1Mbit/s、2Mbit/s、5.5Mbit/s、11Mbit/s 之间自动切换，支持数据和图像业务，适用于在一定范围内移动办公的要求。

该标准在 IEEE 802.11 基础上扩充了标准的物理层，可采用直接序列扩频（DSSS）和补码键控（CCK）调制方法；在网络安全机制上，IEEE 802.11b 提供了 NAC 层的接入控制和加密机制，达到与有线局域网相同的安全级别。

（4）IEEE 802.11g

IEEE 802.11g 是一个能够前后兼容的混合标准，在调制方法上可采用 802.11b 中的补码键控（CCK）调制方式和 802.11a 中的正交频分复用（OFDM）调制方式；在数据传输速率上，既适应 802.11b 在 2.4GHz 频段提供 11Mbit/s、22Mbit/s，也能适应 802.11a 在 5GHz 频段提供 54Mbit/s。

IEEE 802.11 系列主要规范的特性比较如表 9-2 所示。

表 9-2　　　　　　　　　　　　　IEEE 802.11 系列主要规范的特性

标准名称	发布时间	工作频段	传 输 速 率	传 输 距 离	业 务 支 持	调 制 方 式	其　　他
802.11	1997	2.4GHz	1Mbit/s 2Mbit/s	100m	数据	BPSK/QPSK	WEB 加密
802.11a	1999	5GHz	可达 54Mbit/s	5km～10km	数据 图像	BPSK/QPSK/OFDM/ 16QAM/64QAM	
802.11b	1999	2.4GHz	可达 11Mbit/s	300m～400m	语音、数据、 图像	BPSK/QPSK/CCK	目前主导 标准
802.11g	2001	2.4GHz 5GHz	可达 54Mbit/s	5km～10km	语音、数据、 图像	OFDM/CCK	前后兼容

IEEE 802.11 除上述主流标准外，还有 IEEE 802.11d（支持无线局域网漫游）、IEEE 802.11e（在 MAC 层纳入 Qos 要求）、IEEE 802.11f（解决不同 AP 之间的兼容性）、IEEE 802.11h（更好地控制发送功率和选择无线信道）、IEEE 802.11i（解决 WEP 安全缺点）、IEEE 802.11j（使 802.11a 与 HiperLAN2 能够互通）、IEEE 802.1x（认证方式和认证体系结构）等。

目前广泛使用的是 802.11b 标准，作为与 GPRS 及 3G 互补的一种无线数据接入技术，WLAN 适用于机场、会议中心、展览馆、图书馆及咖啡厅等热点地区的无线接入。

此外，欧洲电信标准协会（ETSI）标准组织发布了 HiperLAN 标准，由于 HiperLAN 工作目前已推出 HiperLAN/1 和 HiperLAN/2。HiperLAN/1 采用 GMSK 调制方式，工作在欧洲专用频段 5.150GHz～5.300GHz 上，因此无需采用扩频技术，数据传输速率可达 23.5Mbit/s；HiperLAN/2 采用 OFDM 调制方式，工作在欧洲专用频段 5.470GHz～5.725GHz 上，数据传输速率可达 54Mbit/s，它具有高速率传输、面向连接、支持 Qos 要求、自动频率配置、支持小区切换、安全保密和兼容 3G 无线接入系统等特点，HiperLAN/2 提供了一个小范围（150m）、高速（54Mbit/s）的无线接入系统。

9.3.2　WLAN 系统结构

根据不同的应用环境和业务需求，WLAN 可通过无线电、采取不同网络结构来实现互连，通常将相互连接的设备称为站，将无线电波覆盖的范围成为服务区。WLAN 中的站有 3 类：固定站、移动站和半移动站，如装有无线网卡的台式计算机、装有无线网卡的笔记本电脑、个人数字助理（PDA）、802.11 手机等；WLAN 中的服务区分为基本服务区（BSA）和扩展服务区（ESA）两类，BSA 是 WLAN 中最小的服务区，又称为小区。

1. WLAN 拓扑结构

无线接入网的拓扑结构通常分为无中心拓扑结构和有中心拓扑结构，前者用于少量用户的对等无线连接，后者用于大量用户之间的无线连接，是 WLAN 应用的主要结构模式。

（1）无中心拓扑结构

无中心拓扑结构是最简单的对等互连结构，基于这种结构建立的自组织型 WLAN 至少有两个站，各个用户站（STA）对等互连成网型结构，称为 Ad hoc 网络，如图 9-4(a)所示。

在每个站（STA）的计算机终端均配置无线网卡，终端可以通过无线网卡直接进行相互通信，这些终端的集合称为基本服务集（BSS）。

无中心拓扑结构 WLAN 的主要特点是：无需布线，建网容易，稳定性好，但容量有限，只适用于个人用户站之间互连通信，不能用来开展公众无线接入业务。

（2）有中心拓扑结构

有中心拓扑结构是 WLAN 的基本结构，至少包含一个访问接入点（AP）作为中心站构成星型结构，如图 9-4(b)所示。在 AP 覆盖范围内的所有站点之间的通信和接入因特网均由 AP 控制，AP 与有线以太网中的 Hub 类似，因此有中心拓扑结构也称为基础网络结构，一个 AP 一般有两个接口，即支持 IEEE802.3 协议的有线以太网接口和支持 IEEE802.11 协议的 WLAN 接口。

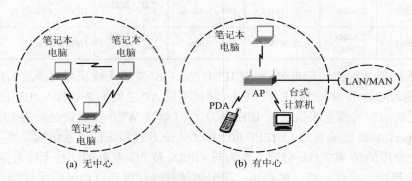

图 9-4　WLAN 拓扑结构

在基本结构中，不同站点之间不能直接进行相互通信，只能通过访问接入点（AP）建立连接，而在 Ad hoc 网络的 BSS 中，任一站点可与其他站点直接进行相互通信。一个 BSS 可配置一个 AP，多个 AP 即多个 BSS 就组成了一个更大的网络，称为扩展服务集（ESS）。

AP 在理论上可支持较多用户，但实际应用只能支持 15～50 个用户，这是因为一个 AP 在同一时间只能接入一个用户终端，当信道空闲时，再由其他的用户终端争用，如果一个 AP 所支持的用户过多，则网络接入速率将会降低。AP 覆盖范围是有限的，室内一般为 100m 左右，室外一般为 300m 左右，对于覆盖较大区域范围时，需要安装多个 AP，这时需要勘察确定 AP 的安装位置，避免邻近 AP 的干扰，考虑频率重用。这种网络结构与目前蜂窝移动通信网相似，用户可以在网络内进行越区切换和漫游，当用户从一个 AP 覆盖区域漫游到另一个 AP 覆盖区域时，用户站设备搜索并试图连接到信号最好的信道，同时还可随时进行切换，由 AP 对切换过程进行协调和管理。为了保证用户站在整个 WLAN 内自由移动时，保持与网络的正常连接，相邻 AP 的覆盖区域存在一定范围的重叠。

有中心拓扑结构 WLAN 的主要特点是：无需布线，建网容易，扩容方便，但网络稳定性差，一旦中心站点出现故障，网络将陷入瘫痪，AP 的引入增加了网络成本。

WLAN 具有独特的媒体接入控制（MAC）机制，支持以下两种不同的 MAC 方案。

① 分布协调功能（DCF）：类似于传统的分组网，BSS 中所有站通过载波侦听多路访问/避免冲突（CSMA/CA）方式竞争使用信道，无需 AP 转接，所有要传输数据的用户拥有平等接入网络的机会，这是最基本的方式，支持异步数据传输业务等。

② 点协调功能（PCF）：基于由接入点控制的轮询方式，每个 BSS 由一个 AP 控制，每

个用户站在该 AP 的轮询控制下与其他用户站进行通信，这是一种可选方式，主要用于传输实时业务。MAC 子层由 DCF 和 PCF 两部分组成，DCF 直接位于物理层之上，所有站点均支持 DCF，在 Ad hoc 网络中，DCF 独立工作；在基本结构网中，DCF 可独立工作也可与 PCF 共同工作。

2．WLAN 系统组成

根据不同的应用环境和业务需求，WLAN 可采取不同网络结构来实现互连，主要有以下 3 种类型：

① 网桥连接型，不同局域网之间互连时，可利用无线网桥的方式实现点对点的连接，无线网桥不仅提供物理层和数据链路层的连接，而且还提供高层的路由与协议转换；

② 基站接入型，当采用移动蜂窝方式组建 WLAN 时，各个站点之间的通信是通过基站接入、数据交换方式来实现互连的；

③ AP 接入型，利用无线 AP 可以组建星形结构的无线局域网，该结构一般要求无线 AP 具有简单的网内交换功能。

一个典型的 WLAN 系统由无线网卡、无线接入点（AP）、接入控制器（AC）、计算机和有关设备组成（如认证服务器）组成，如图 9-5 所示。

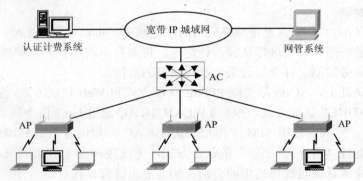

图 9-5　WLAN 系统结构

（1）无线网卡

无线网卡称为站适配器，是计算机终端与无线局域网的连接设备，在功能上相当于有线局域网设备中的网卡。无线网卡由网络接口卡（NIC）、扩频通信机和天线组成，NIC 在数据链路层负责建立主机与物理层之间的连接，扩频通信机通过天线实现无线电信号的发射与接收。

无线网卡是用户站的收发设备，一般有 USB、PCI 和 PCMCIA 无线网卡。无线网卡支持的 WLAN 协议标准有 802.11b、802.11a/b、802.11g。

要将计算机终端连接到无线局域网，必须先在计算机终端上安装无线网卡，安装过程是：① 将无线网卡插入到计算机的扩展槽内；② 在操作系统中安装该无线网卡的设备驱动程序；③ 对无线网卡进行参数设置，如网络类型、ESSID、加密方式及密码等。

【产品实例】　Cisco PCM342

支持 IEEE 802.11b 标准的 PCMCIA 无线网卡，最大数据速率为 11Mbit/s，无线 PCI 和 ISA 适配卡使用户不必使用电缆即可把终端工作站快速、方便、廉价地连接到 LAN 上，配有的天线可以提供大型室内环境所需的数据发射和接收范围，最大覆盖范围为 460m，配备

Windows 98、Windows NT、Windows 2000 等各种版本的设备驱动程序。

（2）无线接入点

无线接入点（AP）称为无线 Hub，是 WLAN 系统中的关键设备。无线 AP 是 WLAN 的小型无线基站，也是 WLAN 的管理控制中心，负责以无线方式将用户站相互连接起来，并可将用户站接入有线网络，连接到因特网，在功能上相当于有线局域网设备中的集线器（Hub），也是一个桥接器。无线 AP 使用以太网接口，提供无线工作站与有线以太网的物理连接，部分无线 AP 还支持点对点和点对多点的无线桥接以及无线中继功能。

【产品实例】 Cisco AP1200

支持 IEEE802.3、IEEE802.3u、IEEE802.11b 标准的无线 AP，它是一个 11Mbit/s 的无线 LAN 收发机，覆盖范围 610m，可以在 WLAN 中作为集线器使用或在无线和有线网络之间作为网桥使用，利用该产品可建立一个安全、可管理、可靠的企业级 WLAN，同时还可以向未来的高速无线 LAN 技术平稳过渡。

无线 AP 与无线路由器的区别：无线 AP 与无线路由器都使用以太网接口，但无线 AP 是无线局域网物理层连接设备，没有路由器和防火墙功能，而无线路由器是无线局域网网络层连接设备，它将路由器与无线 AP 功能相结合，提供基本的防火墙功能。

（3）接入控制器

接入控制器（AC）是面向宽带网络应用的新型网关，可以实现 WLAN 用户 IP/ATM 接入，其主要功能是对用户身份进行认证、计费等，将来自不同 AP 的数据进行汇聚，并支持用户安全控制、业务控制、计费信息采集及对网络的监控。

在用户身份认证上，AC 通常支持 PPPoE 认证方式和 Web 认证方式，在电信级 WLAN 中一般采用 Web+DHCP 认证方式。在移动 WLAN 中，AC 通过 No.7 信令网关与 GSM/GPRS、CDMA 网络相连，完成对使用 SIM 卡用户的认证。AC 一般内置于 RADIUS 客户端，通过 RADIUS 服务器支持"用户名+密码"的认证方式，无线接入点（AP）与 RADIUS 服务器之间基于其享密钥完成认证过程协商出的会话密钥为静态管理，在存储、使用和认证信息传递中存在一定的安全隐患，如泄漏、丢失等。例如华为公司在移动 WLAN 建设中，AC 为 MA5200 宽带 IP 接入服务器，支持普通上网模式、Web 认证上网模式和基于 SIM 卡上网模式，接入控制器 MA5200 作为计费采集点将计费信息发送给计费网关。

9.3.3 WLAN 主要技术

WLAN 主要采用扩频技术、无线频谱规划、安全技术、覆盖与天线技术和无线漫游技术等。

1. 扩频技术

WLAN 采用的扩频技术是跳频扩频（FHSS）和直接序列扩频（DSSS），其中直接序列扩频技术因发射功率低于自然的背景噪声，具有很强的抗干扰和抗衰落能力，同时，它将传输信号与伪随机码进行异或运算，信号本身就有加密功能，即使能捕捉到信号，也很难打开数据，具有很高的安全性，基本避免了通信信号的偷听和窃取，因此，直接序列扩频技术在 WLAN 中具有很高的可用性。

2. 无线频谱规划

WLAN 使用的无线传输介质是红外线和位于工业、科学、医学（ISM）频段的无线电波，前者一般用于室内环境，以视距进行点对点传播；后者可用于室内环境和室外环境，具有一定的穿透能力。

红外线不受无线电管理部门的管制，ISM 频段是非注册使用频段，用户不用申请即可使用，该频段在美国不受联邦通信委员会（FCC）的限制，属于工业自由辐射频段，不会对人体健康造成伤害。我国规定该频段作为无线局域网、无线接入系统、蓝牙系统、点对点或点对多点扩频通信系统等各类无线电台（站）的共用频段，因此，构建 WLAN 不需要申请无线电频率，但是，为了防止对同频段的其他系统造成干扰，仍按发放电台（站）执照方式进行有序发展管理，若发送功率低于国家规定，则无需该许可证，国家无线电管理委员会规定无线 AP 的发射功率＜20dBm(100mW)。在 WLAN 的实际应用中，支持软件方式的动态调节功率，调节范围一般在 100mW～1mW，通过调整无线 AP 的发射功率可以适应不同场合，也可通过调整无线 AP 的发射功率来减少相互间的干扰。

在 ISM 频段上，可使用的频段包括 902MHz～928MHz（可用带宽 26MHz）、2.4GHz～2.4835GHz（可用带宽 83.5MHz）、5.725GHz～5.850GHz（可用带宽 125MHz），主要集中在 2.4GHz 频段和 5GHz 频段。

2.4GHz 频段在 WLAN 中的应用有 IEEE 802.11b 和 IEEE 802.11g 标准支持，目前，国内主流 WLAN 产品以 2.4GHz 频段为主。

5GHz 频段在 WLAN 中的应用有 IEEE 802.11a 标准和 IEEE 802.11g 支撑，2002 年，我国正式分配这一频段允许用于公众网无线通信和专网通信。

3．安全技术

WLAN 采用直接序列扩频技术，它将传输信号与伪随机码进行异或运算，信号本身就有加密功能，即使能捕捉到信号，也很难打开数据。WLAN 安全技术很多，但一直存在缺乏统一标准和安全保障机制两大问题。WLAN 安全技术主要有以下几种。

（1）扩展服务集标识号（ESSID）

WLAN 对无线 AP 设置不同的 SSID，只有当用户站给出的 SSID 与无线 AP 的 SSID 相匹配，才能访问该 AP。利用 SSID，可以很好地进行用户群分组，避免任意漫游带来的安全和访问性能的问题，从而为无线局域网提供一定的安全性。然而无线接入点（AP）周期向外广播其 SSID，使安全程度下降。

（2）MAC 地址过滤

WLAN 每个用户站网卡都由惟一的物理地址（MAC 地址）标识，因此可以在无线 AP 中设置一组允许访问的 MAC 地址列表，实现物理地址过滤，控制用户站无线网卡的访问。物理地址过滤属于硬件认证，而不是用户认证，而且要求 AP 中的 MAC 地址列表随时更新，因此只适合于小型网络规模，另外，非法用户利用网络侦听手段很容易窃取合法的 MAC 地址，然后利用盗用的 MAC 地址接入。

（3）有线对等加密（WEP）

WLAN 在链路层采用 RC4 对称加密技术，用户的加密钥匙与 AP 的密钥相同才能获准存取网络的资源。无线 AP 和无线网卡均可设为 64 位或 128 位 WEP 加密方式，但也存在一些缺陷，如缺少密钥管理，更换密钥的费时与困难，加密算法存在缺陷，容易被破解等。目前 cisco 公司采用 128 位 RC4 加密算法的方式进行加密，并对每个用户采用一个动态 WEP 加密秘钥，这个秘钥可以频繁改变，大大降低了黑客攻击的可能性，使用户能够安全可靠地接入互联网。

（4）用户认证

在新的无线 AP 中，增加了用户认证功能，只有通过认证的用户才能访问无线网络。在用户站与中心设备交换数据之前，它们之间必须先进行一次对话，只有在密码正确的情况下，才能完成认证工作，然后客户机可以和中心设备进行通信，在通过认证之前，设备无法进行其他关键通信。

4. 覆盖与天线技术

WLAN 主要面向个人用户和移动办公，一般部署在人口密集且数据业务需求较大的公共场合，如机场、会议室、宾馆、咖啡屋或大学校园等，覆盖形式呈岛形覆盖或热点覆盖。WLAN 覆盖包括室外覆盖和室内覆盖。AP 的无线覆盖能力与发射功率、应用环境和传输速率有关，在国家无线电管理委员会规定无线 AP 的发射功率小于 100mW 条件下，要求无线 AP 的室外覆盖范围达到 100m～300m，室内覆盖范围达到 30m～80m。

（1）室外覆盖

室外覆盖一般采用微蜂窝覆盖方式，微蜂窝覆盖适用于在城市或城郊进行网络覆盖，一般可设在建筑物顶部或在专门搭建的发射塔上，也可以借助某些已有的设施，如路灯、站牌等安装无线 AP，进行链路计算，确定满足接收机灵敏度的最大范围，针对覆盖区域形状和大小的要求，也要进行天线选型以满足重点区域的良好覆盖。综合以上因素，在一定区域内确定所有微蜂窝基站即无线 AP 的位置，从而完成覆盖。在某些功率限制较小的场合如农村或野战环境以及大的运动场地，可以通过加大无线 AP 发射功率和接收灵敏度以及提高无线 AP 天线高度的方法来提高单个无线 AP 的覆盖范围。

（2）室内覆盖

室内通常要采用微蜂窝、室内分布式天线和泄漏电缆或它们之间的组合以覆盖盲区。室内传播环境与室外相比，不受雨、雪、云等天气的影响，但受建筑物的大小、形状、结构、房间布局及室内陈设的影响，最重要的是建筑材料，室内障碍物不仅有砖墙，而且包括木材、玻璃、金属和其他材料，这些因素导致室内传播环境远较室外复杂，环境变化更大，影响覆盖范围更小。

在发射功率受到限制的情况下，天线技术成为提高覆盖的重要手段，在室外应使用高增益的全向天线，在室内应使用定向天线，并采用分集接收和智能天线技术，同时应尽量避免频率干扰和电磁干扰。

5. 无线漫游技术

WLAN 中的无线漫游是指在不同的无线 AP(SSID)之间，用户站与新的无线 AP 建立新的连接，并切断与原来无线 AP 连接的接续过程。由于无线电波在空中传播过程中会不断衰减，无线信号的有效范围取决于发射的电波功率的大小，当电波功率大小额定时，无线 AP 的服务对象就被限定在一定的范围之内，当 WLAN 环境存在多个 AP，而且它们的覆盖范围有一定的重合时，无线用户站可以在整个 WLAN 覆盖区内移动，无线网卡能够自动发现附近信号强度最大的无线 AP，并通过这个无线 AP 收发数据，保持不间断的网络连接。

9.3.4　WLAN 提供的业务

WLAN 基本业务范围包括以下几个方面。

① 高速因特网接入：因特网用户通过信息网络接入设备连入全球的因特网网络，支持 WWW、FTP、Telnet、E-mail 等各项业务，可以在网上浏览、检索和发布信息。

② 局域网互连：为总部和分部分散的局域网建立多点之间的高速远程连接。

③ 虚拟专网（VPN）：为总部和分部"化公为私"借助公网资源建设虚拟专网，并通过网络技术可以起到物理隔绝的效果。

④ 会议电视：利用网络和数字视像技术实现异地会议电视的交互传输和控制。

WLAN 扩展业务范围包括以下几个方面。

① 付费电视：按频道收费的视讯节目。

② 视频点播：用户可以随意选择所需的视讯节目，并可随意地控制节目播出。

③ 网络教学：使用视频和通信设备实现一点对多点或点对点的交互式异地远端教学，实现学生和教师的实时交流，学生还可随时进行学习点播和查询。

④ 网络购物：利用信息传送网络进行商务交易，用户在家里直接通过网络选物、购物、付款。

⑤ 远程医疗：是会议电视技术的延伸，利用网络和数字视像技术实现专家异地会诊治疗疾病。

⑥ IP 电话/传真：其特征是以 IP 数据包格式传送分流长途业务，使用户以比较经济的方式使用长途电话和传真业务。

【业务实例】　中国电信"天翼通"业务

天翼通是中国电信推出的一种基于 WLAN 技术的宽带业务，提供了最后 10m～100m 的无线宽带接入方式，是中国电信固定宽带网业务的延伸，是因特网宽带接入业务的补充，电信用户使用 IEEE802.11b 技术兼容的无线以太网终端设备，如带无线以太网网卡的计算机、PDA 等，在业务覆盖区进行认证后，可以在家庭、企业的私有空间以及机场、酒店、宾馆、商务楼、体育场馆、展览中心、咖啡吧和度假村等天翼通网络覆盖的公共场所，自由访问中国宽带互联网，真正满足了用户对上网的便利性、个人化的需求。主要工作参数包括：① 工作频段是 2.4GHz(ISM 频段)，直序扩频(DSSS)；② 采用 IEEE802.11b 标准；③ 最大传输速率为 11Mbit/s；④ 发射功率为 10mW～100mW(GSM 手机 600mW～2000mW)；⑤ 室内覆盖半径为 30m～50m；⑥ 采用 40 位 WEP 或 128 位 WEP 加密技术；⑦ 负载数量为最多 127 用户/AP，建议 15 个用户/AP。

天翼通业务模式有以下 4 种：① 家庭，不需布线，不破坏装潢，亦可实现家庭内多台终端的联网，共同上网；② 办公区，可以直接实现高速上网、实现办公区内的随时随地的移动办公；③ 公共区，用户可以在公共场所内使用天翼通公共区上网账号得到无线上网服务；④ 漫游服务，家庭用户利用天翼通上网账号可以实现家庭、公共区的漫游服务；公共区用户也可以实现多个公共区地点的漫游服务；企业用户可以使用家庭或公共区注册账号得到以上的漫游服务。

用户申请天翼通业务有两种方式：注册账号和购买天翼通上网卡，注册账号用户需要到各地中国电信营业厅办理相关手续，使用注册用户名及密码登录上网；天翼通上网卡用户只需购买天翼通上网卡，根据卡上提供的用户名及密码登录上网。

用户新装"天翼通"需要的设备包括 ADSL 传输线路、无线 AP、ADSL Modem 和无线网卡。已装 ADSL 的用户，只需要购买一块支持 802.11b 协议的无线网卡，在 Windows 操作系统下安装网卡驱动程序，运行一个 PPPoE 认证软件就可以实现高速上网。

9.3.5　WLAN 接入应用实例

WLAN 具有的无线网络技术的特点，适应了人们对移动的需求，在宾馆、会议室、展厅、体育馆、机场、咖啡吧和休闲中心等场所和特殊行业的应用已经相当普遍，并且与基础电信网络逐渐融合，如 ADSL+WLAN，GPRS+WLAN，CDMA 1x+WLAN，WLAN+PHS 等，因此，WLAN 在许多行业和领域有更加广泛的应用。

（1）移动办公

WLAN 应用在办公环境中，将企业和个人从有线环境中解放出来，使他们可以随时随地获取信息，提高办公效率。各种业务人员、部门负责人和工程技术专家，只要有移动终端或笔记本电脑，无论是在办公室、资料室、洽谈室，甚至在宿舍都可通过无线局域网随时查阅资料、获取信息，领导和管理人员可以在网络范围的任何地点发布指示、通知事项、联系业务等，可以真正做到随时随地进行移动办公。

（2）作业现场

WLAN 应用在不能敷设光缆、电缆或敷设难度大的作业现场，提供了一种无线网络技术解决方案。例如，WLAN 应用在海上钻井平台和高空作业环境，解决了因水域和空间阻隔造成的现场指挥和数据资料传输的困难。

（3）会展中心

WLAN 应用在会展中心的商品展销时，临时构建的 WLAN 可以快速提供各种商品信息给参展单位和商人，进行网上洽谈和交易，促进商贸活动的快速有效进行；WLAN 也可应用在会展期间的商务会议，与会人员可在会议室中自由接入因特网查看有关资料，或者下载相关文件，还可根据需要在会议中与其他用户共享文件。

【应用实例 1】　WLAN 在机场接入方案中的应用

机场 WLAN 建设的目的是为机场旅客提供方便快捷的上网服务，重点保证机场旅客在候机厅、中心广场、餐厅和休息室等地方能使用个人笔记本电脑、PDA 等终端快速接入因特网。对于机场环境，由于用户流动性很大且停留时间较短，因此提供一个简便的上网认证方式是机场 WLAN 接入方案中需要重点考虑的问题。

机场 WLAN 系统构成主要由用户无线网卡、多个无线 AP、1 个 AC 和相关设备等组成，如图 9-6 所示。

（1）针对机场的实际环境情况，布放一定数量的无线接入点（AP）设备，根据机场大小的不同，可能需要几十到上百个无线 AP，每个无线 AP 与接入控制器（AC）设备通过有线以太网连接；

（2）用户站设备配置无线网卡，通过空中接口与无线 AP 相连，机场 WLAN 系统采用远程供电方式，直流电通过以太网的 5 类双绞线传送到 AP。

（3）AC 通过网络交换机或路由器等设备与电信接入设备相连。机场 WLAN 系统选用的 AC 应具有以下功能：① 即插即用，这是机场 WLAN 系统中的 AC 必须具备的功能；② 方便的认证、计费、授权性能；③ 支持 RADIUS；④ 用户站不需要安装任何软件、不需要更改任何网络配置；⑤ 广告服务。

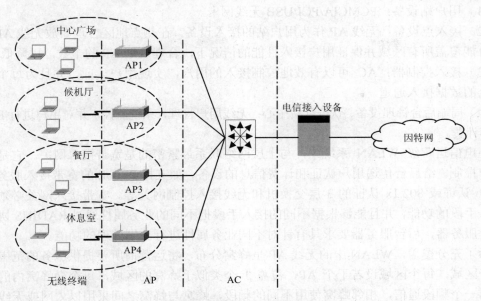

图 9-6　机场 WLAN 系统组成

【应用实例2】　电信运营级 WLAN 系统建设方案

电信运营级 WLAN 系统建设方案不仅需要考虑用户的认证、计费、漫游、用户数据的安全性和提供业务的可靠性等问题，同时还需要解决客户定位、赢利模式、业务模型等运营问题。

电信运营级 WLAN 系统由用户站设备、多个无线 AP、多个 AC 和局端后台管理设备、认证计费中心等组成，如图 9-7 所示。

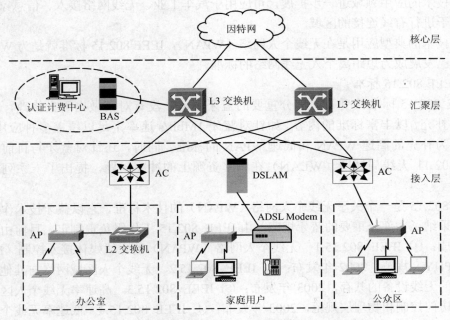

图 9-7　电信运营级 WLAN 系统组成

（1）用户站设备：PCMCIA/PCI/USB 无线网卡。

（2）接入点设备：无线 AP 作为用户站的接入设备，在热点地区合理布放无线 AP，在做到尽可能覆盖所有区域并保证用户接入性能的情况下，合理规划 AP 的个数，以降低投资。

（3）接入控制器：AC 可以有效地控制接入的用户，实现用户认证，并且为每个用户提供安全的数据接入通道。

（4）局端后台管理设备、认证计费中心：无线用户管理，系统监控，并对用户进行 RADIUS 认证和计费。

在电信运营级 WLAN 系统中，与上层网络联系最紧密的是宽带接入网关。它是用来实现用户控制，给后台传递用户认证和计费信息的设备，如支持 PPPoE 的宽带接入服务器、支持 Web 认证或 802.1x 认证的 3 层交换机和无线接入控制网关等。宽带接入网关必须具有区分接入手段的功能，并且能够根据不同的接入手段把不同的业务属性通过 RADIUS 协议传递给后台服务器，后台服务器要求具有针对不同业务属性进行分别处理的功能。

为了充分覆盖，WLAN 中的无线 AP 呈蜂窝分布，将运营商所要提供服务的范围划分为若干个区域，每个区域设若干个 AP，覆盖 1 个类似于蜂窝的区域，每个微蜂窝内的设备都使用同一个频段通信，相邻蜂窝使用不同的频段，蜂窝与蜂窝之间采用以太网或无线设备连接。当无线用户从一个蜂窝移动到使用不同频段的另一个蜂窝内时，该蜂窝的网管中心首先会识别该无线用户是否为合法用户，如果是合法用户，网管中心会向该无线用户设备发送一个识别信息，用户站设备在收到信息后自动改变工作频段，从而实现跨蜂窝的移动通信。

9.3.6 蓝牙技术

蓝牙技术（Bluetooth）开始引入的目的是为了采用短距离无线技术将各种数字设备（如移动电话、笔记本电脑、PDA、家用电器等）连接起来，以避免繁杂的布线。随着研究的深入，蓝牙技术的应用领域进一步扩展，可应用于汽车工业、无线网络接入、信息家电及其他所有不便于进行有线连接的区域。

蓝牙技术的典型应用是在无线个人网络（WPAN），IEEE 802.15 标准就是为 WPAN 开发的，目前已发展成为短距离个人无线网络的标准。

1. IEEE 802.15 标准

IEEE 802.15 标准接受了大部分重要的蓝牙规范，没有对其做出重大修改，只在某些方面加以补充，以丰富标准的内容。如针对蓝牙 1Mbit/s 速率不足以覆盖多种应用的问题，规定了作为补充的高速 WPAN 和低速 WPAN 的标准。同时，还针对蓝牙与目前广泛应用的 IEEE802.11 无线局域网（WLAN）在频率资源上的冲突问题，提出了一系列技术解决方案。

IEEE802.15 是一个关于无线个人网络（WPAN）的技术标准，它以蓝牙技术作为 WPAN 的基础，采纳了大部分重要的蓝牙规范，由 IEEE 802.15 工作组负责制定，目前由以下 4 个分标准组成：① IEEE 802.15.1　无线个人网络（WPAN）的无线媒体接入控制（MAC）和物理层（PHY）规范，2002 年发布；② IEEE 802.15.2　无线个人区域网络与其他在未许可频带运行的无线设备的共存，2003 年发布；③ IEEE 802.15.3　高速率无线个人区域网络用无线媒体访问控制和物理层规范，2003 年发布；④ IEEE 802.15.4　低速率无线个人区域网络用无线媒体访问控制和物理层规范，2003 年发布。

IEEE 802.15.1 主要规范 WPAN 的 PHY 层和 MAC 层，包括物理层定义了无线收发设备应满足的要求，实现数据位流的过滤和传输；基带层负责规定跳频和数据及信息帧的传输；链路管理器层负责连接的建立和拆除以及链路的安全和控制；逻辑链路控制和适配协议（L2CAP）层完成数据拆装、服务质量控制、协议复用和组提取等功能；另外，规定了 MAC 层控制的 2.4GHz ISM 频段物理层信令和接口功能。IEEE 802.15.1 为便携个人设备在短距离内提供一种简单、低功耗的无线连接，支持设备之间或在个人操作空间（POS）中的互操作性，它所支持的设备包括计算机、打印机、数码相机、扬声器、耳机、传感器、显示器、传呼机和移动电话等。

IEEE 802.15.2 针对 WLAN 也和 WPAN 共享 2.4GHz ISM 频段的问题，制定了一套共享机制以促进 WLAN 和 WPAN 的共存，包括协同共处策略和非协同共处策略。如果在 WPAN 和 WLAN 之间可以交换信息，执行协同共处策略，使两个无线网络间的互扰达到最小，这种策略技术实现简单，要求 WPAN 和 WLAN 协同工作，避开彼此的工作频率；如果在 WPAN 和 WLAN 之间无法交换信息，执行非协同共处策略，使 WPAN 单方面避开 WLAN 的工作频率，技术实现较复杂。还可采用自适应跳频策略，使 WPAN 设备自动检测在它附近工作的 WLAN 设备的频带，然后在它自己的跳频序列中扣除这一段频带。

IEEE 802.15.3 适用于 20Mbit/s 或更高速率的 WPAN，为低成本、低功耗的便携设备用户提供多媒体和数字图像等方面的应用。

IEEE 802.15.4 提供低于 0.25Mbit/s 数据率的 WPAN 解决方案，该方案的能耗和复杂度都很低，电池寿命可以达到几个月甚至几年，潜在的应用领域有传感器、遥控玩具、智能徽章、遥控器和家庭自动化装置。

2．蓝牙系统结构

蓝牙系统一般由天线单元、链路控制（固件）单元、链路管理（软件）单元和蓝牙软件（协议栈）单元组成，蓝牙系统结构如图 9-8 所示。

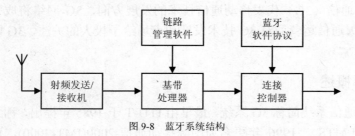

图 9-8　蓝牙系统结构

（1）天线单元

蓝牙系统要求其天线部分十分小巧、重量轻，属于微带天线。蓝牙空中接口基于天线电平为 0dBm，遵循 FCC 有关电平为 0dBm 的 ISM 频段的标准。

（2）链路控制（固件）单元

链路控制固件单元主要包括连接控制器、基带处理器、射频发送/接收机和单独调谐元件等。基带处理器采用前向纠错（FEC）方案。

（3）链路管理（软件）单元

链路管理软件单元主要包括链路数据设置、鉴权和链路硬件配置等，主要提供以下服务：发送和接收数据、请求名称、链路地址查询、建立连接、鉴权和保密、链路模式协商与建立、决定帧的类型、工作模式设置以及建立网络连接等。

（4）蓝牙软件（协议栈）单元

蓝牙软件协议栈单元是一个独立的操作系统，不与任何操作系统捆绑，符合蓝牙规范。

3. 蓝牙技术的主要应用

从理论上讲，蓝牙系统可以被植入到所有的数字设备中，用于短距离无线数据传输。植入了蓝牙系统的设备依靠专用的蓝牙微芯片使设备在短距离范围内发送无线电信号，来寻找另一个植入了蓝牙系统的设备，一旦找到，相互之间便可开始进行通信。目前，蓝牙技术主要应用在计算机、移动电话、个人网络和工业控制等领域。

【应用实例 1】 蓝牙技术在计算机中的应用

蓝牙接口可以直接集成到计算机主板或者通过 PCI 卡或 USB 接口连接，实现计算机之间及计算机与外设之间的无线连接。这种无线连接对于便携式计算机可能更有意义，通过在便携式计算机中植入蓝牙技术，便携式计算机就可以通过蓝牙移动电话或蓝牙接入点连接远端网络，可以方便地进行数据交换。当便携式计算机中的某些资料更新后，可以在不需人工干预的情况下，对家用台式电脑进行同步更新。

【应用实例 2】 蓝牙技术在移动电话中的应用

从目前来看，移动电话是蓝牙技术最大的应用领域，也是已经有实际应用的领域。通过在移动电话植入蓝牙技术，可以实现无线耳机、车载电话等功能，还能实现与便携式计算机和其他手持设备的无电缆连接，组成一个方便灵活的个人网络。当蓝牙技术普及后，蓝牙移动电话还能作为一个工具，实现所有商用卡交易。

9.4 第 3 代移动通信

第 3 代移动通信（3G）代表移动通信技术的发展方向，3G 网络将成为无线宽带网络的核心网，我国几大通信运营商对 3G 技术发展和市场给予极大的关注，3G 网络建设正在进入现场试验阶段。

9.4.1 3G 概述

第 3 代移动通信系统简称 3G 系统，最早由 ITU-T 于 1985 年提出，称为未来公众陆地移动通信系统（FPLMTS），1996 年更名为国际移动通信-2000(IMT-2000)，意思是指工作频段在 2000MHz、最高业务速率为 2000kbit/s，预计在 2000 年左右投入商用。

3G 的目标可以概括为：

① 能实现全球漫游，用户能在整个系统和全球漫游；

② 能提供多种业务，包括语音、可变速率的数据、活动视频等业务，特别是多媒体业务；

③ 能适应多种环境，可以现有的 PSTN、ISDN 等通信系统来提供无缝隙的覆盖；

④ 足够的系统容量，强大的多种用户管理能力，高保密性能和高质量的服务。

为了实现上述目标，3G 系统应满足以下要求：

① 高速传输以支持多媒体业务，室内静止环境至少 2Mbit/s，室内外步行环境至少 384kbit/s，室外快速移动环境至少 144kbit/s；

② 传输速率能够按需分配；

③ 上下链路能适应不对称要求。

9.4.2　3G 的主流制式

全球主流的 3G 制式有 3 种，分别为 WCDMA、CDMA2000 和 TD-SCDMA。其中，WCDMA 主要考虑 GSM 的演进问题，标准化工作由 3GPP 负责；CDMA2000 主要考虑 CDMA(IS-95) 的演进问题，标准化工作由 3GPP2 负责；TD-SCDMA 是第 1 份由我国提出、被 ITU 全套采纳的无线通信标准。

WCDMA 目前主要有 R99、R4、R5、R6 版本，目前比较成熟的是 R99；CDMA2000 主要有 1X、1X EV-DO、1X EV-DV 版本，目前比较成熟的是 1X 和 1X EV-DO。

WCDMA 和 CDMA2000 的主要技术特征如表 9-3 所示。

表 9-3　　　　　　　　　　　　**WCDMA 和 CDMA2000 的主要技术特征**

	WCDMA	CDMA2000
核心网	1. 采用 ITU No.7 信令体系 2. R99 网络结构继承了 GSM/GPRS 核心网结构，采用基于 ATM 的 Iu 系列接口，采用 MAP 信令组网 3. 基于软交换的构架，R4 采用了与承载无关的电路交换网 BICSCN 的概念 4. R5 引入了 IP 多媒体子系统（IMS）、IPv6，采用 SIP 协议进行呼叫控制 5. 智能网采用 CAMEL	1. 采用北美 No.7 信令体系 2. 核心网电路域由 IS-95 演进而来，采用 IS-41 信令组网 3. 分组网络部分引用 IETF 的标准，采用 Mobile IP 4. 远期发展将实现全 IP，采用 SIP 进行呼叫控制 5. 智能网采用 WIN
无线网	1. FDD 2. 占用带宽 5MHz 3. 码片速率 3.84Mc/s 4. R99、R4 最高速率 2Mbit/sR 5. R5 板的 HSDPA 最高速率 8Mbit/s～10Mbit/s	1. FDD 2. 占用带宽 1.25MHz 3. 码片速率 1.2288Mc/s 4. 1X Release 0 的最高速率 153.6kbit/s 5. 1X Release A 的最高速率 307.2kbit/s 6. CDMA2000 1X EV-DO 最高速率 2.4Mbit/s 7. CDMA2000 1X EV-DV 最高速率 3.1Mbit/s
业务	1. R99 制定了网络业务能力提供、应用程序接口（API）、业务开发平台及业务开发工具等规范 2. R4 对业务开发平台、部分业务开发工具（如 LCS）作了修改，加强了其功能，还提出了文本电话、多媒体信息业务（MMS）等规范	1. 3GPP 也提出了业务与网络分离，能让第 3 方参与业务的开发与提供的思想，但规范的制定比 R99 稍晚 2. 在个别方面如定位（LCS）、增强信息业务（EMS）上提出了一些规范

9.4.3　WCDMA 系统结构

WCDMA 系统结构由用户设备（UE）、无线接入网（RAN）和核心网（CN）组成。WCDMA 系统包括的物理实体如图 9-9 所示。

① 用户设备（UE）：用户接入 WCDMA 网络的移动终端，包括移动设备（ME）和用户识别模块（SIM）。

② 基站（Node B）：为用户提供服务的无线收发信设备。

③ 无线网络控制器（RNC）：可以控制多个 Node B，具有呼叫控制和移动性管理功能。

④ 移动交换机（MSC）：对位于它的服务区的移动台进行控制、交换。

⑤ 拜访位置寄存器（VLR）：存储与呼叫处理有关数据的数据库，用于完成呼叫接续。

⑥ 关口局（GMSC）：WCDMA 核心网电路交换域（CS 域）与其他网络的互连互通设

备，包括与 PSTN 和其他 PLMN 的互通。

⑦ 归属位置寄存器（HLR）：管理移动用户信息的数据库，包括用户识别信息、签约业务信息以及用户的当前位置信息。

⑧ 鉴权中心（AUC）：具有鉴权算法，可以产生鉴权参数并对用户进行认证的功能实体。

⑨ 业务交换点（SSP）：智能网的业务交换点，实现呼叫处理功能和业务交换功能，在电路域中与 MSC 合设即 MSC/SSP、GMSC/SSP，在分组域中与 SGSN 合设即 SGSN/SSP。

⑩ 业务控制点（SCP）：智能网的业务控制点，提供业务控制和业务数据功能，智能网作为 WCDMA 的核心网技术之一融入在 WCDMA 系统中。

⑪ 服务 GPRS 支持节点（SGSN）：执行用户位置管理、安全管理和接入控制功能。

⑫ 关口 GPRS 支持节点（GGSN）：提供 WCDMA 核心网分组交换域（PS 域）与外部 IP 数据网的互通功能。

⑬ 计费网关（CG）：用于收集各 GSN 节点发送的计费信息，并向计费系统提供最终话单的设备。

⑭ 操作维护中心（OMC）：对 WCDMA 设备进行配置、维护和管理的设备，按照管理的设备不同分为 OMC-R、OMC-S 和 OMC-G。

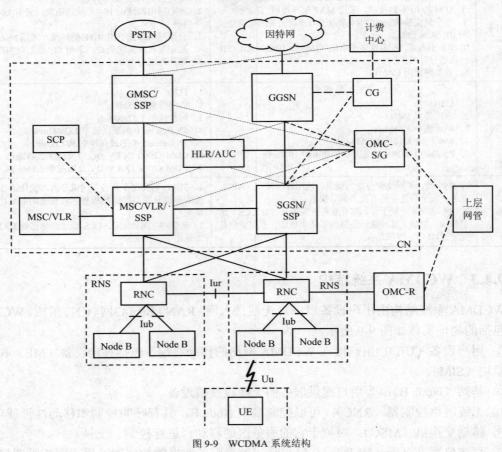

图 9-9 WCDMA 系统结构

9.4.4   3G 业务

3G 移动通信业务是指利用第 3 代移动通信网络提供的话音、数据和视频图像等业务。3G 移动通信业务的主要特征是可提供移动宽带多媒体业务，其中高速移动环境下支持 144kbit/s 速率，步行和慢速移动环境下支持 384kbit/s 速率，室内环境支持 2Mbit/s 速率的数据传输，并保证高可靠的服务质量（QoS）。

3G 移动通信业务经营者利用自己组建 3G 移动通信网络，所提供的 3G 移动通信业务类型可以是一部分或全部。提供一次移动通信业务经过的网络，可以是同一个运营者的网络设施，也可以由不同运营者的网络设施共同完成。提供移动网国际通信业务，必须经过国家批准设立的国际通信出入口。

3G 移动通信业务包括 2G 移动通信可提供的所有业务类型和移动多媒体业务。3G 业务以基于 GSM 网和 CDMA 网的 2G 业务为基础，在语音质量、上网速度、可视电话、多媒体业务、数据增值业务的种类和灵活性上有较大改善，可以提供更高的速率和传输带宽，最高可达 2Mbit/s。ITU-R 定义的 3G 业务分为 5 种类型：① 语音业务；② 简单消息；③ 交换数据；④ 非对称的多媒体业务；⑤ 交互式多媒体业务。在实际应用中，3G 业务主要分为以下 5 大类。

（1）语音及语音增强业务：普通语音业务、紧急呼叫业务、可视电话业务；

（2）承载业务：电路承载业务、分组承载业务；

（3）补充业务：是对基本业务的改进和补充，它不能单独向用户提供，而必须与基本业务一起提供，同一补充业务可应用到若干个基本业务中；

（4）智能网业务：预付费业务、综合预付费业务、移动 VPN、综合 VPN、分区分时业务、无线广告业务和移动商务等；

（5）数据增值业务：短消息类业务、多媒体短消息类业务、位置类业务、流媒体类业务、下载类业务和 WAP 类业务等。

【业务实例】 基于位置业务

基于位置业务（LCS）是指通过因特网或者无线网络向终端用户提供空间位置信息的服务，构建位置服务系统有两种方案：① 独立的位置服务系统；② 基于智能网的位置服务系统。在 WCDMA 系统中，智能网作为核心网络实体融入到 3G 系统中，可以构建基于智能网的位置服务系统，SCP 与系统中存储位置信息的实体（如 HLR、GLMC/MPC）互连，以获取位置信息，同时与内部的地理信息系统（GIS）服务器和因特网上的 LCS 服务器，以获取地理信息和业务信息。SCP 将执行位置服务的业务逻辑，控制移动交换机（MSC）、独立外设（IP）、短信中心（SMSC）等设备与用户交互，实现位置业务。

思考题与练习题

9-1   名词解释

① LMDS

② MMDS

③ WLAN

④ 3G

9-2 LMDS 系统由哪些部分组成？并简述各部分的主要作用。

9-3 LMDS 系统采用的调制技术有哪些？

9-4 简述 LMDS 系统的主要技术特点。

9-5 举例说明 LMDS 系统的典型业务应用。

9-6 MMDS 系统由哪些部分组成？并简述各部分的主要作用。

9-7 MMDS 系统的主要技术有哪些？

9-8 WLAN 拓扑结构有哪几类？并说明它们之间的主要区别。

9-9 简述无线局域网的协议标准。

9-10 WLAN 系统由哪些部分组成？并简述各部分的作用。

9-11 WLAN 的主要技术有哪些？

9-12 公众 WLAN 提供业务的模式有哪几种？

9-13 蓝牙系统由哪些部分组成？并简述各部分的作用。

9-14 全球主流的 3G 制式有哪几种？3G 提供的业务有哪些特点？

9-15 WCDMA 系统由哪些部分组成？PS 域的主要实体有哪些？

第 10 章　　　　　　　　　　　　　　　　卫星接入技术

10.1　卫星通信原理

　　卫星通信是在微波中继通信技术和航天技术的基础上，发展起来的一门新兴的通信技术，它是对地面微波中继通信的继承和发展，是微波中继通信向太空的延伸。它通过在太空中的无人值守微波中继站（通信卫星），来实现各地球站之间的通信。随着航天技术和通信技术的发展，这种通信方式已成为现代无线传送网传送信号的主流，是克服不利地形实现跨地区跨国家长距离随时随地通信的首选通信手段。

1. 卫星通信的基本概念

　　卫星通信是指地球上的无线电通信站之间利用人造卫星作为中继转发站而实现多个地球站之间的通信。相应的通信系统称为卫星通信系统。如图 10-1 所示，设在空间用于中继转发的人造卫星称为通信卫星，地球站的形式可多种多样，但其共同点为利用通信卫星来进行信号转发，实现不同地点，不同站点之间的通信。

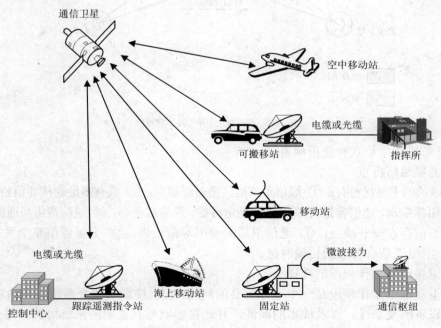

图 10-1　卫星通信系统示意图

2. 通信卫星类型

通信卫星沿一定的轨道环绕地球运行，按运行轨道不同可把卫星分为不同的类型。

① 按轨道平面与赤道平面的夹角不同，可分为赤道轨道卫星、极轨道卫星和倾斜轨道卫星。

② 按卫星离地面最大高度不同，可分为低高度卫星，$h<5000km$；中高度卫星，$5000km<h<20000km$；高高度卫星，$h>20000km$。

③ 按卫星的运转周期以及卫星与地球上任一点的相对位置关系不同，可分为同步卫星（又称静止同步卫星）和非同步卫星（又称移动卫星）。

不同类型的卫星各有不同的特点和用途。目前卫星通信系统中，大多数采用静止卫星，静止卫星距地面高达 35800km，一颗卫星的覆盖区可达地球总面积的 40%左右，地面最远跨距达 18000km。如图 10-2 所示，只需 3 颗卫星适当配置，就可建立除两极地区以外的全球通信。

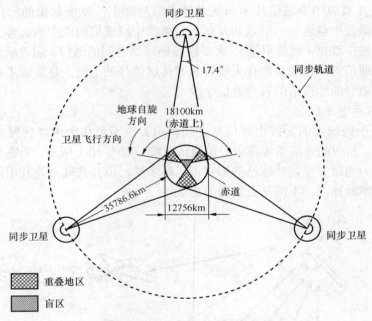

图 10-2　利用静止卫星实现全球通信

3. 卫星通信的特点和使用频率

（1）卫星通信特点

卫星通信的主要优点有：① 通信距离远，覆盖面积大；② 具有多址连接通信特点，灵活性大；③ 可用频带宽，通信容量大；④ 传输稳定可靠，通信质量高；⑤ 通信费用与通信距离无关。

卫星通信存在一些缺点：① 通信卫星的使用寿命较短；② 卫星通信整个系统的技术较复杂；③ 卫星通信有较大的传输时延。

（2）卫星通信工作频段的选择

选择卫星通信工作频段是一个十分重要的问题，它直接影响整个系统的传输容量、质量、可靠性和设备的复杂性，以及成本的高低，并还将影响与其他通信系统协调。另外还要考虑电波应能穿过电离层，传输损耗和外界噪声干扰应尽可能小。综合考虑卫星通信使用的频率范围选在微波波段最合适，如表 10-1 所示。

表 **10-1**　　　　　　　　　　　目前通信卫星系统使用的频段

频 段 名 称	上 行 频 段	下 行 频 段	主 要 用 途
UHF	400MHz	200MHz	非同步卫星或移动业务用的
L	1.6GHz	1.5GHz	卫星通信
C	6GHz	4GHz	商业卫星
X	8GHz	7GHz	军事卫星
Ku	14GHz	12GHz 或 11GHz	民用或广播电视用卫星
Ka	30GHz	20GHz	正在开发（有很大吸收力）

10.2　卫星通信系统

10.2.1　卫星通信系统组成

卫星通信系统主要由通信卫星和地球站两大部分组成，另外还有跟踪遥测及指令系统和监控管理系统，这两部分是为了保证卫星系统的正常工作。与地面通信系统一样，每个卫星通信系统都有一定的网络结构，使各地球站通过卫星按一定形式进行联系。卫星通信网有星型网和网状型网，在星型网中外围各边远站仅与中心站直接发生联系，各边远站之间不能通过卫星直接相互通信，必须经中心站转接才能建立联系，在网状型网中，所有各站均可经卫星直接沟通。

在一个卫星通信系统中，把从地球站发射到卫星接收这段行程称为上行线路，采用频率为 f_1；从卫星转发到地球站接收这段行程称为下行线路，采用频率 f_2，之所以采用不同的频率是为了防止通信卫星的收发转发互相干扰。

在静止卫星通信系统中，卫星通信线路大多是单跳工作的线路，即发送的信号经一次卫星转发后就被对方站接收。但也有双跳工作的，即发送信号经两次卫星转发后才被对方接收。发生双跳大体有两种场合，一是国际卫星通信系统中，分别位于两个卫星覆盖区内且处于共视区外的地球站之间的通信，必须经共视区的中继地球站，构成双跳的卫星接力线路；另一种是在同一卫星覆盖区内的星形网络中边远站之间，需经中心站的中继，两次通过同一卫星的转发来沟通通信线路，如图 10-3 所示。

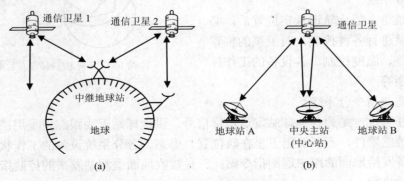

(a)　　　　　　　　　　　　　　　　　　(b)

图 10-3　双跳卫星通信线路

10.2.2 通信卫星

通信卫星是卫星通信系统中最关键的设备，一个静止通信卫星主要由 5 个分系统组成，如图 10-4 所示。

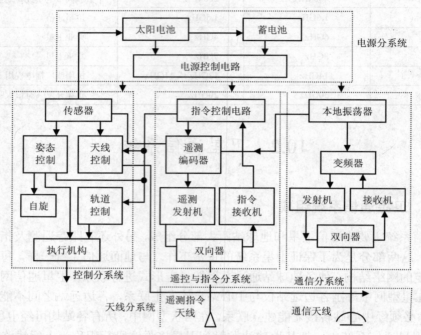

图 10-4 通信卫星设备组成

（1）天线分系统

通信卫星天线有两类，一类是遥测、指令和信标天线，它们一般是全向天线，以便在做任意卫星姿态可靠地接收指令和向地面发射遥测数据及信标；另一类是通信天线，它与地面微波通信天线类似，都利用定向天线，通常按其波束覆盖区的大小分为覆球波束天线、点波束天线和赋形波束天线，如图 10-5 所示。

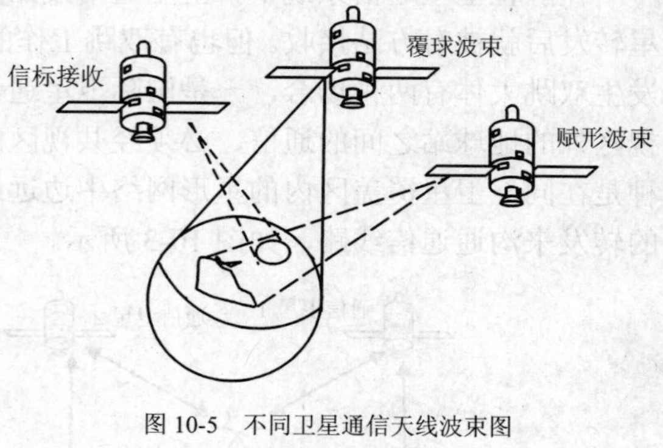

图 10-5 不同卫星通信天线波束图

（2）控制分系统

当通信卫星进入静止轨道预定位置后，必须长期地对卫星进行各种控制，对卫星的位置控制、姿态控制、温度控制、各设备的工作控制及主备用切换等。

（3）跟踪遥测指令分系统

完成三项任务：一是为各地球站发送信标信号，供地球站天线跟踪卫星用；二是通过各种传感器件和敏感器件，不断测出卫星在轨位置、姿态、各分系统设备的工作状态等数据，经遥测发射设备发给地面的跟中遥测指令站；三是接收地面遥测站发来的控制指令，处理后送给控制分系统执行。

（4）电源分系统

是用来给卫星的各种电子设备提供电能的。常用的电源是太阳能电池或化学电池。

（5）通信分系统（转发器）

它是通信卫星的主设备，起着直接转发各地球信号的作用。

对转发器的要求是：附加噪声和失真小；有足够的工作带宽；足够大的总增益；频率稳定度和可靠性尽量高。转发器通常分为透明转发器和处理转发器两大类。

透明转发器，指收到地面发来的信号后仅进行低噪声放大，变频和功率放大后发回地面，对信号不作任何其他处理的转发器，即单纯完成转发任务。透明转发器可直接微波转发，也可超外差中频转发，如图 10-6 所示。

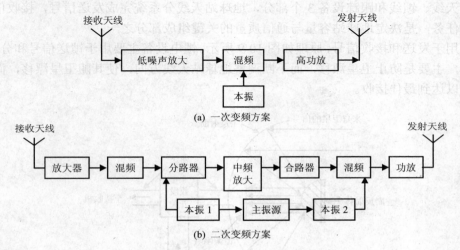

图 10-6　透明转发器工作原理图

处理转发器：指除具有信号转发功能，还具有信号处理功能的转发器，如图 10-7 所示，将微波信号变换成中频信号后，又进行解调还原成基带信号。一是实现对信号本身的处理，即对数字信号进行再生以消除噪声的积累；二是实现星上交换，以提高空间段利用率，降低地球站的复杂性。即处理转发器可实现星上再生和星上交换。

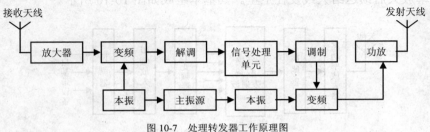

图 10-7　处理转发器工作原理图

10.2.3　地球站

地球站种类繁多，大小不同，采用的通信体制也各异，但基本组成大同小异，地球站设备组成如图 10-8 所示。

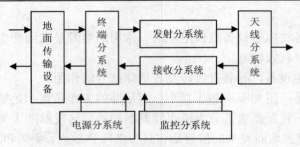

图 10-8   地球站设备组成框图

（1）天线分系统

包括天线、馈线和跟踪设备 3 个部分，地球站天线分系统完成发送信号，接收信号和跟踪卫星的任务，是决定地球站容量与通信质量的关键组成部分之一。

天线用于发送和接收信号，原理如图 10-9 所示。馈电设备主要用于馈送信号和分离信号；跟踪设备，主要是防止卫星漂移，而不断调整地球站天线方向，使其随卫星漂移，而始终对准卫星，以达到最佳接收。

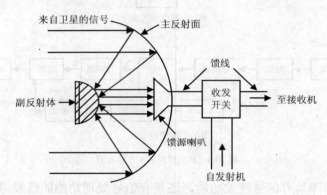

图 10-9   卡塞格林天线及接收信号示意图

（2）发射分系统

地球站发射分系统的主要作用是将终端分系统送来的基带信号，对中频进行调制，再经上变频和功率放大后馈送给天线发往卫星。其基本组成如图 10-10 所示。

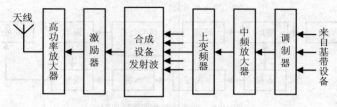

图 10-10   发射分系统组成框图

（3）接收分系统

主要作用是将天线分系统收到由卫星转发下来的微弱信号进行放大，下变频和解调，并将解调后的基带信号送至终端分系统。对其要求是低噪声，宽频带，选择性好等。其基本组成如图 10-11 所示。

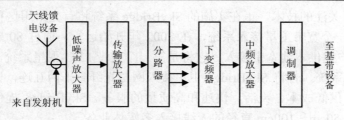

图 10-11　接收分系统组成框图

（4）终端分系统

其作用是对经地面接口线路传来的各种用户信号分别用相应的终端设备对其进行转换、编排及其他基带处理，形成适合卫星信道传输的基带信号，另外将接收到的基带信号进行上述相反的处理。

（5）电源分系统

其作用是对所有通信设备和辅助设备供电。

（6）监控分系统

是使操作人员随时掌握各种设备的运行状态，在设备出故障时能迅速处理，并有效地对设备进行维护管理。

10.3　LEO 卫星接入系统

卫星接入具有很多独特的优势，它和用户所在的位置没有关系，传送卫星信号到纽约和旧金山的费用是相同的。而其他的任何接入技术在这点上都只能望而兴叹。卫星接入给那些偏远地区或者当地系统尚不支持 ADSL 和 Cable Modem 技术的用户带来福音，使他们能享受到高速宽带访问带来的优势。

传统的地球同步轨道卫星（GEO）存在一个主要的缺点是延迟，这种延迟给各种双向通信应用如电话、电视会议等带来了不可避免的间隙和停顿。这种延迟也能影响到一些需要交互功能的 IP 通信应用场合。而新一代的低地轨道卫星（LEO）通信系统则可以解决以往的延迟问题，它提供高质量的交互性的同时，保留了传统卫星系统的特点，可以随时随地高速接入。

卫星接入还具有其他陆地接入系统不具备的灵活性，它不存在所谓的最后一公里问题，可以在需要的地方灵活配置和移动接收设备；而其他的接入方式在一个新的地域开展业务时则需要进行很复杂的初始化工作，比如申请许可证、建立土木工程、修机房、购买调试网络设备等等，卫星接入就免去了这些麻烦。卫星接入方式正逐渐地受到网络服务商的青睐，它可以用来和其他接入方式结合，给用户一个完整的解决方案。偏远地区的用户采用卫星或无线的方式得到需要的带宽，城市里的用户采用 ADSL 或 Cable Modem 方式得到其需要的带宽。

可以看到，对于通用的宽带接入，并无简便而单一的方式可以满足各方面的需求。为了满足所有用户各个层次上的高速接入需要，人们普遍看好下一代卫星接入技术。

10.3.1　系统结构

非同步卫星共享 Ku 波段提供本地宽带固定接入能力，确保全球多媒体业务接入，是 WRC

和 ITU-R 近年来所关注的技术，正在实施的 SkyBridge 系统将首先采用这种技术。

SkyBridge 是一个宽带卫星接入系统，在 2002 年开始运行，通过 80 颗低轨卫星，可为全球 2000 多万用户提供本地宽带接入。它将是第一个宽带 LEO 卫星系统，并且是惟一完全能提供本地接入的系统。若将 SkyBridge 卫星接入网与光纤骨干网互连，则可实现全球高速端到端的连接，提供低成本、灵活、快速和高质量的服务。SkyBridge 提供按需分配带宽的机制，用户可使用 50cm～100cm 直径的天线接入多媒体业务。

SkyBridge 的 80 颗卫星运行在 1469km 绕地球旋转的轨道上，工作于 Ku 波段（10GHz～18GHz），技术相对成熟，且抗雨衰能力强。从用户天线发射的业务信号通过 LEO 卫星传送到地面关口站，经关口站或远端交换机和选路，可与用户或服务器连接。SkyBridge 具有较大灵活性和平稳演进的能力，因为它采用了简单的"弯管"工作原理，无需星上交换和星际通信链路，运营商可在必要时控制网络容量、开发业务，以满足用户的需要。

SkyBridge 的系统体系结构分为空间段和电信段。空间段包括：由 80 颗 LEO 卫星及备用卫星组成的星座；两个卫星控制中心（SCC）；跟踪、遥测和命令（TT&C）地球站；两个执行控制中心。星座共分 20 个平面，平面与地球赤道的倾角均为 53°，每个平面有 4 颗卫星，卫星高度为 1469km。卫星可产生点波束，并保持指向相应地面关口站的有源天线，每个点波束覆盖 700km 直径的小区，能为仰角超过 10° 的用户终端提供服务。

SkyBridge 系统的电信段如图 10-12 所示，它包括用户终端、关口站及关口站与本地服务器、窄带/宽带地面网络或租用线路的接口。用户终端设备包括天线设备及与多媒体 PC 等终端连接的接口；关口站计划设置 200 个，以保证全球覆盖；住宅用户配备 50cm 直径的屋顶天线，可接收高达 20Mbit/s 的下行信号和发射高达 2Mbit/s 的上行信号；商业用户终端使用直径 80cm～100cm 的天线，可接收和发射比住宅用户高 3～5 倍比特率的信号。

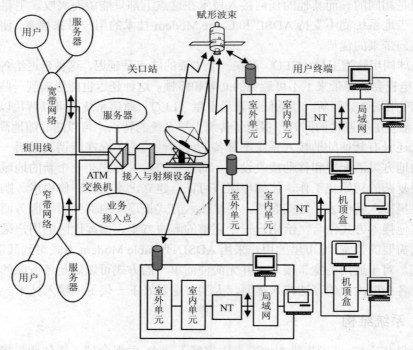

图 10-12 SkyBridge 系统的电信段结构

10.3.2　技术特点

SkyBridge 系统投入运营后，不但能传送多媒体信息，其突出特点是解决一般手段难以解决的地区，例如岛屿之间的通信，它为全球网络运营商解决线路最后一段接入问题，成为全球宽带接入的卫星解决方案之一。

该系统可以控制不同数据速率下的有效匹配，其方法是采用 ATM 技术及按需分配方式，该系统用户终端设计价格低廉、使用方便，只要室外安装一副 0.5m 口径的 Ku 天线，接上机顶盒、PBX 或 LAN 路由器，就可以接收速率高达 60Mbit/s 的数据。

SkyBridge 采用 ATM 方式和 TCP/IP 协议簇。

切换对于卫星共享 Ku 波段十分重要。当卫星移出终端视野时，卫星将所处理的终端业务切换到另一颗卫星，以确保业务的连续性，然后前一颗卫星再处理其他终端的业务。小区的切换通过相应的关口站管理，终端和关口站与即将移出的卫星链路需保持足够多的时间，以使它们的天线指向移入的卫星并达到同步，一旦达到同步就立即切换呼叫。

作为非同步卫星轨道固定卫星业务（NGSOFSS）系统的 SkyBridge，它要与现有的同步卫星广播系统、地面网络、太空科研项目和无线电定位业务共享 Ku 波段（10GHz～189GHz）资源，而不干扰现有业务，需要引入频率再用的概念和相关的技术，1997 年世界无线电通信大会（WRC-97）根据功率通量密度（PFD）限制概念，规定 NGSO 卫星星座必须满足的技术参数，以确保对同步卫星和地面业务有充分的保护，此项工作预期在 WRC-2000 最终完成。为此，SkyBridge 精选频率分配计划，包括分配给无用户终端的关口站专用波段；设计提供最佳性能的卫星天线；进行信号设计，在降低功率的前提下确保系统具有抗来自 Ku 波段其他用户干扰的能力。为了保护同步卫星系统，每个关口站定义一个天空中的带状"非操作区"，它包括可能与同步卫星和相关地球站产生干扰的所有卫星的位置；任何 SkyBridge 卫星进入该区域即停止向相应的关口站小区发送信号，同时该小区中的关口站和所有的用户终端都停止向这颗卫星传送信号，小区中的业务则透明地切换到星座中的其他卫星，以确保业务的连续性。此外，ITU-R 定义多个 NGSO 卫星及地面发射机，对 GSO 接收机的集合干扰电平称为等效功率通量密度（EPFD），并正对 EPFD 的限制值作出规定。

为保护固定的地面业务不受干扰，需认真选择 SkyBridge 小型用户终端在接收和发送时使用的频段，并对 PFD 进行适当的限制。

以 SkyBridge 为代表的非同步轨道卫星系统 Ku 波段以及系统参数的优化反映了一种重要的发展趋势。只要遵循 ITU 制定的一系列保护 Ku 波段现有业务不受 NGSO 系统干扰的规则，NGSO 系统就可充分利用 Ku 波段和相应的成熟技术在本地环路中提供宽带业务，从而确保真正的全球多媒体业务的接入。

10.3.3　业务应用

SkyBridge 为低轨卫星系统，具有低传输时延（30ms）的特性，可确保对接入因特网业务的支持，并具有良好传输效率。此外，SkyBridge 因特网已有的和新增的协议标准（如区分服务、RSVP、PPP 等）兼容，这十分有利于它对包括 IP 业务在内的基于分组的宽带网络实时业务的支持。SkyBridge 可支持以下各类业务：

① 因特网上的多媒体业务；

② 本地在线业务和内容的直接接入；

③ 局域网互连和专用网；

④ 连接公共窄带网；

⑤ 可视电话；

⑥ 视像会议；

⑦ 电子商务；

⑧ 家庭办公；

⑨ 远程教学；

⑩ 远程医疗。

10.4 VSAT 接入技术

10.4.1 VSAT 系统结构

甚小孔径终端 VSAT 卫星通信系统是一种特殊的卫星通信系统。它的地球站可以直接安装到用户处，从而使卫星通信实现直接面向用户、面向家庭和个人。VSAT 通信技术提供高质量的数据、话音、图像和其他综合业务，较好地满足了现代通信发展的需要。VSAT 的诞生，给卫生通信的发展开辟了新的广阔前景，很大程度上改变了人们对卫星通信的认识。目前，VSAT 在卫星通信领域已经占有了极为重要的地位，成为了现代卫星通信的一个重要分支，是当今卫星通信重要发展方向之一。

VSAT 通信指卫星 6 天线口径小于 3m(0.6～2.8)，具有高度软件控制功能的微小地球站，它很容易被安装在用户办公点。通常运行时，由大量 VSAT 微型站与一个大型中枢地球站共同组成 VSAT 系统网络，支持大面积覆盖区域内的双向综合电信和信息业务。VSAT 微型站就是 VSAT 终端，又称 VSAT 小站、VSAT 用户站和 VSAT 用户终端站。由于 VSAT 既可实现点对点通信，也可实现一点多点通信；既可参与分组式网络的运行，也可再单独组网，所以能够满足数据、语音和 G3 传真的综合通信要求。近年来，在因特网的驱动下，像其他通信技术一样，卫星通信主要以 VSAT 方式正转向满足数据通信的全面需求。

1. VSAT 系统结构

VSAT 卫星通信网络是以数据传输为主要业务的星状网络，主要由主站、VSAT 终端站、卫星转发器和网络管理系统 NMS 组成。

（1）主站

VSAT 网络中的主站也称中心站/中枢站，通常与数据信息中心、计算机中心物理位置相近。VSAT 主站是 VSAT 网的心脏，它与普通地球站一样，使用大型天线。主站一般采用模块化结构，设备之间采用高速局域网的方式互连。主站负责全网的出、入站信息传输、分组交换和控制功能，如图 10-13 所示。

网络管理系统设在主站，负责对全网所有设备和 VSAT 终端的工作状态监控、控制和运行管理。主站包括以下子系统：天线、馈线和伺服务跟踪子系统；低噪声接收放大器（LNA）；高频功率放大器（HPA）；上、下行链路频率变换器（U/C、D/C）；调制解调器（Modem）；

数字复接设备；数字接口及终端设备；网络管理子系统。

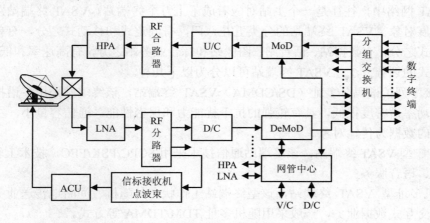

图 10-13 VSAT 主站组成

① 天线、馈线和伺服务跟踪子系统

VSAT 天线主站采用大口径天线，直径尺寸规格一般为 7m～12m（C 波段）或 3.5m～6m（Ku 波段），这样可以在提高卫星转发器利用率的同时，有效降低 VSAT 终端站的天线直径。天线馈线一般采用圆极化或线极化的四端口馈线，以便根据所使用卫星转发器的极化能及时方便调整。主站天线必须使用自动跟踪系统，以保证天线在任何情况下能始终对准工作的卫星。

② 主站射频发射设备

VSAT 卫星网络主站射频发射设备将中心交换机或主计算机输出的数字信号经过数字调制，进行变频、放大等处理后，以足够的信号电平输送给天线馈线系统，发往卫星。

主站射频发射设备有时也称为上行线设备，主要是由上变频器（U/C）、微波频率综合器和高频功率放大器（HPA）等部件组成。上行线设备是主站发送信号的公共通道，其性能好坏对整个 VSAT 网络影响很大，有很多技术指标是主站进入卫星空间段的强制性要求。

③ 主站低噪声接收系统

VSAT 网络主站接收系统是将天线接收到的各远程 VSAT 终端站发往主站的多载波信号，经馈线出口送到低噪声放大器（LNA），进行低噪声、高增益放大后，由下变频器（D/C）经过两到三次混频，变换成 70MHz 或 140MHz 的标称中频，再进行滤波、放大，以及幅度均衡和时延均衡后，最后由中频分路器分别将各个载波送至相应的数字调解器。VSAT 主站接收系统包括低噪声放大器、下变频器和中频收信公用设备（含中频滤波器、放大器、幅度均衡器、时延均衡器，以及 AGC、AFC 电路和中频分路器等），其电路组成原理图如图 10-14 所示。

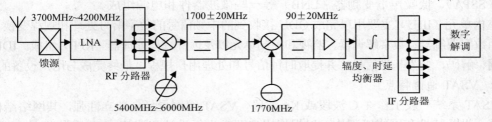

图 10-14 VSAT 网络主站接收系统设备组成

（2）VSAT 终端站

在 VSAT 网络中，往往是一个主站对应着成千上万个终端站。VSAT 终端站主要是以数据传输为发展对象。VSAT 终端站的分类五花八门，有固定式和移动式之分，有单向广播式和双向通信式之分，有数据站、话音站、图像站和综合业务站之分，有高速率和低速率之分。按照通信制式的划分方法，VSAT 终端站可以分为以下几种。

① 直接序列扩谱码分多址（DS/CDMA）VSAT 终端站，该终端站采用扩谱技术，在工作频带内其功率谱密度很低，具有较强的抗干扰能力和保密性能，通信容量小，主要以语音和较低速率的数据为传输对象。

② SCPC 型 VSAT 终端站，该终端站通信技术采用 SCPC/PSK/FEC，技术上较为成熟，可提供数据、语音服务。

③ 随机多址型 VSAT 终端站，该型终端站工作状态是随机、间断地传送业务信息，主要用来传送交互式数据业务，一般采用随机多址 TDM/TDMA 等方式。

④ MCPC 型 VSAT 终端站，单载波多信道（MCPC）型终端站能够组成全通地网状结构，主要用于业务量的点对点传输场合。数据传输速率为 64kbit/s～8Mbit/s。

⑤ TDMAX 型 VSAT 终端站，该型终端站采用时分多址技术，主站造价低。传输速率为 512kbit/s～6Mbit/s，若采用载波跳变技术，可到 24Mbit/s。TDMAX 型 VSAT 终端站与地面各种通信网的兼容性比较好，能够与 ISDN、ATM 等许多网络互通。

一个典型的 VSAT 终端地球站如图 10-15 所示，包括小型天线、室外单元（ODU）和室内单元（IDU），室外单元和天线馈线安装在一起，并通过中频电缆与室内单元相连接。

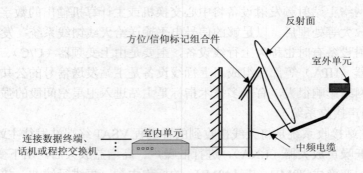

图 10-15　VSAT 终端站组成

VSAT 终端站的天线直径较小，C 波段直径小于 3.5m，Ku 波段小于 2.5m。为提高天线效率和天线旁瓣特性，目前 VSAT 终端站普遍采用小口径偏馈天线。

室外单元（ODU）的主要功能是提供传输通道，主要由微波激励器（TR）、固态功率放大器（SSPA）、低噪声下变频器（LNB）等一些微波器件和电源组成。

室内单元（IDU）主要用以完成 ODU 接收到的中频信号的数字信号处理和规程变换工作，主要由数字调制器、数字解调器、监视和控制单元以及远程规程处理器（RPP）组成。IDU 将信号解调、解码，变为基带信号，并提取时钟信号和处理用户规程，最终完成与用户设备的连接。

2. VSAT 通信特点

VSAT 系统一般工作在 C 波段或 Ku 波段，VSAT 组网灵活、独立性强，其网络结构、技术性能、设备特性和网络管理均可以根据用户要求进行设计和调整。VSAT 终端具有天线小、结构紧凑、功耗小、成本低、安装方便、环境要求低等特点。VSAT 较普通卫星通信系统有以下区别。

① VSAT 系统出主站数据速率高，且连续传送；入主站数据流速率较低，且必须是突发性的。VSAT 系统内信息上下行传递不对称，这是 VSAT 与一般卫星系统最主要的区别。

② 通信速率高，端站接入速率可达 64kbit/s 甚至可达 2Mbit/s。

③ 具有智能的地球站。地球站必须在信号处理、网络及业务自适应等方面具有相当的智能化；一般中枢站要有主计算机，VSAT 站要有功能很强的微处理器，运行时，软件参与量很大。

④ 支持多种通信方式和多种接口协议，直接接入通信终端设备，便于同其他计算机网络互连。

⑤ 地球站通信设备结构必须小巧紧凑，功耗低，安装方便。VSAT 通信只有户外单元和室内单元两个机箱，占地面积小，对安装环境要求低，可以直接安装在用户处。

VSAT 正是由于具有上述特点，在数据传输、尤其是因特网服务领域中得到了迅猛发展。20 世纪 80 年代初期，美国赤道公司首先推出单向 TDM 广播方式的 C_{100} 系列，这是世界上第一个原始的 VSAT 系统。而该公司随后推出的具有双向交互能力的 C_{200} 系列，则是世界上第一个功能完整的 VSAT 系统。由于 C_{200} 系统充分体现了 VSAT 通信的各种优势，所以取得了很好的市场效果，从此开拓出 VSAT 这个全新的卫星通信领域。从 20 世纪 80 年代中期后，许多大型通信公司纷纷投入到 VSAT 系统的研制和开发中，许多 VSAT 系统也相应出现，由此推动了 VSAT 的发展。

10.4.2　VSAT 主要技术

VSAT 网络首先是一种卫星通信网络，具有相同于常规卫星通信系统的许多技术，但为了适应 VSAT 通信业务的需要，它又必须解决许多特有的技术问题。VSAT 网络用于传输包括数据、图像、计算机联网和数字语音等的复杂综合数字业务，所以它又有必须解决的特有技术问题：① 必须处理好实时交互业务中随机和间断占用信道的问题；② 要适应同一信道内信号速率变化大的情况，并要实现低速到高速的多速率覆盖；③ 主站要具有对各种业务进行分组交换的能力，VSAT 终端则要拥有与各种用户数字终端设备相匹配的接口协议规程；④ 必须配置完善的、自动化程度较高的网络管理系统等。

1. VSAT 中的数字调制解调技术

对于 VSAT 卫星通信，必须综合各种因素合理选择调制解调方式，主要应考虑卫星信道是恒参性，尽量使功率利用率与带宽达到最佳状态，同时应考虑非线性处理和脉冲噪声的影响，还应降低对相邻信道的干扰。

在 VSAT 通信中，一般常用的调制解方式有 BPSK（二相相移键控）、QPSK（四相相移键控）、OQPSK（偏移四相相移键控）、SFSK（正弦频移键控）和 TFM（平滑调频）等。

从上面可以看出，VSAT 通信中大量采用了相移键控（PSK）类技术，究其原因是因为相移键控的主要优点是信号的包络恒定，并且在恒参信道种与频移键控和振幅键空相比，具有良好的抗噪声能力，即使在具有衰减和多径效应的信道中也能保持好的效果。

影响 PSK 技术的各种因素有波形失真（含码间干扰和正交干扰）、虎波相位误差、时钟定时误差、判决电平漂移、信道的非线性以及各种噪声等。

近几年来，针对相移键控存在的缺点，VSAT 通信中采用一些新型的调制技术，如

OQPSK、IJF-OQPSK、MSK、SFSK 和 TFM 等。

2. VSAT 中的多址接入技术

这里结合 VSAT 网络，简单介绍最基本的 4 种多种接入技术，如图 10-16 所示。

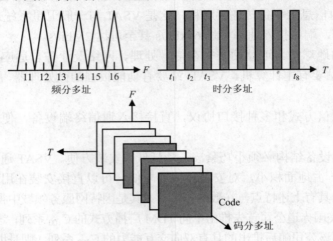

图 10-16 不同的多址方式

（1）频分多址方式（FDMA）

FDMA 是将卫星转发器的可用频带分割若干互不重叠的部分，分配给各 VSAT 地球站发送虎波时使用。因此，PDMA 方式中各载波的射频频率不同。发送的时间虽然可以重合，但各载波占用的频带是彼此严格分开的。FDMA 方式主要用于传输语音业务，其优点是技术成熟、设备简单、性能可靠。但多个载波同时工作时在卫星转发卫星转发器上产生互调干扰，从而造成转发器功率和频带的浪费。

FDMA 有一种最重要的应用形式：单路单载波/按需分配带宽（SCC DAMA）方式。SCPC 在一个载波上只传输一个话路，或者相当于一个话路的数据业务，并利用载波激活手段提高对卫星功率的利用率。所以，SCPC 方式中各个端站发射功率大小仅与本站发射信道有关，而与整个系统的信道数无关。在 DSCPC DAMA 系统中，系统控制所有可用信道，当某个 VSAT 站经控制信道向 DAMA 控制站发出申请，且被呼方空闲时，控制站就分配一对载波供两站间双工通信用，呼叫完成后，系统则又收回该信道，继续提供给其他呼叫连接使用。由此可见，同 DAMA 方式相结合后，SCPC 可以很大程度地提高信道利用率。SCPC DAMA 系统中站间的信道连接是动态分配的，可以较好地适应业务量负荷的实时需要。对于客户而言，SCPC DAMA 还能节约空间部分成本。

（2）时分多址方式（TDMA）

TDMA 是全数字化方式。它将卫星转发器的工作时间分割成周期性的互不重叠的时隙，分配给各 VSAT 站使用。典型的制式是 PCM-TDM-PLK-TDMA，每站的群路被时分复用成多路信号，然后对其信号进行相移键控，转发器按时分实现多址连接。

由于用时隙区分地址，所以网中呼站可以使用相同的射频，并且任何时刻通过转发器的只有一个站发出的信号，因而 TDMA 方式中，转发器不存在 FDMA 的互调问题，卫星功率利用率很高，频带几乎可以全部利用。但 TDMA 方式的网同步技术难度大、设备复杂、系统成本较贵，各用户终端站的发射功率及天线尺寸无法有效减小。

为提高工作效率，TDMA 方式在具体应用中也常与 DAMA 结合，组成 TDMA/DAMA 方式。后来为更好地适应数据业务需要，人们又陆续提出了很多将随机分配同 TDMA 方式相结合的多址方式，主要有 P-ALOHA、S-ALOHA 和 SRDJ-ALOHA 等。

① 纯 ALOHA(P-ALOHA)

其信道不设置时隙，也没有网络同频信号，各个端站可以随时向信道发送信息，当发生碰撞时，解决的办法是随机地延迟后重发受碰撞的分组数据。

当系统总分组量不大时，由于冲突较小，纯 ALOHA 的信道利用率比按申请 TDMA 方式要好得多。但当业务繁忙、冲突概率增大时，其效率急剧减小。

② 时隙 ALOHA(S-ALOHA)

S-ALOHA 在 P-ALOHA 方式上进行了改进，即将载波分成许多固定的时隙，不同于纯 ALOHA 方式中的随机发送，各端站的数据分组以固定的长度在时隙内传送，具有严格的起始和结束时间，两个分组只有在完全相同的时隙内发送才会发生碰撞，所以分组受碰撞的概率被很大程度地降低，系统吞吐量理论上可以提高一倍。显然由于时隙 ALOHA 方式全网需要定时和同步，增加了网络复杂性。

③ 选择重发（拒绝）ALOHA(SREJ-ALOHA)

SREJ-ALOHA 也是从 P-ALOHA 方式改进而来，其关键是在出现冲突需要发时，只将实际碰撞的分组部分重发。SREJ-ALOHA 的系统吞吐量理论上可以比 P-ALOHA 方式提高一倍，但设备相对简单。同 P-ALOHA、S-ALOHA 方式相比，SREJ-ALOHA 的系统成本与复杂性较低，吞吐量性能较好，更适合于传输短或中等的变长信息数据。

（3）空分多址方式（SDMA）

SDMA 将卫星天线的多个点波束分别指向不同的区域 VSAT 地球站，把卫星覆盖区分割成不同的小区域，利用波束在空间指向的差异来区分不同的 VSAT 站，实现区域间的多址通信。由于 SDMA 必须同 TDMA 方式结合，也被称作 SS/TDMA。

SDMA 可以将多波束卫星的灵活性与 TDMA 时帧的有效性综合在一起。SDMA 方式的 EIRP 大，从而减小了地球站天线口径，并且多个天线波束覆盖区之间使用同一频段，不存在互调干扰，系统频谱利用率和容量也显著提高。

SDMA 的关键技术是一定要建立帧同步，所以，SDMA 必须进行星上交换。它对卫星的稳定及姿态控制要求很高，对卫星的天线系统和转换开关设备要求也很高。

（4）码分多址方式（CDMA）

CDMA 给每个 VSAT 站分配一个特殊的编码信号作为地址码。各站所发的信号在结构上各不相同并且相互具有准正交性，而在频率、时间、空间上都可能重叠。CDMA 方式需对信号进行地址码的调制，在接收时，对于某一地址码，只有相应的接收机才能检测出信号。CDMA 中常用的是 RA-CDMA 多址技术（随机码分多址），采用"地址码"（伪随机码）检测技术来分割信号的，并采用了扩展频谱技术，使得信噪比在 $-8dB$ 的情况下仍然能够接收，故具有较强的通信隐蔽性的抗干扰能力。另外，CDMA 能较好地适应业务量的变化。

CDMA 的不足之处主要是需占用很宽的频带，频带利用率低。另外，要从"m 序列伪随机码"中选择足够可利用的地址码是比较困难的，收信时捕捉和同步地址也需要一定的时间。为满足 VSAT 卫星通信业务的不同需要，将 4 种基本简单多址方式进行组合，就可等到一些复杂多址连接方式，常见的有 TDMA/FDMA、TDMA/SDMA 和 TDMA/FDMA/SDMA 等。

表 10-2 中 FDMA/SCPC 代表单路单载波 FDMA 多址技术，Tree CRA 代表了树型碰撞分辨算法多址技术，DAMA/TDMA 代表按需分配 TDMA 多址技术，ARRA 代表预告重传随机多址技术，PLAP 代表最先/最后多址技术，这几种多址方式均是改进的多址技术。

表 10-2　　若干 VSAT 多址方式的比较

类别	多址方式	最大通过效率	时延	稳定性	韧性	价格/复杂性	特点
固定分配	TDMA	0.7～0.8	中大	好	中	中	站数增加，时延明显加长
	FDMA/SCPC	0.7～0.8	中	好	高	很低	仅适合业务量大而站数少情况
随机分配	ALOHA	0.13～0.18	小	差	高	很低	无需定时，适合变长的消息
	S-ALOHA	0.25～0.368	小	中	高	低中	最简单的时隙技术，适合定长消息
	SREJ-ALOHA	0.2～0.3	小	中	高	低	无需定时，适合变长的消息
	Tree CRA	0.43～0.49	中	好	差	中高	适合定长消息，解决时延、死锁问题
	ARRA	0.5～0.6	小	中	中	中高	利用附带信息改善 S-ALOHA 性能
	RA-CDMA	0.1～0.4	较小	中	高	中	时延很短，定时可用可不用
	ALAP	0.4～0.7	小	中	高	中	改善了 ALOHA 性能
可控分配	DAMA/TDMA	0.6～0.8	中大	好	差	高	由于时隙保留而具有较大地潜在时延，一般适合较长的信息

对每个 VSAT 网络而言，没有一个绝对最佳的多址方式。每种多址方式都是针对不同的网络和业务模型设计的，具有各自适用的范围（见表 10-2），所以，具体的 VSAT 系统中采用什么多址方式，应该经过前期设计的综合比较。目前，VSAT 传输的业务和适用的方式主要有以下两种。

① 以传输语音、大片数据和图像、会议电视等综合业务为主。比较适用固定分配 FA 和按需分配 DA 方式，典型的有 FDMA(DAMA) 和 TDMA(DAMA)。

② 以传输互式、突发数据业务为主，如因特网接入业务，其信息传输的特点是数据随机、间断地接入卫星信道。比较适用随机 ALOHA/TDMA 多址方式，如 SREJ-ALOHA 等。

10.4.3　VSAT 提供的业务

1. 国内 VSAT 通信的服务

VSAT 系统目前在国际上已被广泛应用于银行、饭店、汽车、零售、新闻、保险、运输和旅游等部门。它可以分发培训材料，接通远方的数据库，也可以传送电子邮件、商业电视节目、销售点信息、信用卡的核实数据和金融方面的最新资料。使用 VSAT 系统将分散在一个国家乃至更大范围内的办公机构的各个部门连在一起，要比用电话线或者电缆简单方便得多，这在发达国家已普遍实现。以汽车工业为例，通用汽车公司和标致——雪铁龙汽车公司早已利用 Gilat 产品建立了庞大的 VSAT 网络，用以连接其分布在各欧洲国家的经销商的计算机网络，使得经销商可以使用 VSAT 系统订购汽车及零部件，发电子邮件及处理业务，在减少花费的同时增加制造商与经销商的联系。AT&公司、Globle Telecom、DG Bank(GIS)等则采用了 Hughes 系统组建自己的专网。

我国 VSAT 系统的发展相对比较落后。根据中国政府 1999 年 11 月发表的《中国的航天》白皮书，全国共有金融、气象、交通、民航和新闻等几十个部门的 80 多个专用通信网，共带有 VSAT 终端上万个。近年来，随着经济迅速发展，社会各业对信息的需求迅速增长，加上国家对信息化建设的日益高度重视，VSAT 通信在我国的发展速度正在加快。

中国目前主要有 3 大卫星公司从事卫星通信系统建设、转发器经营和管理，提供 VSAT 服务卫星。

（1）中国通信广播卫星公司（中广卫）：英文简称 ChinaSat。拥有东方红三号（中星 6 号）卫星（定位于东经125°），另外还租用其他系统的卫星转发器，如亚太 2R 卫星。

（2）中国东方通信卫星公司：从美国洛克希德-马丁公司定购了"中卫 1 号"卫星（C 和 Ku 转发器各 24 部），覆盖中国和亚太地区，于 1998 年发射。

（3）鑫诺卫星通信公司：该公司由航天工业总公司、国防科工委、中国人民银行和上海市创办，主要为中国和亚太地区市场服务。鑫诺一号卫星有效载荷（转发器和天线）分别由法国阿尔卡特公司和德国宇航公司承制。卫星提供 24 部 C 频段、14 部 Ku 频段转发器，于 1998 年发射，寿命大于 15 年。

另外，我国还大量租用香港亚太卫星公司的亚洲及亚太系列卫星转发器。到 1999 年，我国 VSAT 卫星通信租用卫星转发器带宽共计 305.11MHz。租用的卫星有亚太 1、2 号，亚洲 1、2、3 号，中卫 1 号和鑫诺卫星。

迄今为止，信息产业部已向全国发放了 35 张卫星 VSAT 业务经营许可证。早期获得许可证的公司主要以提供 VSAT 语音或数据通信业务为主，如吉通公司等。而近年来，随着因特网接入业务的需求，陆续出现了许多主要为中小企业与个人用户提供接入因特网 VSAT 业务的公司，如双威网络、中网通、中广卫和广东电信等企业等，下面仅以吉通公司为例作简要介绍。

吉通公司作为国家"三金工程"的主要建设单位，具有全国 VSAT 通信经营权，能够提供 VSAT 通信系统设计、安装、设备维护和培训等服务。该公司经营的金桥 PES 采用休斯公司的 PES 系统，多址方式采用 TDM/TDMA，入主站载波速率 2×512kbit/s，出主站载波速率 6×128kbit/s，根据业务发展可增加出/入主站载波的数目。

① 支持协议：X.25、TCP/IP 等 10 多种。

② 物理接口：BNC、10Base2、RJ45 10Base-T、RS-232、RS-422/V.35。

③ 数据速率：异步最高 19.2kbit/s；同步 1.2kbit/s～64kbit/s；LAN 10Mbit/s。

金桥 IDR 系统多址方式采用 SCPC，根据需要灵活组成点对点、点对点网络拓扑结构。传输速率 4.8bit/s～4.375bit/s(根据用户需求也右选择更高速率)，以 1bit/s 连续可调。根据业务需要灵活设置速率，金桥 IDR 系统还支持多种话音精力和低速率数据业务。

2.　国内 VSAT 提供的通信业务

① VSAT 语音业务

VSAT 语音业务是 VSAT 通信业务最初的应用形式之一。在 20 世纪 90 年代初，这种业务得到了较好的发展，但随着地面固定网的快速延伸和光纤的大面积敷设，VSAT 语音业务趋于萎缩状态。语音业务用户群体主要在边远地区和野外营地，如石油、水利、电力和物探等部门，地域如西藏、广西、内蒙古、青海、云南、贵州和海南等边远地区。

② 低速数据通信业务

20 世纪 90 年代中期，我国寻呼业务的快速发展刺激了 VSAT 通信在低速数据领域的应用。VSAT 通信以其巨大的覆盖范围，在一点对多点的无线寻呼广播覆盖业务上充分发挥了卫星通信的最大优势。90 年代后期，虽然受到寻呼市场萎缩的影响，无线寻呼广播覆盖业务依然是 VSAT 通信业务的主要赢利点。

证券信息业务在我国的 VSAT 通信业务上占有重要的地位。1999 年，用户站用户数占整个用户总数的 62.5%，是最大的 VSAT 通信业务市场。1999 年的证券信息市场，双向数据用户数上升势头良好。在原有的单向用户站用户基础上建立的双向数据站，实现了数据的分流和备份。

一点对多点的信息发布，是 VSAT 通信的显著优点。报业传版业务是 VSAT 通信在低速数据业务方面的又一重要应用。北京日报、新民晚报、南方日报、经济日报、羊城晚报、深圳特区报、湖北日报和检察日报等都建立了卫星传版通信网。在报业传版业务方面，竞争日益激烈，已出现价格战的苗头。

VSAT 组网和建站十分方便，它可以为用户提供高性能、低成本和业务量自适应的服务，独立性相对较强，用户享有对网络的控制权。因此，它在专网上得到了广泛的应用。在专网运营中，经济效益和用户终端用户数直接相关，所以在有较大用户群体的行业中，经济效益较好。

10.4.4 VSAT 接入应用实例

VSAT 主要提供语音和数据通信业务，近年来，随着 IP 业务的迅猛发展，VSAT 接入因特网的应用已十分广泛。

1. VSAT 接入因特网原理

目前 VSAT 卫星通信通常属于 C 波段和 Ku 波段系统，但如果采用更高的 Ka 波段（20/30GHz），甚至 EHF 或 Q/F(40/50/60GHz)等频段，信道通信能力将得到极大提高。

Ka 频段的优点是可用带宽，干扰少，设备体积小，主要缺点是雨衰较大，对器件和工艺的需要较高。通过多年的努力，采用 Ka 波段的技术已经逐渐成熟，主要表现在以下两个方面。

① 解决了关键器件制造技术，降低了用户终端的制造成本。主要反映在高集成度半导体的发展，20HGz 波段的低噪放大器和 30GHz 波段的高功率转发器和研制成功，更高效率的空间行波管放大器、卫星总线技术、高功率太阳能板和电子推进系统的出现。

② 解决了雨衰问题。由于 Ka 频段使用的波长和雨滴的大小相仿，雨滴将使信号发生严重畸变，所以雨衰对波长在 1cm～1.5cm 之间的 Ka 频段是个必须解决的特殊问题。Ka 频段卫星通信系统链路可用率范围为 99.5%～99.8%，雨衰的典型范围则为 6dB～9dB。如果不采取措施，采用 Ka 频段的卫星通信系统因雨衰引起的通信中断平均每月要超过 3 小时。目前，为了克服雨衰问题已提出了众多解决方法，如加大天线尺寸和信号功率、设立更多的地面终端站等，而从实验和实际应用的结果来看，尽管增加了控制软件的复杂性，但采用自适应功率调整和自适应数字编码技术可以基本解决雨衰问题。

与普通的因特网接入方式相比，VSAT 接入因特网具有以下主要特点。

（1）传输不受陆地电路的影响

VSAT 因特网绕过了陆地电路，可以使个人或公司用户不必经由拥挤的公众电信网络，而是直接通过卫星链路接入因特网，大大提高了下载文件速度。普通因特网即使通过海底光缆传输，有时也会因其电路业务繁忙，导致传输速率下降，但如果使用本地卫星传输，则既可以避开地面或海底通信的高峰时间段，提高速率，又可节省传输费用。

（2）不对称传输

在不对称卫星因特网连接中，下行和上行业务量的比值约 8∶1。对于这种不平衡的因特网业务模式，如何使下载的频宽及速率尽量大，而使用户"请求"信道的频宽尽量少，始终是 ISP 关心的问题。由于 VSAT 因特网的不对称传输可使 ISP 根据其业务需求租用所需转发器的容量，深受 ISP 的欢迎。传统的通信设备和网络都是基于对称模型的，在因特网信息不对称的情况下，通信资源利用效率很低，造成资源浪费。而 VSAT 卫星通信则具有先天通信信道不对称的特点，再加上可以根据用户的需求按需分配带宽，对一般的个人用户、专业用户和企业等大用户，分别提供不同能力的接入速率，从而提高整个卫星系统的信道使用效率，使得在同样的物理带宽下，系统能提供更高的通信能力。

（3）经济高效

一般而言，卫星系统的建设要比光缆快且经济得多。卫星的覆盖面大，一颗静止卫星就可覆盖全球 1/3 的范围，并能很快投入使用。如果 ISP 具有多个地点（需要提供点到多点的链路）并且要提供大业务量服务时，卫星因特网是最高效的解决方案。除此之外，采用卫星因特网，可以实现快速建网的业务扩充。

由于短距离因特网访问的需求，通过卫星连接到骨干网的局域性连接越来越多。在这一领域里的大用户主要是一些跨国公司，它们通过卫星因特网把分布在各地的办公室互相连接起来进行因特网或 Extranet 应用，如数据库/文件传递应用、远程学习/培训以及远程办公等。虽然目前地面接入网发展很快，但在许多老城区、布线系统不完善的写字楼和住宅小区内，由于最新的因特网地面宽带接入方式的普及仍有相当大的困难，因而更适合接入 VSAT 因特网。

（4）可作为多信道广播业务的平台，不断衍生新的应用

VSAT 系统不断吸取各种最新信息技术，如 IP Multicast、数字广播技术和 Push 技术，把卫星高速宽带广播的特点扩展到网络应用，为众多新应用提供有效的解决方案。

目前，因特网正逐渐演变成广播媒体，ICP 可利用 E-mail 将音频或视频节目直接发送给用户。多信道广播已经成为因特网的一项新业务，它可以同时向许多企业或个人发送信息时，减少网络中的流量，从而减少引起网络拥塞的可能性，更进一步解决了因特网信息流不对称问题。卫星正是一种有效的广播媒体。

2. VSAT 数据通信系统结构

VSAT 大量用于数据通信领域，基于 VSAT 的数据通信系统基本构成如图 10-17 所示。VSAT 通信提供了良好的数据传输通信信道，配合以各种数据网络的交换机，就组成了各种各样的 VSAT 数据通信网，可以是电路交换，也可以是分组交换。

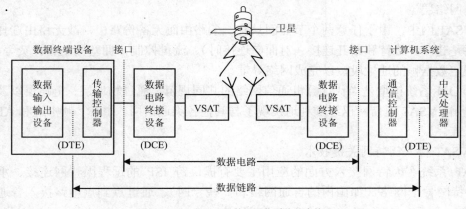

图 10-17　VSAT 卫星数据通信系统基本构成

OSI 参考模型为分层结构的国际标准，VSAT 数据网分层通信结构也参照此标准。VSAT 网的数据通信协议只是实现了网络层、链路层和物理层等 3 层的功能，如图 10-18 所示。

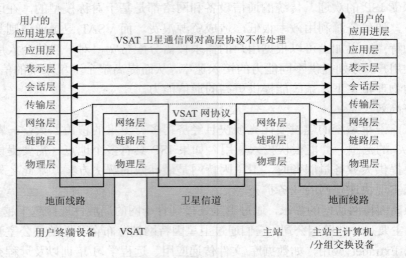

图 10-18　VSAT 与 OSI 参考模型

（1）物理层

物理层提供数据流传输物理链路连接规程。

在 VSAT 系统模型中，采用 RS232 实现数据比特的发送和接收，调制方式采用 1/2FEC(前向纠错编码)及 QPSK。卫星转发器通道、地球站的收发信机和调制解调器等都是通信线路的构成单元。它们组成的线路实现通信网中物理层的连接。有的 VSAT 系统将多址问题放在物理层解决，包括规定入主站多址访问卫星信道方式和出主站复接卫星方式。而有些 VSAT 系统则将多址问题归结到链路层或网络层。

（2）链路层

链路层提供数据在物理链路上可靠的传输条件，包括将数据构成帧并进行发送、接收、差错检测及本层中的流量控制等。

链路层使用的协议是 ISO 的高级数据链路控制协议（HDLC）。有的 VSAT 系统将数据链路层分为多址连接分层和逻辑链路分层。

（3）网络层

在 VSAT 网中，由于任意两个节点间只有一条路由而无备份路由，故无路由选择功能。本层主要是建立、维持和断开连接（对面向连接时）、流量控制、拥塞控制和计费等，另外，它还要规定数据帧的地址段，以完成网络寻址。

由于 OSI 系统模型是当代计算机通信网络的共同规范，通过物理层、链路层以及网络层的共同作用，VSAT 通信网已经顺利地实现了与其他各类通信网，如 IP、帧中继和 ATM 等专业网的互连。

3．VSAT 接入因特网关键技术

VSAT 系统在因特网接入方面的应用主要有提供跨 ISP 的远程因特网连接、承载中型 ISP 的因特网骨干网络（如国内的吉通网络和一些专网）、通过点到点电路接入普通用户等几种方式。

典型的基于 VSAT 接入因特网原理如图 10-19 所示。因特网通过路由器和复接设备与 VSAT 主站在地面相连，用户通过 VSAT 用户站与主站通信，传送因特网数据包。因特网发来的 IP 数据包经过路由器处理后，形成相应的数据帧，再经调制由主站发射机发向卫星 1，卫星 1 直接将数据发向用户站 A，卫星 1 将数据转向卫星网络中的卫星 2，再由卫星 2 发向用户站 B。从用户站 A、B 传来的数据经逆过程送到主站路由器。主站路由器收到并解析 IP 路由后，再按普通 TCP/IP 网络进行相应转发。需要强调的是，图 10-19 中所示卫星电路只是透明的点到点、点到多点的传输通道，不做 IP 层的分析处理，该工作由路由设备完成。

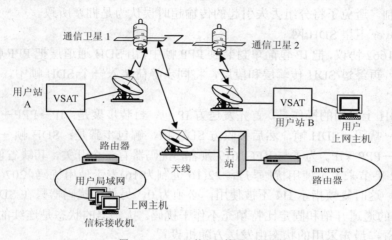

图 10-19　VSAT 接入因特网示意图

目前，一些 VSAT 主站和用户站系统还能直接面向局域连接，个人主机上网则可以通过小天线和基于计算机的卫星 IP 处理模块实现。

VSAT 因特网是以 IP 技术为基础，通过卫星信道进行传输、交换 IP 数据包，以达到组网目的，它必须解决好 IP 封装和传输性能等技术问题。VSAT 因特网的封装方式可以是 PPP 协议，或其他协议。

在低速率的 IP 业务服务中，IP 层数据一般在 HDLC 帧中打包，再送往音频副载波发送。欧洲通信卫星公司（Eutelsat）在其 Ku 波段卫星电视模拟信道上就采用这种方式。

目前卫星 IP 网络数据链路层大量地采用 PPP。PPP 是一个简单的数据链路层协议，提供一种串行点到点链路的数据传输，该协议比较符合卫星点到点传输的特性。从前面的介绍可知，PPP 由三部分组成：串行链路上数据报的封装方法；链路建立、配置和数据链路连接测试的链路控制协议（LCP）；建立和配置不同网络层协议的网络控制协议（NCP）。VSAT 中的 PPP 采用 ISO 制定的高级链路控制（HDLC）协议 ISO3309-1979 和 ISO3309-1984 修订版本的原理、术语和帧结构。

VSAT 接入因特网的传输方式可以直接基于卫星，也可以基于卫星 SDH、ATM 等网络。

（1）IP over 卫星

现阶段的 C 或 Ku 波段静止轨道卫星，可用于作为地面网中继的大型卫星关口站或 VSAT 卫星通信网。这种方式主要是采用协议网关来实现。协议网关既可以是单独的设备，也可以将功能集成到卫星地球站的调制解调器中。协议网关截取来自客户机的 TCP 连接，将数据转换成适合卫星传输的 TCP 协议（针对卫星特点对 TCP 的改进），然后在卫星线路的另一端将数据还原成 TCP，以达成与另一端的通信。

整个过程中，协议网关将端到端的 TCP 连接分成 3 个独立的部分，一是用户端设备与网关间的远程 TCP 连接；二是主站、用户站两个网关间的卫星协议连接；三是主站方网关与 ICP 服务器间的 TCP 连接。

这一结构采取分解端到端连接的方式，既保持了对最终用户的全部透明，又改进了性能。客户机和服务器不需做任何改动，TCP 避免拥塞装置可继续保留地面连接部分，以保持地面网段的稳定性。同时通过在两个网关间采用大窗口和改进的数据确认算法，减弱了窗口大小对吞吐量的限制，避免了将分组丢失引起的传输超时误认为是拥塞所致。

（2）PPP over 卫星 SDH 网

根据 RFC1662 协议，把 IP 包简单封装到 PPP 帧中，由 SDH 通道层把 PPP 帧映射到 SDH 的同步净荷中，再经过 SDH 传输层和段层，将同步静荷装入一个 SDH 帧中，调制后由基站发射机发射。

PPP 在 SDH 上应用的操作是，首先发送方 IP 包，封装步聚是：IP→PPP→帧检验序列生成→比特填充→扰码→SDH 帧，然后按收方 SDH 帧，解包步骤是：SDH 帧→去码扰比特填充→FCS 检测→PPP→IP。为了与 RFC1619 兼容，扰码器有一个开关，其缺省值为 ON 状态。用通道开销 C2 字节来表示使用扰码与否，22(16 进制为 16)表示使用扰码，207(16 进制为 CF)表示不用扰码，这时复帧指示 H4 不被使用，必须为 0。另外，扰码器只在 SDH 高阶 VC 中操作，对 SDH 的通道开销和固定比特填充不作干扰码。扰码器的状态是连续的，不需要每一帧都有重新设置，最先采用的状态由发送方随机设置。

（3）IP over 卫星 ATM 网

为了满足多媒体通信业务的需求，许多宽带卫星计划正在快速发展中，采用 Ka 波段、星上处理和 ATM 技术是其主要特点。IP over 卫星 ATM 使宽带卫星能够无缝传输因特网业务，因而这种方式的卫星 IP 网将更好地满足未来人们对数据传输的需求。

在卫星 ATM 网络中，卫星被设计为能支持几千个地面终端。地面终端通过星上交换机建立虚通道（VC），与另一个地面终端之间传输 ATM 信元。由于星上交换机有限的能力，每个地面终端能用于 TCP/IP 数据传输的 VC 数量有限。当路由选择 IP 业务进出 ATM 网时，这些地面终端成为 IP 与 ATM 间的边缘设备（路由器）。这些路由器必须能够将多个 IP 流聚集到单个 VC 中。除了流量和 VC 管理之外，地面终端还提供 IP 和 ATM 之间拥塞控制的方法。星上 ATM 交换机必须在信元和 VC 级完成业务管理。此外，为了有效利用网络带宽，TCP 主机实现各种 TCP 流量和拥塞控制机制。IP over 卫星 ATM 可以利用前面讨论的卫星 TCP 改进和协议网关等技术，地面网中 IP over ATM 的一些技术也适用。

10.5　直播卫星接入技术

10.5.1　DBS 系统结构

直播卫星（DBS）系统是基于卫星的视频广播服务的下一代。随着数字技术的出现和每个用户位置使用更小的抛物面天线，这种业务变得很有吸引力。这本身又使得能实现更好质量的视频和音频服务。DBS 提供类似当前由常规模拟卫星系统提供的一种服务。DBS 的吸引力是用数字格式发送信号，由每个用户室内的机顶盒对信号译码。这个机顶盒除把信号从数字格式转换成模拟格式外，还具有内建智能，能提供新的高级服务，例如，交互式电视和信息点播。基本的 DBS 体系结构如图 10-20 所示。

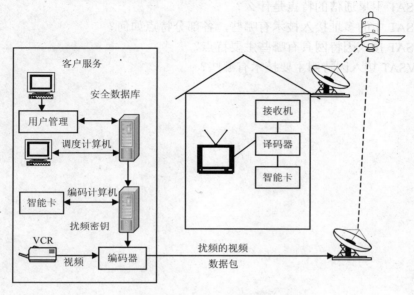

图 10-20   DBS 系统结构

真正的直播卫星运行在 Ku 频段范围的广播卫星业务（BSS）部分，这等于在 12.2GHz～12.7GHz 的频谱范围（Direc TV 和 USSB 广播运行在这些频率上）。DBS 的用户能够接收使用 MPEG-2 压缩的 150～200 数字视频信道。除视频以外，有些 DBS 服务提供商还计划在 Ku 频段上进行数据广播。

10.5.2   DBS 业务应用

DBS 系统向用户提供数字视频广播服务，虽然 DBS 系统能够提供模拟视频，但是这些系统一般都利用使用 MPEG-2 压缩的数字视频最有效地使用带宽。在美国，商业服务由 DirecTV 提供，DirecTV 联合 USSB、Pimestar 和 Exhostar。DirecTV 和 USSB 提供的数字信道共计 200 个，Pimestar 提供大约 160 个信道，Exhostar 提供大约 300 个信道。这些信道包括选择信道，例如，按次数计费电影、体育活动、教育广播节目和特殊行业信道。DBS 系统最近的发展支持单向广播数据，它允许高速因特网接入（下行速率最高 400kbit/s）和使用传统电话线作控制信道。在美国商业服务的一个例子是 DirectPC（由与 DirecTV 相同的网络提供）。

思考题与练习题

10-1   什么是卫星通信，它有什么特点，使用什么样的频率进行通信？

10-2   卫星通信系统是如何组成的，通信卫星和地球站的功能有哪些？

10-3　卫星地球站是由哪几个部分组成的，各部分有什么功能？

10-4　SkyBridge 卫星系统是由哪几个部分组成的？

10-5　SkyBridge 卫星系统的特点有哪些，它可以支持哪些业务？

10-6　VSAT 卫星通信网络是由哪几个部分组成的，各部分有什么功能？

10-7　VSAT 卫星通信的特点是什么？

10-8　VSAT 中的多址接入技术有哪些，各部分特点如何？

10-9　VSAT 接入因特网具有哪些主要特点？

10-10　VSAT 接入因特网主要技术有哪些？

A

AAL	ATM Adaptation Layer	ATM 适配层
ABR	Available Bit Rate	可用比特率
A/D	Analog/ Digital Conversion	模/数变换
ADM	Add Drop Multiplexer	分插复用器
ADSL	Asynchronous/Asymmetrical Digital Subscriber Line	非对称（异步）数字用户线
AN	Access Network	接入网
ANSI	American National Standards Institute	美国国家标准协会
ANU	Access Network Unit	（ZXPCS 系统）接入网络单元
AON	All Optical Network	全光网
API	Application Program Interface	应用程序接口
APON	ATM Over PON	基于 ATM 的无源光网络
ASM	Analog Subscriber Module	模拟用户模块
ATM	Asynchronous Transfer Mode	异步传送模式
ATU-C	ADSL Transceiver Unit-Central Oddice side	局端 ADSL 传输单元
ATU-R	ADSL Transceiver Unit-Remote side	远端 ADSL 传输单元

B

BA	Basic Access	基本［速率］接入
BGP	Border Gateway Protocol	边界网关协议
B-ISDN	Broadband Aspect of Integrated Service Digital Network	宽带综合业务数字网
B-ISUP	Broadband ISDN User Part	宽带 ISDN 用户部分
BS	Base Station	基站
BSC	Base Station Control	基站控制器
BSS	Base Station Subsystem	基站子系统
BTS	Base Transceiver Station	基站收发信台

C

CAP	Carrierless Amplitude & Phase modulation	无载波幅度/相位调制
CAS	Channel Associated Signaling	随路信令
CATV	Cable Television	有线电视
CBR	Constant Bit Rate	恒定比特率
CCITT	International Telegraph and Telephone Consultation Committee	
		国际电报电话咨询委员会
CCS	Common Channel Signaling	公共信道信令
CDMA	Code Division Multiple Access	码分多址
CE	Control Element	控制单元
CHILL	CCITT High Level Language	CCITT 高级语言
CRC	Cyclic Redundancy Check	循环冗余检验
CS	Convergence Sublayer	会聚子层
CS	Cell Station	（ZXPCS 系统）基站
CSC	Cell Station Controller	（ZXPCS 系统）基站控制器
CSMA/CD	Carrier Sense Multiple Access with Collision Detection	
		载波侦听多路访问/碰撞检测

D

DCE	Data Circuit-terminating Equipment	数据电路终接设备
DDN	Digital Data Network	数字数据网
DLS	Data Load Segment	数据装载段
DN	Directory Number	电话号码
DNS	Domain Name Server	域名服务器
DPC	Destination Point Code	目的地信令点编码
DPT	Dynamic Packet Transport	动态 IP（分组光纤）传输
DSL	Digital Subscriber Line	数字用户线
DSP	Data Signal Processor	数字信号处理器
DTE	Data Terminal Equipment	数据终端设备
DTMF	Dual-Tone Multi Frequency	双音多频
DUP	Data User Part	数据用户部分
DWDM	Dense Wavelength Division Multiplexing	密集波分复用
DXC	Digital Cross Connection	数字交叉连接

E

EDFA	Erbium Doped Fiber Amplifier	掺铒光纤放大器
EN	Equipment Number	设备码
ETSI	European Telecommunication Standards Institute	欧洲电信标准协会

F

FDDI	Fiber Distributed Data Interface	光纤分布式数据接口
FDMA	Frequency Division Multiple Access	频分多址
FDD	Frequency Division Duplexing	频分双工
FR	Frame Relay	帧中继
FRAD	Frame Relay Assembly Disassembly	帧中继装拆
FTP	File Transfer Protocol	文件传送协议
FTTB	Fiber to the Building	光纤到楼
FTTC	Fiber to the Curb	光纤到路边
FTTH	Fiber to the Home	光纤到户
FTTZ	Fiber to the Zone	光纤到小区
FWA	Fixed Wireless Access	固定无线接入

G

GE	Gigabit Ethernet	吉比特以太网
GGSN	Gateway GPRS Supporting Node	GPRS 网关支持节点
GMSC	Gateway MSC	网关移动交换中心
GPRS	General Packet Radio Services	通用分组无线业务
GSM	Global System for Mobil communication	全球移动通信系统
GSR	Gigabit Switch Router	吉比特交换路由器
GT	Global Title	全局码

H

HDLC	High-level Data Link Control	高级数据链路控制
HDSL	High-bit Digital Subscriber Line	高比特数字用户线
HFC	Hybrid Fiber Coaxial	混合光纤同轴电缆
HLR	Home Location Register	归属位置寄存器
HTTP	Hypertext Transfer Protocol	超文本传送协议

I

ICP	Internet Content Provider	因特网内容提供者
IDN	Integrated Digital Network	综合数字电话网
IEC	International Electrotechnical Commission	国际电工委员会
IEEE	Institute Electrical Electronics Engineers	美国电气和电子工程师协会
IETF	Internet Engineering Task Force	因特网工程［任务］部
IFMP	Ipsilon Flow Management Protocol	Ipsilon 流管理协议
IGW	Interconnected GateWay	（ZXPCS 系统）互联网关
IMSI	International Mobile Station Identification	国际移动台识别
IN	Intelligent Network	智能网
INAP	IN Application Protocol	智能网应用协议
IP	Internet Protocol	网际协议
Iphone	IP phone	IP 电话
IPoA	IP over ATM	ATM 上的 IP
IPTM	Integrated Packet Trunk Module	综合信包中继模块
ISDN	Integrated Services Digital Network	综合业务数字网
ISM	Industrial,Scientific and Medical	工业、科学、医学（频段）
ISO	International Organization for Standardization	国际标准化组织
ISP	Internet Service Provider	因特网服务提供商
ISUP	ISDN User Part	ISDN 用户部分
ITU	International Telecommunication Union	国际电信联盟
ITU-T	ITU Telecommunication Standardization Sector	国际电联电信标准化部门

L

LAN	Local Area Network	局域网
LAPD	Link Access Procedure on the D-chaneel	D 通路上的链路接入规程
LE	Local Exchange	本地数字交换机
LMDS	Local Multipoint Distribution Service	本地多点分配业务系统
LT	Line Termination	线路终端

M

MAC	Medium Access Control	媒体访问控制
MAN	Metropolitan Area Network	城域网
MAP	Mobile Application Part	移动应用部分
MCNS	Multimedia Cable Network System	多媒体有线网络系统

MMDS	Multichannel Multipoint Distribution Service	多信道多点分布业务
MPLS	Multi-Protocol Label Switching	多协议标记交换
MSC	Mobil Service Switching Center	移动业务交换中心
MSDN	Mobile Station Directory Number	移动台号簿号码
MSRN	Mobile Station Roaming Number	移动台漫游号码
MSU	Message Signal Unit	消息信号单元
MTP	Message Transfer Part	消息传递部分

N

N-ISDN	Narrowband aspects of Integrated Service Digital Network	窄带综合业务数字网
NMC	Network Management Center	网管中心
NNI	Network-Node Interface	网络—节点接口
NSP	Network Service Part	网络服务提供商
NT	Network Termination	网络终端

O

OAN	Optical Access Network	光接入网
ODN	Optical Distribution Network	光配线网
ODT	Optical Distributing Terminal	光配线终端
OLT	Optical Line Terminal	光线路终端
ONU	Optical Network Unit	光网络单元
OPC	Originating Point Code	源信令点编码
OS	Operation System	操作系统
OSI	Open Systems Interconnection	开放系统互连
OSPF	Open Shortest Path First	开放的最短路径优先

P

PAS	Personal Access System	个人通信接入系统
PCM	Plus Code Modulation	脉冲编码调制
PCS	Personal Communication System	个人通信系统
PDH	Plesiochonous Digital Hierarchy	准同步数字系列
PHS	Personal Handphone System	个人手持电话系统
PLMN	Public Land Mobile Network	公用陆地移动网
PON	Passive Optical Network	无源光网络
POS	Packet Over SDH	基于 SDH 的 IP 分组
POTS	Plain Old Telephone Service	普通电话业务
PPP	Point-to-Point Protocol	点对点协议

PRA	Primary Rate Access	基群速率接入
PSPDN	Packet Switched Public Data Network	公用分组交换数据网
PSTN	Public Switched Telephone Network	公用电话交换网
PVC	Permanent Virtual Circuit	永久虚电路

Q

| QAM | Quadrature Amplitude Modulation | 正交幅度调制 |
| QoS | Quality of Service | 服务质量 |

R

RADSL	Rate Adaptive Asymmetric Digital Subscriber Line	自适应非对称数字用户线
RSVP	Resource Reservation Protocol	资源预留协议
RTP	Real-time Transport Protocol	实时传送协议

S

SCCP	Signaling Connection Control Part	信令连接控制部分
SCDMA	Synchronous Code Division Multiple Access	同步码分多址
SCM	Service Circuit Module	服务电路模块
SDH	Synchronous Digital Hierarchy	同步数字系列
SGSN	Serving GPRS Supporting Node	GPRS 业务支持节点
SIM	Subscriber Identification Module	用户识别模块
SLC	Signaling Link code	信令链路编码
SLS	Signaling Link Selection code	信令链路选择码
SMTP	Simple Mail Transfer Protocol	简单的邮件传送协议
SNMP	Simple Network Management Protocol	简单的网络管理协议
STM	Synchronous Tranfer Mode	同步传送模式
STM-n	Synchronous Transport Module-n	同步运输模块 n
STP	Signaling Transfer Point	信令转接点
SVC	Switched Virtual Circuit	交换虚电路

T

TA	Terminal Adapter	终端适配器
TC	Transmission Convergence(sublayer)	传输会聚［子层］
TCAP	Transaction Capability Application Part	事务处理能力应用部分
TCP	Transmission Control Protocol	传输控制协议
TCP/IP	Transmission Control Protocol/Internet Protocol	TCP/IP 协议簇

TDD	Time Division Duplexing	时分双工
TDMA	Time Division Multiple Access	时分多址
TE	Terminal Equipment	终端设备
TMN	Telecommunications Management Network	电信管理网
TMSI	Temporary Mobile Station Identification	临时移动台识别
TS	Time Slot	时隙
TUP	Telephone User Part	电话用户部分

U

UBR	Unspecified Bit Rate	未规定比特率
UDP	User Datagram Protocol	用户数据报协议
UNI	User-Network Interface	用户—网络接口
UHF	Ultra High Frequency	特高频

V

VBR	Variable Bit Rate	可变比特率
VC	Virtual Channel	虚信道
VDSL	Very high speed Digital Subscriber Line	甚高速数字用户线
VHF	Very high Frequency	甚高频
VLAN	Virtual Local Area Network	虚拟局域网
VLR	Visitor Location Register	拜访位置寄存器
VOD	Video On Demand	视频（图像）点播
VP	Virtual Path	虚通路
VPN	Virtual Private Network	虚拟专用网
VSAT	Very Small Aperture Terminals	甚小卫星终端站

W

WAN	Wide Area Network	广域网
WAP	Wireless Application Protocol	无线应用协议
WDM	Wavelength Division Multiplexing	波分复用
WLAN	Wireless Local Area Network	无线局域网
WLL	Wireless Local Loop	无线本地环路
WWW	World Wide Web	万维网

Z

| ZXPCS | ZhongXing Personal Communication System | 中兴个人通信系统 |

参考文献

1. Robert C.Newman．宽带通信．北京：清华大学出版社，2004
2. 谷红勋等．互联网接入——基础与技术．北京：人民邮电出版社，2002
3. Padmanand Warrier．XDSL 技术与体系结构．北京：清华大学出版社，2001
4. 华为技术有限公司．GSM 无线网络规划与优化．北京：人民邮电出版社，2004
5. David McDysan．IP 与 ATM 网络中的 QoS 和业务量管理．北京:清华大学出版社，2000
6. M.Tatipamuia B.Khasnabish．多媒体通信网络-技术与业务．北京:人民邮电出版社，2001
7. 李勇，陶智勇等．宽带城域网实用手册．北京:北京邮电大学出版社，2001
8. 邮电部．接入网技术体制（暂行规定）．1998
9. 信息产业部．V5 接口互连互通测试技术要求．2001
10. 信息产业部．VB5.2 接口技术规范．1999
11. 信息产业部．ATM 交换机技术规范．2001
12. 信息产业部．多协议标记交换（MPLS）总体技术要求．2001
13. 信息产业部．IP 网络技术—网络总体．2001
14. 信息产业部．网络接入服务器（NAS）技术要求—宽带网络接入服务器．2001
15. 信息产业部．综合交换机技术规范．2001